第2版

中小企业
网络管理员
实战完全手册

黄治国　李 颖 ◎编著

U0261399

中国铁道出版社有限公司
CHINA RAILWAY PUBLISHING HOUSE CO., LTD.

内 容 简 介

本书从培训与自学的角度出发，全面、详细、系统地介绍了中小企业局域网组建、应用、管理和维护方面的知识，并通过 181 个实验，让读者在动手实践层面积累更多经验，从新手成为高手。

本书由国内一线资深网络管理专家编著，全书共分 20 章，内容包括局域网基础知识、无线局域网基础知识、局域网综合布线、组建企业局域网、组建 Web 服务器、组建 FTP 服务器、组建邮件服务器、组建视频点播服务器、组建 VPN 服务器、局域网数据管理、局域网密码和数据丢失应急管理等内容。

本书内容翔实、知识全面，突出实用性和实战性，采用图文结合方式进行叙述，并结合二维码下载视频讲解，旨在帮助中小企业中从事网络管理的初级读者通过大量实践案例迅速理清思路，积累经验；同时本书也是计算机培训中心、中等职业学校和技工学校的网络管理技术课程的推荐使用教材。

图书在版编目（CIP）数据

中小企业网络管理员实战完全手册/黄治国，李颖
编著. —2 版. —北京：中国铁道出版社，2018.9（2022.2 重印）
ISBN 978-7-113-24588-7

Ⅰ.①中… Ⅱ.①黄… ②李… Ⅲ.①中小企业-计算机
网络管理-手册 Ⅳ.①TP393.18-62

中国版本图书馆 CIP 数据核字(2018)第 123280 号

书　　名：**中小企业网络管理员实战完全手册**
　　　　　ZHONGXIAO QIYE WANGLUO GUANLIYUAN SHIZHAN WANQUAN SHOUCE
作　　者：黄治国　李　颖

责任编辑：荆　波　　　　编辑部电话：(010) 51873026　　　邮箱：the-tradeoff@qq.com
封面设计：MXK DESIGN STUDIO
责任印制：赵星辰

出版发行：中国铁道出版社有限公司（100054，北京市西城区右安门西街 8 号）
印　　刷：三河市宏盛印务有限公司
版　　次：2015 年 1 月第 1 版　2018 年 9 月第 2 版　2022 年 2 月第 6 次印刷
开　　本：787 mm×1 092 mm　1/16　印张：27　字数：697 千
书　　号：ISBN 978-7-113-24588-7
定　　价：59.80 元

前　言

在众多局域网书籍中，《中小企业网络管理员实战完全手册》出版上市销售三年来，保持着旺盛的生命力：2015 年第 1 版出版至今，共计印刷了 10 次，销售一直在同类书中名列前茅，得到市场的认可和读者的青睐。近一年来，网络运维管理技术及软件发展较快，为了保证书中内容的与时俱进，因此我们改版升级了本书。

本书内容

本书在第 1 版的基础上，根据网络技术发展现状和读者反馈的信息，在内容方面进行了重新编排，删除了一些过时的内容，如 Windows XP 等相关内容，增加了一些新的网络管理技巧并更新了主流的软件版本。同时，增加了更多的实验。

本书从介绍局域网组网的基本知识入手，让用户快速入门，打下扎实的基础；然后介绍局域网服务器组建的方法和技巧，如组建 Web 服务器、组建 FTP 服务器、组建邮件服务器、组建视频点播服务器、组建 VPN 服务器等，同时，详细介绍了防范局域网安全的方法，让用户在防范局域网安全时，做到有的放矢；最后重点介绍了管理局域网的方法和技巧，如局域网管理原则、局域网数据管理、局域网密码和数据丢失应急管理、局域网远程管理、局域网优化升级管理、局域网故障诊断方法、局域网典型故障排除等，让用户领会管理局域网和排除局域网故障的精髓。

在写作方面，本书以实战为线，以理论为面，线面结合，让读者在实战中学习理论知识；另外，全书以目前主流的系统平台为载体，如 Windows 7/10、Windows Server 2008 R2 等。

当然，成为一个合格的网络管理员，除了掌握应有的技能外，还需要拥有坚韧的毅力和强烈的求知欲；在平时工作中不断地积累局域网故障解决的经验。

本书特色

本书主要有以下几个特点：

（1）4 篇内容安排

结构清晰明了，安排有 4 篇内容：局域网组网基础实战篇、局域网服务器组建实战篇、局域网安全实战篇、局域网管理实战篇。

（2）技术主流，知识全面

本书紧跟网络的技术发展，介绍了网络的主流技术和软件版本；同时，本书站在网络管理员的角度，全面介绍了网络管理员应掌握的所有知识。

（3）8 种服务器的组建

讲解了 FTP 服务器、DHCP 服务器、DNS 服务器、Web 服务器、打印服务器、邮件服务器、视频点播服务器、VPN 服务器的搭建方法。

（4）181 个经典实验

注重现场实战经验的训练，提供了 181 个经典实验，让读者通过实验操作全面提升网络管理实战技能。

（5）40 个常见故障排除

列举了 40 个最为常见的局域网故障，针对其原因进行了详细的分析，并提供了多种排除方法。读者根据书中介绍的方法可以排除在实际工作中遇到的网络问题。

（6）扫码视频与整体下载包

书中所有实验均有多媒体视频演示，除此之外，我们根据使用心得，精心筛选了 35 段重点视频，以二维码形式嵌入书中相应章节，读者通过手机扫描书中相应章节嵌入的二维码即可观看视频，并轻松掌握书中所讲知识。为了方便不同网络环境的读者学习，我们把所有实操视频放入了整体下载包中，二维码和下载地址放在了封底上。

（7）PPT 讲义

为了帮助读者尽快理清本书的知识脉络，我们精炼提取了本书中每一章的重点知识和经典实验，做成与图书高度匹配的 PPT 讲义。

读者对象

本书结构清晰、语言简洁，适合网络爱好者、相关专业的学生、机房管理员、网吧管理员、家庭网络用户、电脑办公人员、硬件组装人员和局域网组建人员阅读参考，也可以作为各类计算机培训中心、中职中专、高职高专等院校及相关专业的辅导教材。

作者团队

除封面署名作者外，参加编写的人员还有陈玉琪、陈志凯、刘术、黄兰娟、刘静、黄丽平、李桂生、向金华、苏风华、许文胜、吴闹、吴霞、黄大亮、王群、刘为、冷春元、廖萍、李品香、李杰、易苗、张浩、黄运铨、高平、罗霞、周静、李华梅、刘林昌、陈叶、李雅等人。由于作者水平有限，书中难免存在疏漏与不妥之处，欢迎广大读者不吝指正。

版权声明

本书及二维码下载包中所采用的照片、图片、模型、赠品等素材，均为其相关的个人、公司、网站所有，本书引用仅为说明（教学）之用，读者不可将相关内容用于其他商业用途或进行网络传播。

编　者

2018 年 5 月

目　录

第6章　组建 Web 服务器

第7章　组建 FTP 服务器

第 10 章　组建 VPN 服务器

第 11 章　网络安全基础

第 14 章　局域网管理原则

第 15 章　局域网数据管理

第 16 章 局域网密码和数据丢失应急管理

第 17 章　局域网远程管理

第18章　局域网优化升级管理

第19章　局域网故障诊断

第 20 章　局域网典型故障排除

第 1 章 局域网基础知识

随着计算机技术的普及和发展，计算机网络已经深入人们的日常生活和工作中，大到政府机关、公司企业、工厂学校，小到每一个家庭，它无处不在。网上购物、证券交易、交友聊天、游戏对弈、影视信息，等等，人们无不在享受着网络带来的种种便利、实惠和乐趣。

局域网是众多计算机网络分类中的一种，同时又是目前使用最广泛的网络类型。局域网无论是从技术理论上还是从具体应用上，都充分显示了自身的优势，成为当前最受关注、应用最广泛的基础技术之一。

1.1　局域网简介

计算机网络的分类标准很多，如根据拓扑结构、应用协议进行分类等。但最能反映网络本质特征的分类标准是分布距离，计算机网络按分布距离可以分为局域网（LAN）、城域网（MAN）和广域网（WAN）三类。

局域网（Local Area Network）是在有限的地域范围内把分散在一定范围内的计算机、终端、大容量存储器的外围设备、控制器、显示器以及用于连接其他网络而使用的网间连接器等，通过通信链路按照一定的拓扑结构相互连接起来，进行高速数据通信的计算机网络。该网络上的任何设备可以与其他设备交互作用。

1.1.1　网络拓扑结构

拓扑结构（Topology）是指网络中各台计算机相互连接的方法和方式，它代表网络的物理布局，与计算机的实际分布位置以及电缆连接方式相关。

在局域网中常用的拓扑结构有：总线型结构、星形结构和环形结构。

1. 总线型结构

总线型拓扑结构（Bus Topology）是指由一根网线连接所有计算机的一种网络结构，如图 1-1 所示。总线型拓扑结构中，各客户机的地位平等、无中心节点控制。传输信息时，各客户机将带有目的地址的信息包发送到公用电缆上，并传输给与总线相连的所有客户机，各客户机再对网络上的信息包的地址进行检查，看是否与自己的站点地址相符，如相符，则接收该信息。

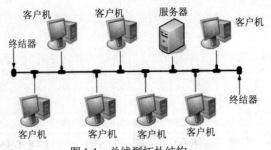

图 1-1　总线型拓扑结构

总线型结构使用的电缆一般为细同轴电线，各客户机和文件服务器只需通过网卡上的 BNC 接头与总线上的 BNC T 型连接器相连接，但是在总线主干两端必须安装终端电阻器。

2．星形结构

星形拓扑结构（Star Topology）是指各客户机以星形方式连接成网。星形拓扑的网络有一个中央节点，其他节点如客户机、服务器等都与中央节点直接相连，这种结构以中央节点为中心，因此又称为集中式网络，如图 1-2 所示。

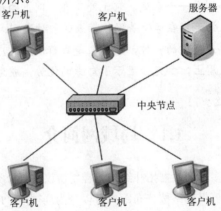

图 1-2　星形拓扑结构

星形结构的优点是查找引起网络故障的原因较容易。集线器是诊断网络故障的一个最佳场所，使用智能集线器还可以实现网络的集中监视与管理。

3．环形结构

环形拓扑结构（Ring Topology）由网络中若干节点通过点到点的链路首尾相连，形成一个闭合的环，如图 1-3 所示。这种结构使公共传输电缆组成环形连接，数据在环路中沿着一个方向在各个节点间传输，信息从一个节点传到另一个节点。

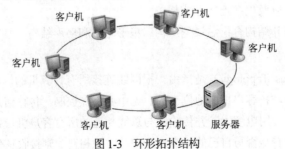

图 1-3　环形拓扑结构

环形网络中每台计算机都和相邻计算机首尾相连,而且每台计算机都会重新传输已收到的信息,信息在环里的流动方向是固定的。由于每台计算机都能重新转发收到的信息,所以环形网络是一种有源网络,不会出现信号减弱与丢失。在环形网络中,不必使用终结措施,因为环没有终点。

1.1.2 网络通信协议

网络中不同的客户机、服务器之间能够传输数据,源于协议的存在。协议(Protocol)指网络设备用来通信的一套规则,这套规则可以理解为一种彼此都能听懂的公共语言,它专门负责计算机之间的相互通信,被称为网络通信协议。

在局域网中最常用的网络通信协议有:IPX/SPX 协议、NetBEUI 协议、TCP/IP 协议及其兼容协议等。

1. IPX/SPX 协议

IPX/SPX(Internetwork Packet Exchange/Sequences Packet Exchange,网际包交换/顺序包交换)是一种稳定性高、功能强大的由 Novell 公司提供的 NetWare 中必备的一种通信协议。在局域网中联网玩游戏时,IPX/SPX 也是一种必不可少的通信协议。

IPX/SPX 的两个兼容协议"NWLink IPX/SPX 兼容协议"和"NWLink NetBIOS"统称 NWLink 通信协议,它是在 Windows NT 中访问 Novell 网络而必需的兼容协议。与 Windows9x 中的"IPX/SPX 兼容协议"相比,NWLink 通信协议集其优点于一身,而且更适应于网络环境中的应用。

提示:在没有 Novell 服务器的网络中,一般不使用 IPX/SPX 协议。当用户接入的是 NetWare 服务器时,IPX/SPX 及其兼容协议才是最好的选择。

2. NetBEUI 协议

NetBEUI(NetBIOS Extended User Interface,即 NetBIOS 用户扩展接口)是由 IBM 公司于 1985 年开发的一种容量小、效率高、速度快的通信协议。同时它也是微软公司最为喜爱的一种协议。它主要适用于早期的微软操作系统,如 DOS、LAN Manager、Windows 3.x 和 Windows for Workgroup 等。

NetBEUI 是专门为几台到几百台计算机所组成的单段网络而设计的。它不具有跨网段工作的能力,也就是说它不具有"路由"功能,如果用户在一台服务器或客户机上安装了多个网卡作网桥时,将不能使用 NetBEUI 作为通信协议。

3. TCP/IP 协议

TCP/IP(Transmission Control Protocol/Internet Protocol,传输控制协议/网际协议)是目前最常用的一种通信协议,是计算机世界里的一个通用协议。在局域网中,TCP/IP 协议最早出现在 UNIX 系统中,现在几乎所有的厂商和操作系统都开始支持它。同时,TCP/IP 也是 Internet 的基础协议。

现在,各种网络操作系统都已经把 TCP/IP 协议作为内置协议,其在组建局域网时的配置也最为复杂。如果不小心将 TCP/IP 协议禁用了,可以采用下面的方法进行启用。

下面以一个具体实例来说明如何启用 TCP/IP 协议。

【实验 1-1】在 Windows 7 系统中启用 TCP/IP 协议

(1)在 Windows 7 的"网络连接"窗口中,选择"本地连接"图标并右击,在弹出的快捷菜单中选择"属性"命令,如图 1-4 所示。

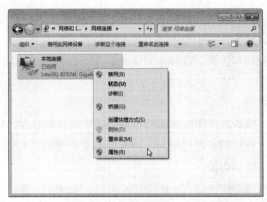

图1-4　选择"属性"命令

（2）在弹出的"本地连接 属性"对话框中，选中"Internet 协议版本 4（TCP/IP v4）"复选框，如图1-5 所示，单击"确定" 按钮即可将其启用。

● IP 地址

Internet 是由不同物理网络互联而成的，不同网络之间实现 计算机的相互通信必须有相同的地址标识，这个地址标识称为 IP 地址。

● 子网掩码

对 IP 地址的解释被称为子网掩码，它也是一个 32 位的二进 制值。从名称可以看出，子网掩码用于对子网的管理，主要是在 多网段环境中对 IP 地址中的"网络 ID"进行扩展。例如，某个 结点的 IP 地址为202.96.209.5，它是一个 C 类网。其中前面 3 段 共 24 位用来表示"网络 ID"，是非常珍贵的资源；而最后一段共 8 位可以作为"主机 ID"自由分配。

图1-5　选中"Internet 协议版本 4 （TCP/IP v4）"复选框

● 网关

网关（IP Router）也叫 IP 路由器。两个 TCP/IP 网络之间的连接可以靠网关来完成，也就是说， 如果 A 网络上的主机要与 B 网络上的主机通信时，可以借助于网关的帮助。网关充当了一个翻译的 身份，负责对不同的通信协议进行翻译，使运行不同协议的两种网络之间可以实现相互通信。

下面以一个具体实例来说明如何设置 IP 地址和网关。

【实验 1-2】在 Windows 7 系统中设置 IP 地址和网关

（1）在 Windows 7 的"网络连接"窗口中，选择"本地连接"图标并右击，在弹出的快捷菜单 中选择"属性"命令。

（2）在弹出的"本地连接 属性"对话框中，选择"Internet 协议版本 4（TCP/IPv4）"选项，单 击"属性"按钮，如图1-6 所示。

（3）在弹出的"Internet 协议版本 4（TCP/IPv4） 属性"对话框中，选中"使用下面的 IP 地址" 单选按钮，分别输入 IP 地址、子网掩码和网关，如图1-7 所示。

（4）单击"确定"按钮，返回"本地连接 属性"对话框，然后单击"确定"按钮即可。

图 1-6　单击"属性"按钮

图 1-7　输入 IP 地址、子网掩码和网关

1.1.3　局域网的操作系统

网络操作系统（NOS）是网络的心脏和灵魂，它通过传输介质将多个独立的计算机管理起来，为用户提供使用网络资源的桥梁，在多个用户争用系统资源时进行资源分配，协调和管理网络用户的进程或程序。

目前常用的局域网操作系统有 UNIX、Linux、Novell Netware、Windows Server 2003/2008/2012/2016 及 Windows XP/7/8/10 操作系统。

1．UNIX 操作系统

UNIX 操作系统是通用、多用户、多任务的分时系统，目前，已广泛应用于教学、科研、工业、商业等各个领域，越来越受到用户的欢迎。实践表明，UNIX 系统一直是当前重点行业和关键事务领域的可靠平台，它作为高端的解决方案，正与 Windows NT/2000 协同工作，处理着大大小小的 IT 事务。

UNIX 系统之所以得到如此广泛地应用，是与其特点分不开的。其主要特点表现在以下几个方面：

- 多用户的分时操作系统，即不同的用户分别在不同的终端上，进行交互式地操作，就好像各自单独占用主机一样。
- 可移植性好。硬件的发展是极为迅速的，迫使依赖于硬件的基础软件特别是操作系统不断地进行相应的更新。
- 可靠性强。经过十几年的考验，UNIX 系统是一个成熟而且比较可靠的系统。在应用软件出错的情况下，虽然性能会有所下降，但工作仍能可靠进行。

2．Linux 操作系统

Linux 是目前十分火爆的操作系统。它是由芬兰赫尔辛基大学的学生 Linus B. Torvolds 在 1991 年首次编写的，其标志性图标是一个可爱的小企鹅。Linux 是一个免费的操作系统，用户可以免费获得其源代码，并能够随意修改。它是在公共许可证 GPL（General Public License）保护下的自由软件，并存在有好几种版本。

3．Novell Netware 操作系统

NetWare 是 Novell 公司的操作系统，在 20 世纪 80 年代中期到 90 年代初，随着微型计算机的大量应用，Novell 网曾风靡一时。虽然目前 Novell 的光彩与过去不能同日而语，其主导地位也让位于

Windows、UNIX 和 Linux 网络，但它仍然是一个十分强大的网络文件服务器操作系统。

4．Windows 系列操作系统

目前正在使用的 Windows 操作系统有 Windows 7、Windows 10、Windows Server 2008 R2、Windows Server 2012、Windows Server 2016。目前大多数用户安装的是 Windows 7，服务器用户安装的是 Windows Server 2008 R2。

1.2　局域网硬件设备

在组建局域网时，需要使用各种硬件设备，如双绞线、同轴电缆、光纤、网卡、集线器、交换机和路由器等。

1.2.1　双绞线

双绞线是局域网中使用最为普通的传输介质，尤其在星型网络拓扑结构中更是必不可少的传输介质，其性能及质量的好坏直接影响局域网功能的好坏。

双绞线的绝缘皮内封装有一对或一对以上的双绞线，为了降低干扰，每一对双绞线一般由两根绝缘铜导线相互缠绕而成，每根铜导线的绝缘层上分别涂有不同的颜色，便于接线时区分，如图 1-8 所示。

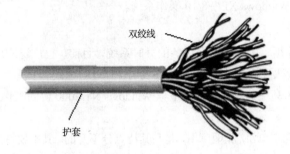

图 1-8　双绞线

1．双绞线的分类

双绞线的分类有两种方法：一种是按照使用领域进行分类，另一种是按照是否屏蔽进行分类。

● 按照使用领域分类

国际电工委员会和国际电信委员会（EIA/TIA）已经建立了 UTP 网线的国际标准并根据使用的领域分为 9 个类别（Categories 或者简称 CAT），每种类别的网线生产厂商都会在其绝缘外皮上标注其种类，例如 CAT-5 或者 Categories-5。

这 7 个类别的双绞线的特性和使用领域分别如下：

（1）一类双绞线：专门为电话系统设计的双绞线，传输速率 1Mbit/s～2Mbit/s。

（2）二类双绞线：用于语音及低速数据传送。速度低于 4Mbit/s。

（3）三类双绞线：适合以太网（10Mbit/s）对传输介质的要求，传输速率最高可达到 16Mbit/s，是早期网络中重要的传输介质。

（4）四类双绞线：用于 10Base-T 或 100Base-T4，传输速率由 16Mbit/s 提高到 20Mbit/s，四类双绞线因标准的推出比三类双绞线晚，而传输性能与三类双绞线相比并没有提高多少，所以一般较少

使用。

（5）五类双绞线：该类双绞线增加了绕线密度，外套一种高质量的绝缘材料，传输频率为 100MHz，用于语音传输和最高传输速率为 100Mbit/s 的数据传输，主要用于 100Base-T 和 10Base-T 网络，这是最常用的以太网双绞线。

（6）超五类双绞线：CAT-5e（五类增强线，俗称超五类），主要用于千兆位以太网（1000Mbit/s）。在千兆位以太网中使用全部的 4 对线进行通信。

（7）六类双绞线（CAT6）：2002 年 6 月 17 日，EIA/TIA 委员会正式发布综合布线六类标准，TIA568B 从此真正成为一个能够全面满足目前的网络发展状况，解决网络建设的基础标准集。

（8）超六类双绞线（CAT6A）：该类双绞线传输带宽介于六类和七类之间，传输频率为 500MHz，传输速度为 10 Gbit/s，标准外径 6mm。

（9）七类双绞线（CAT7）：传输频率为 600MHz，传输速度为 10 Gbit/s，单线标准外径 8mm，多芯线标准外径 6mm。

● 按照是否屏蔽分类

双绞线按照是否屏蔽进行分类，一般可分为非屏蔽双绞线（UTP）和屏蔽双绞线（STP）两种。下面分别介绍非屏蔽双绞线和屏蔽双绞线。

（1）非屏蔽双绞线：非屏蔽双绞线有三类、四类、五类和超五类 4 种。由于非屏蔽双绞线电缆外面只有一层绝缘胶皮，因而重量轻、易弯曲、易安装，适用于结构化布线，所以在无特殊要求的局域网中，常使用非屏蔽双绞线。

（2）屏蔽双绞线：屏蔽双绞线分为三类和五类两种，其特点在于封装于其中的双绞线与外层绝缘胶皮之间有一层金属材料（如锡箔），这种结构可减少辐射，防止信息被窃听，同时还具有较高的数据传输率——五类 STP 在 100m 范围内可达到 155Mbit/s，而 UTP 只能达到 100Mbit/s。屏蔽双绞线电缆的价格相对较高，安装时要比非屏蔽双绞线困难，必须使用特殊的连接器，技术要求也比非屏蔽双绞线电缆高。

2．双绞线的连接方式

双绞线的连接按连接硬件设备的不同，可分为连接网卡和集线器（交换机）、连接集线器（交换机）和集线器（交换机）、连接网卡到网卡 3 种情况。在 3 种不同的连接情况下，双绞线两端的 RJ-45 头（俗称水晶头）的线序排列也不一样。

双绞线的连接方式按照适用范围不同，可分为直接连接和交叉连接两种方式。

【实验 1-3】双绞线的连接方式

（1）直接连接方式就是将两端 RJ-45 水晶头中的线序排列完全相同，被称为直通线（Straight Cable）方式，也被称为正常双绞线连接方式。该连接方式只适用于网卡到集线器（交换机）。直接连接方式示意图如图 1-9 所示。

（2）交叉连接方式就是将双绞线的一端与水晶头连接好后，在此基础之上将另一端与水晶头相连接，连接方法与第一端相同，只不过将连接水晶头第 1 脚与第 3 脚、第 2 脚与第 6 脚的网线的位置对换。交叉连接方式适用于连接集线器（交换机）到集线器（交换机）、连接网卡到网卡的情况。交叉连接方式示意图如图 1-10 所示。

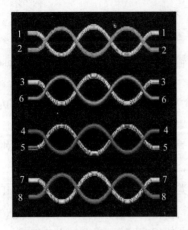

图 1-9　直接连接方式示意图

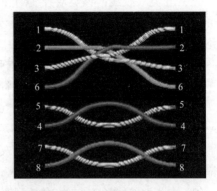

图 1-10　交叉连接方式示意图

根据实际情况确定双绞线的连接方式，接下来就是制作双绞线和测试双绞线。

双绞线的制作标准分为 T568A 和 T568B 两种，如图 1-11 所示，由于双绞线的两种制作标准的区别仅在于线序排列不同而已，其制作方法相同。

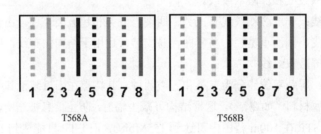

T568A　　　　　　　　　　T568B

图 1-11　网线制作标准

3．制作双绞线

下面以按照 T568B 标准，制作一条直接连接方式的双绞线为例，来介绍制作双绞线的方法。

【实验 1-4】按照 T568B 标准制作双绞线

（1）利用压线钳的剪线刀口剪取所需要的双绞线长度，至少 0.6m，最多不超过 100m。

（2）用压线钳的剪线刀口将线头剪齐，再将线头放入剥线刀口，让线头触及挡板，稍微握压线钳慢慢地旋转，让刀口划开双绞线的保护胶皮，拔下胶皮，将双绞线的外皮除去 2～3cm。当然也可以使用线缆准备工具剥除双绞线绝缘胶皮。

（3）将 4 个线对的 8 条细导线一一拆开、理顺、捋直。

（4）小心剥开每一对线，按照 EIA / TIA 568B 的标准排列好网线，如图 1-12 所示。

（5）把线尽量伸直（不要缠绕）、压平（不要重叠）、挤紧理顺（朝一个方向紧靠），然后将裸露出的双绞线用压线钳剪下只剩约 13mm 的长度，并且剪齐。

（6）一只手以拇指和中指捏住水晶头，使有塑料弹片的一侧向下，针脚一方朝向远离自己的方向，并用食指抵住。另一只手捏住双绞线外面的胶皮，缓缓用力将 8 条导线同时沿 RJ-45 头内的 8 个线槽插入，一直插到线槽的顶端，如图 1-13 所示。

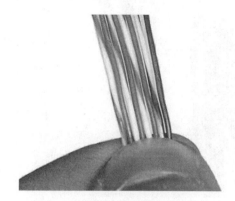

图 1-12　排列好后的网线

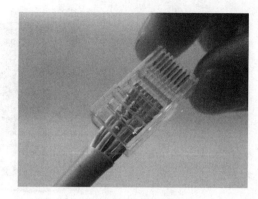

图 1-13　插入水晶头

（7）确认所有导线都到位，并透过水晶头检查一遍线序无误后，如图 1-14 所示，就可以用压线钳压制 RJ-45 水晶头了。

（8）将 RJ-45 水晶头从无牙一侧推入压线钳夹槽后，用力握紧压线钳将突出在外面的针脚全部压入水晶头内，如图 1-15 所示。

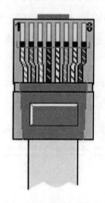

图 1-14　插入网线后的水晶头

图 1-15　压制水晶头

注意：压制水晶头时，一定要用力握紧压线钳，将突出在外面的针脚全部压入水晶头内，否则所做成的水晶头因双绞线的导线与水晶头的金属弹片接触不良，会造成网络无法通信。

（9）按照前面的操作，制作另一端的 RJ-45 水晶头，这样一条双绞线便制作好了。

注意：如果制作交叉连接方式的双绞线，则双绞线的一端按照 T568B 标准制作，另一端按照 T568A 标准制作即可。

4．检测双绞线

双绞线制作好后，还需对双绞线进行连通性测试。比较好地检测双绞线的连通性的方法，是使用双绞线测试仪进行测试。

下面将通过一个具体的实例来说明如何检测双绞线。

【实验 1-5】检测双绞线的连通性

双绞线制作好后，还需对双绞线进行连通性测试。比较好地检测双绞线的连通性的方法，是使用双绞线测试仪进行测试。双绞线测试仪如图 1-16 所示。

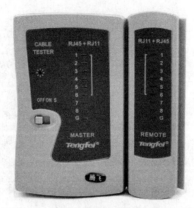

图 1-16　双绞线测试仪

（1）测试双绞线时，将双绞线两端分别插入双绞线测试仪的信号发射器和信号接收器。

（2）打开双绞线测试仪的电源，同一条线的指示灯会一起亮起来。

例如发射器的第一个指示灯亮时，若接收器第一个灯也亮，则表示两者第一只脚接在同一条线上；若发射器的第一个灯亮时，接收器第 7 个灯亮，则表示双绞线制作错了（因为不论是 T568B 直接连接方式和交叉连接方式，都不可能有 1 对 7 的情况）；若发射器的第 1 个灯亮时，接收器却没有任何灯亮起，那么这只脚与另一端的任一只脚都没有连通，可能是导线中间断了，或者两端至少有一个金属片未接触该条芯线。

（3）如果能够通过双绞线测试仪的检测，则说明制作的双绞线完全正确。双绞线一定要经过测试，否则断路会导致无法通信，短路有可能损坏网卡或集线器。

提示：如果没有双绞线测试仪，最简单的测试双绞线的方法是用双绞线把网卡和集线器（交换机）连接起来，如果发现集线器（交换机）的指示灯亮了，一般说明双绞线没有问题。

1.2.2　光纤

光纤即光导纤维的简称，由单根玻璃光纤、紧靠纤芯的包层以及塑料保护涂层组成，如图 1-17 所示。

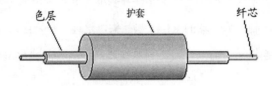

色层　　　护套　　　纤芯

图 1-17　光纤

在使用光纤传输信号时，光纤两端必须配有光发射机和接收机，光发射机执行从光信号到电信号的转换。实现电光转换的通常是发光二极管（LED）或注入式激光二极管（ILD），而实现光电转换的是光电二极管或光电三极管。

根据光在光纤中的传播方式，光纤可分为多模光纤和单模光纤两类。多模光纤根据其包层的折射率，又可分为突变型折射率光纤和渐变型折射率光纤。单模光纤的带宽比较宽，传输损耗小，允许无中继的长距离传输；多模光纤带宽窄，传输损耗大，允许中短距离的网络传输使用。

目前，光纤主要用于集线器或交换机到服务器的连接，以及集线器或交换机到集线器或交换机的连接，但随着"吉比特"（Gbit）局域网应用的不断普及和光纤产品及其设备价格的不断趋于大众化，光纤将很快被用户所接受。

1.2.3　网卡

网卡（Network Interface Card，简称 NIC），是计算机与局域网相互连接的接口，也称网络适配器。网卡的工作是双重的，一方面它负责接收网络上传送过来的数据包，解包后，将数据通过主板上的总线传输给本地计算机；另一方面它将本地计算机上的数据打包后送入网络。

根据网卡接口的不同，可以分为 USB 接口网卡、PCI 接口网卡和 PCI-E 网卡 3 种。

下面以安装 PCI-E 网卡为例，介绍安装网卡的方法。

【实验 1-6】安装网卡（以 PCI-E 网卡为例）

网卡的安装可分为两个过程：安装硬件设备和安装网卡驱动程序。下面介绍这两个过程的操作：

（1）关闭计算机，并断开电源，打开机箱侧盖，用螺丝刀把 PCI-E 网卡插卡槽机箱后挡板上的螺钉卸下来，然后取下挡板，如图 1-18 所示。

（2）将网卡轻轻放入机箱中对应的插槽内，使网卡金属接口挡板面向后侧，然后以垂直于主板的方向插入 PCI-E 插槽中，如图 1-19 所示。

图 1-18　取下 PCI-E 网卡挡板

图 1-19　将网卡垂直插入 PCI-E 插槽

（3）用螺丝刀将螺钉拧紧，如图 1-20 所示。盖好机箱，旋紧机箱螺钉即可。

注意：在使用螺丝刀前最好在其他金属上擦拭几下，以防其带静电而损坏计算机中的有关部件。用双手将网卡压入插槽中，压的过程中要稍用些力，直到网卡的引脚全部压入插槽中为止。同时，双手的用力要均匀，不能出现一端压入，而另一端翘起的现象，以保证网卡引脚与插槽之间的正常接触。

（4）打开电源，启动计算机，Windows 7 系统将自动找到网卡，检测到即插即用的网卡安装驱动程序后，将在任务栏中的通

图 1-20　安装好的 PCI-E 网卡

知区域显示出来，如图 1-21 所示。

图 1-21　正在安装网卡驱动程序

（5）网卡驱动程序安装完成后，将在任务栏通知区域显示出提示信息"成功安装了设备驱动程序"，如图 1-22 所示。

图 1-22　网卡已安装并可以使用

网卡被禁用后，可以采用下面以的方法启用。

【实验 1-7】在 Windows 7 系统中启用被禁用的网卡

（1）在 Windows 7 系统的"网络连接"窗口，选择"本地连接"图标，然后单击"启用此网络设备"按钮，如图 1-23 所示。

（2）单击"启用此设备"按钮后，即可将本地连接启用，如图 1-24 所示。

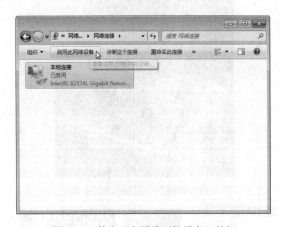 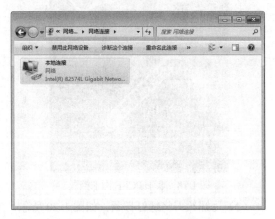

图 1-23　单击"启用此网络设备"按钮　　　　图 1-24　启用后的本地连接

1.2.4　交换机

交换机也称为交换式集线器，外观如图 1-25 所示，它通过对信息进行重新生成，并经过内部处理后转发至指定端口，具备自动寻址能力和交换作用。由于交换机根据所传递信息包的目的地址，将每一信息包独立地从源端口送至目的端口，这样避免了和其他端口发生碰撞，因此，提高了网络的实际吞吐量。

图 1-25　交换机

交换机可以同时建立多个传输路径，所以在应用连接多台服务器的网段上可以收到很明显的效果。

1.2.5　路由器

路由器（Router）是一种连接多个不同网络或多段网络的网络设备，如图 1-26 所示，它是互联网络的枢纽。

图 1-26　路由器

路由器的基本功能是把数据（IP）传送到正确的网络，具体包括：

（1）IP 数据包的转发，包括数据包的寻径和传送。

（2）维护路由表并与其他路由器交换路由信息，这是 IP 包转发的基础。

（3）子网隔离，抑制广播风暴。

（4）实现对 IP 数据包的过滤和记忆。⑤IP 数据包的差错处理及简单的拥塞控制等功能。

从结构上分类，路由器可分为模块化结构路由器和非模块化结构路由器。通常中高端路由器为模块化结构，低端路由器为非模块化结构。目前，一般家庭和中小型企业使用的都是非模块化结构的路由器。

下面以一个具体实例来说明如何安装路由器。

【实验 1-8】安装有线路由器

（1）首先，将入户网线的一端插入有线路由器的 WAN 端口，然后用网线的一端插入有线路由器的 LAN 端口，将网线的另一端插入主机的 RJ-45 端口。

（2）将电源适配器一端插入路由器的电源插孔中，然后将电源适配器插入插座中，安装有线路由器完成，如图 1-27 所示。

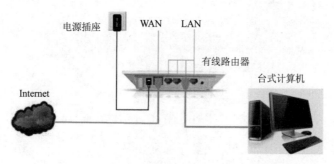

图 1-27　安装有线路由器

1.2.6　集线器

集线器（Hub）是一种以星型拓扑结构将通信线路集中在一起的设备，相当于总线，它工作在物理层，是局域网中应用最广的连接设备。它的外观如图 1-28 所示。

图 1-28　集线器

使用集线器组网灵活，它处于网络的一个星型节点，对节点相连的客户机进行集中管理，不让出问题的客户机影响到整个网络的正常运行，并且用户的加入和退出也很自由。

1.2.7　网络服务器

服务器（Server）是一种高性能计算机，如图 1-29 所示，作为网络的节点，存储、处理网络上80%的数据、信息。因此，服务器也被称为网络的灵魂。

服务器的构成与微机基本相似，有处理器、硬盘、内存和系统总线等，它们是针对具体的网络应用特别制定的，因而服务器与微机在处理能力、稳定性、可靠性、安全性、可扩展性、可管理性等方面存在差异很大。

图 1-29　网络服务器

第 2 章　无线局域网基础知识

随着个人数据通信的发展，功能强大的便携式数据终端以及多媒体终端已被广泛应用。为了使任何人在任何时间、任何地点都能实现数据通信的目标，这就要求传统的计算机由有线向无线、由固定向移动、由单一业务向多媒体发展，从而更进一步推动无线局域网（Wireless LAN，简称WLAN）的发展。

2.1　无线局域网拓扑结构

无线局域网的拓扑结构可分为两类：无中心拓扑（对等式拓扑）和有中心拓扑结构。无中心拓扑的网络要求网中任意两点均可直接通信。有中心拓扑结构则要求一个无线站点充当中心站，所有站点对网络的访问均由中心站控制。

对于不同局域网的应用环境与需求，无线局域网可采取网桥连接型、基站接入型、集线器接入型、无中心结构等不同的网络结构来实现互联。

2.1.1　网桥连接型

不同的局域网之间互联时，由于物理上的原因，如果采取有线方式不方便，则可采用无线网桥方式实现两者的点对点连接。无线网桥不仅提供两者之间的物理与数据链路层的连接，还为两个网络的用户提供较高层的路由与协议转换，如图2-1所示。

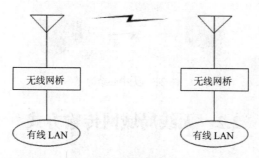

图2-1　网桥连接型

2.1.2 基站接入型

当采用移动蜂窝通信网接入方式组建无线局域网时，各站点之间的通信是通过基站接入、数据交换方式来实现互联的。各移动站不仅可以通过交换中心自行组网，还可以通过广域网与远地站点组建自己的工作网络。

2.1.3 集线器接入型

利用无线集线器可以组建星形结构的无线局域网，具有与有线集线器组网方式类似的优点。在该结构基础上的无线局域网，可采用类似于交换型以太网的工作方式，要求集线器具有简单的网内交换功能，如图 2-2 所示。

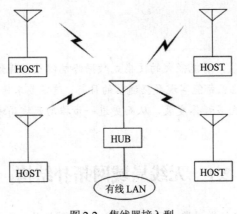

图 2-2　集线器接入型

2.1.4 无中心结构

要求网络中任意两个站点均可直接通信。此结构的无线局域网一般使用公用广播信道，MAC层采用 CSMA 类型的多址接入协议，如图 2-3 所示。

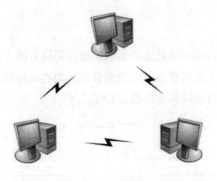

图 2-3　无中心结构

2.2　无线局域网传输方式

无线网络常见的传输方式有四种，即红外线系统、射频系统、微波和激光。对于中小型网络来说，最受欢迎的无线连接方式是红外线系统和射频系统。

1．红外系统

红外无线局域网在室内的应用正引起极大的关注，由于它采用低于可见光的部分频谱作为传输介质，其使用不受无线电管理部门的限制。红外信号要求视距传输，检测和窃听困难，对邻近区域的类似系统也不会干扰。

图 2-4 所示为两台台式计算机和一台笔记本电脑通过红外线光柱或光线的锥形连接。锥形被限定为只有在红外线信号的这个直接范围内，计算机才能获得红外线信号。

2．射频系统

射频描述的是无线电波一秒钟振动的次数。无线电信号可以连接全世界的大多数用户。无线电信号可以穿过轻障碍物，如薄薄的墙壁。图 2-5 所示为使用无线连接的中小型企业及家庭联网情况。这些频率可以穿过墙壁连接两台台式电脑和一台笔记本电脑，类似于无线电话工作的方式。如果每一台台式电脑使用并行电缆与激光打印机相连，那么打印机对网络中的其他用户也是可用的。

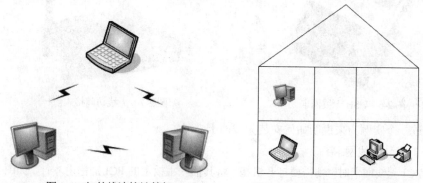

图 2-4　红外线连接计算机　　　　图 2-5　无线电频率穿过墙壁和地板

射频无线局域网是目前最为流行的无线局域网，它按频段可划分为非专用频段（ISM）、专用频段和毫米波段（mmW）3 类。

3．微波

微波能够提供很宽的带宽，但它容易受外部干扰和窃听。像无线电信号一样，微波要求 FCC 许可证和被认可的设备。

微波可以使用陆地或人造卫星系统。对于非常遥远的地区，人造卫星微波可以提供连接。这样，在更大的网络中它们是很有用的。然而，微波对于中小型企业及家庭网络来说就不实际了，因为其价格极其昂贵。

4．激光

使用激光对于中小型企业及家庭联网来说是不实际的，也是因为它的价格很昂贵。通信激光传输狭窄的光柱，它被调制为脉冲来传送数据。激光对于大气环境也很敏感，并且提供相对短的传输距离，大约为 25～100 英尺（1 英尺＝0.3048 m）。

2.3　无线局域网硬件设备

目前市面上无线局域网的相关产品很多，如无线网卡、无线访问接入点、无线路由器等。

2.3.1 无线网卡

无线网卡根据接口类型的不同，主要分为两种类型，即 PCI 无线网卡和 USB 无线网卡。图 2-6 所示为 USB 无线网卡。

2.3.2 无线访问接入点

无线访问接入点，也称为无线网关或无线 AP（Access Point），其作用类似于以太网中的集线器，如图 2-7 所示。当网络中增加一个无线 AP 之后，即可成倍地扩展网络覆盖直径。另外，也可使网络中容纳更多的网络设备。

图 2-6　USB 无线网卡

图 2-7　无线访问接入点

下面将通过一个实例为来说明如何安装无线网卡。

【实验 2-1】安装无线网卡

（1）安装 PCI 无线网卡时，则需要打开机箱，将其插入主板上的 PCI 插槽内才行，如图 2-8 所示。

（2）安装 USB 无线网卡时，只需要将其插入电脑 USB 接口即可，如图 2-9 所示。

图 2-8　安装 PCI 无线网卡

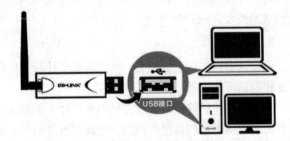

图 2-9　安装 USB 无线网卡

2.3.3 天线

当计算机与无线访问接入点或其他计算机相距较远时，随着信号的减弱，传输速率会明显下降，或者根本无法实现与无线访问接入点或其他计算机之间通信。此时，就必须借助无线天线对所接收或发送的信号进行增益。

无线天线有多种类型，常见的有两种，一种是室内天线，另一种是室外天线。室外天线的类型比较多，一种是锅状的定向天线，如图 2-10 所示，另一种是棒状的全向天线。

图 2-10　无线天线

2.3.4　无线路由器

无线路由器属于一种典型的网络层设备，如图 2-11 所示，是两个局域网之间按帧传输数据的中介系统，负责完成网络层中继或第三层中继的任务。近年来为了提高通信能力和效率，不少无线路由器还整合了交换机、防火墙等功能。

下面将简单说明如何安装无线路由器，如图 2-12 所示。

图 2-11　无线路由器

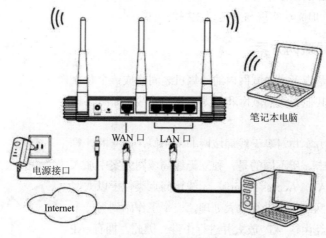

图 2-12　安装无线路由器

（1）首先将无线路由器的电源适配器一端插入电源插孔中，另一端插入电源插座，接通电源。然后将网络接入商提供的入户网线，插入无线路由器的 WAN 端口。

（2）将一根有两个水晶头的网线，一端连接到电脑主机背面的网卡接口上，另一端连接到无线路由器的 LAN 端口。

2.4　无线局域网典型连接方案

根据无线局域网的特点及用户需求，无线局域网连接主要有对等无线局域网、独立无线局域网、无线局域网接入以太网、无线漫游和局域网连接等方案。

2.4.1　对等无线局域网方案

对等无线局域网方案只使用无线网卡。对等工作组是一组无线客户机工作站设备，它们之间可以直接通信，无需基站或网络基础架构干预。由于无线局域网无需使用集线设备，因此，仅仅在每台计算机上插接无线网卡，即可实现计算机之间的连接。构建最简单的无线局域网，如图 2-13 所示。其中一台计算机可以兼作文件服务器、打印服务器和代理服务器，并通过 Modem 接入 Internet。这样，只需使用诸如 Windows 7/8/10 等操作系统，就可以在服务器的覆盖范围内，不用使用任何电缆，而在计算机之间共享资源和 Internet 连接了。

在该方案中，台式计算机和笔记本电脑均使用无线网卡，没有任何其他无线接入设备，是名副其实的对等无线局域网。

由于无线局域网的传输距离有限，而所有的计算机之间又都必须在该有效传输距离内，否则，根本无法实现彼此之间的通信。也就是说，无线局域网的有效传输距离即为该无线局域网的最大直径，在室内通常为 30m 左右。因此，该网络的覆盖范围非常有限，另外，由于该方案中所有的计算机之间都共享连接带宽，所以，只适用于用户数量较少、对传输速率没有较高要求的小型网络。需要注意的是，虽然该方案可以借助 Internet 接入设备，实现 Internet 连接共享，但无法实现与其他以太网的连接。

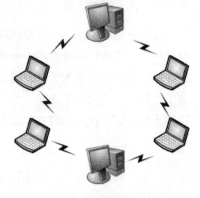

图 2-13　对等无线局域网

2.4.2　独立无线局域网方案

独立无线局域网是指无线局域网内的计算机之间构成一个独立的网络，无法实现与其他无线局域网和以太网络的连接，如图 2-14 所示。

独立无线局域网方案与对等无线局域网非常相似，所有的计算机中都安装有一块网卡。所不同的是，独立无线局域网方案中加入了一个无线接入点（AP，Access Point）。无线访问点类似于以太网中的集线器，可以对网络信号进行放大处理，一个工作站到另一个工作站的信号都可以经由该 AP 放大并进行中继。因此，拥有 AP 的独立无线局域网的网络直径将是无线局域网有效传输距离的一倍，在室内通常为 60m 左右。

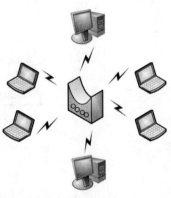

图 2-14　独立无线局域网

需要注意的是，该方案仍然属于共享式接入，也就是说，虽然传输距离比对等无线局域网增加一倍，但所有计算机之间的通信仍然共享无线局域网带宽。由于带宽有限，因此，该无线局域网方案仍然只适用于小型网络。

2.4.3　无线局域网接入以太网

当无线局域网用户足够多时，应当在有线网络中接入一个无线接入点，从而将无线局域网连接至有线网络主干。无线接入点在无线工作站和有线主干之间起网桥的作用，实现了无线与有线的无缝集成，既允许无线工作站访问网络资源，同时又为有线网络增加了可用资源，如图 2-15 所示。

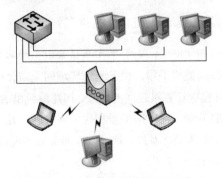

图 2-15　无线局域网接入以太网

该方案适用于将大量的移动用户连接至有线网络,从而以低廉的价格实现网络直径的迅速扩展,或为移动用户提供更灵活的接入方式,也适合在原有局域网上增加相应的无线局域网设备。

2.4.4　无线漫游方案

要扩大总的无线覆盖区域,可以建立包含多个基站设备的无线局域网。要建立多单元网络,基站设备必须通过有线基站相连接。

基站设备是可以在网络范围内各个位置之间漫游的移动式客户机工作站设备服务。多基站配置中的漫游无线工作站具有以下功能:

- 在需要时,自动在基站设备之间切换,从而保持与网络的无线连接。
- 只要在网络中的基站设备的无线范围内,就可以与基础架构进行通信。
- 要增大无线局域网的带宽,可以将基站设备配置为使用其他子频道(受当地的无线电规定约束)。多基站网络中的任何无线客户机工作站漫游都将根据需要自动更改使用的无线电频率。

在网络跨度很大的大型企业中,某些员工可能需要完全的移动能力,此时,可以在网络中设置多个 AP,使装备有无线网卡的移动终端实现如手机般的漫游功能,如图 2-16 所示。使用无线漫游方案,移动办公的员工可以自由地在公司设施内(可以是建筑群)活动,并完全能够稳定地保持与网络的连接,随时访问他们所需要的网络资源。

当员工在设施内移动时,虽然在移动设备和网络资源之间传输的数据的路径是变化的,但他却感觉不到这一点,这就是所谓的无缝漫游,在移动的同时保持连接。这原因很简单,AP 除了具有网桥功能外,还具有传递功能。这种传递功能可以将移动的工作站从一个 AP "传递"给下一个 AP,以保证在移动工作站和有线主干之间总能保持稳定的连接,从而实现漫游功能,如图 2-17 所示。这里需要注意的是,实现漫游所使用的 AP,是通过有线网络连接起来的。

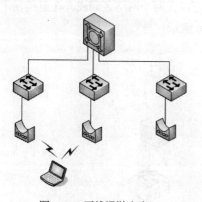

图 2-16　无线漫游方案 A

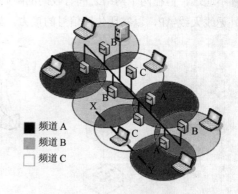

■ 频道 A
▨ 频道 B
□ 频道 C

图 2-17　无线漫游方案 B

2.4.5　局域网连接方案

局域网连接方案包括点对点连接方案、点对多点连接方案、无线接力方案等。下面分别介绍这几种方案。

1．点对点连接方案

当两个局域网之间采用光纤或双绞线等有线方式难以连接时,可采用点对点的无线连接方式。

只需在每个网段中都安装一个 AP，即可实现网段之间点到点连接，也可以实现有线主干的扩展，如图 2-18 所示。

在点对点连接方式中，一个 AP 设置为 Master（主结点），而另一个 AP 设置为 Slave（从结点）。在点对点连接方式中，无线天线最好全部采用定向天线。

2．点对多点连接方案

当三个或三个以上的局域网之间采用光纤或双绞线等有线方式难以连接时，可采用点对多点的无线连接方式。这同样只需在每个网段中都安装一个 AP，即可实现网段之间点到点连接，也可以实现有线主干的扩展，如图 2-19 所示。

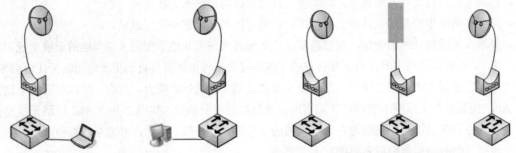

图 2-18　点对点连接方案　　　　　　　　图 2-19　点对多点连接方案

在点对多点连接方式中，一个 AP 设置为 Master（主结点），其他 AP 则设置为 Slave（从结点）。在点对多点连接方式中，主结点必须采用全向天线，从结点则最好采用定向天线。

3．无线接力方案

当两个局域网络间的距离已经超过无线局域网产品所允许的最大传输距离时，或者两个网络间的距离并不遥远，但在两个网络之间有较高的障碍物时，可以在两个网络之间或者在阻挡物上架设一个户外无线天线 AP，以实现传输信号的接力，如图 2-20 所示。

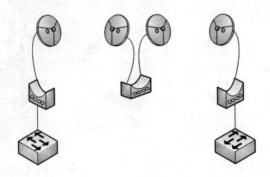

图 2-20　无线接力方案

第 3 章 局域网综合布线

在现代化的高楼大厦中,纵横交错的各种管线给计算机网络施工带来很大困难。随着计算机技术和通信技术的发展,近些年兴起的建筑物综合布线系统可以较好地满足社会信息化的需要。

3.1 综合布线简介

在信息社会中,一个现代化的大楼内,除了具有电话、传真、空调、消防、动力电线、照明电线外,计算机网络线路也是不可缺少的。传统的布线系统已不能满足现代建筑的要求。现代大厦要求布线方案必须综合、高效、经济、资源共享、安全、自动、舒适、便利和灵活等,人们需要开放的、系统化的布线方案。

3.1.1 综合布线标准

综合布线系统是一个复杂的系统,它包括各种线缆、插接件、转接设备、适配器、检测设备及各种施工工具等多种设备,以及多项技术实现手段,实施时需要统筹考虑。生产相关设备的厂家很多,各家产品有不同的特色和不同的设计思想与理念。要想使各家产品互相兼容,使综合布线系统更加开放、方便使用和管理、集成度更高,就必须制定一系列相关的标准,以及规范综合布线系统设计、实施、测试、服务等诸多环节,规范各种线缆、插接件、转接设备、适配器、检测设备、施工工具等设备。

1. 综合布线系统标准的种类

目前综合布线系统已经制定了多种国际、国家及行业标准。这些标准主要有下列几种:

- ANSI/EIA/TIA-568:商用建筑电信布线标准,1991 年发布。
- ANES/EIA/TIA—568A:EIA/TIA—568 的第二版,1995 年发布。
- ISO/IEC 11801:建筑物通用布线标准,1994 年正式发布。
- CECS 92:95/97:《建筑与建筑群综合布线系统工程设计规范》,1995 年正式颁发,CECS 92:97 是它的修订版。
- UPT 布线系统有关非屏蔽双绞线标准。

- 网络通信标准：IEE802，10Base-T；IEE 802.3u，100Base-TX；IEE 802.5，TOKEN RING；ANSI FDDI/CDDI；CCITT ATM 155Mbps；CCITT ISDN。
- 安装与设计规范：国家建筑电气设计规范；工业企业通信设计规范；市内电话线路工程施工与验收技术规范。
- YD/T 926.1－3：全称为《大楼通信综合布线系统》，我国原邮电部于 1997 年 9 月发布的通信行业标准。

这些标准支持下列计算机网络标准：

- IEE 802.3：总线局域网络标准。
- IEE 802.5：环形局域网络标准。
- FDDI：光纤分布数据接口高速网络标准。
- CDDI：铜线分布数据接口高速网络标准。
- ATM：异步传输模式。

《大楼通信综合布线系统》是我国原邮电部于 1997 年发布的通信行业标准。该标准非等效地采用国际标准化组织/国际电工委员会在 1994 年发布的 ISO/IEC 11801《信息技术——用户房屋综合布线》标准。在制定行业标准时，对国际标准中收录的产品品种系列进行了优化筛选，同时参考了美国 ANSI/EIA/TIA 568A《商务建筑电信布线标准》，并根据我国具体情况予以吸收和完善，它的组成和子系统划分与国际标准完全一致。因此，我国通信行业标准既密切结合我国国情，又符合国际标准，是综合布线系统工程中必须执行的权威性法规。

2．综合布线标准要点

无论是 EIA/TIA 制定的标准还是 CECS92:95/97 标准，其要点为：

（1）制定标准的目的

- 规范一个通用语音和数据传输的电信布线标准，以支持多设备、多用户的环境。
- 为服务于商业的电信设备和布线产品的设计提供方向。
- 能够对商用建筑中结构化布线进行规划和安装，使之能够满足用户多种电信要求。
- 为种种类型的线缆、连接部件以及布线系统的设计和安装建立性能和技术标准。

（2）标准的范围

- 标准针对的是"商业办公"电信系统。
- 布线系统的使用寿命要求在 10 年以上。

（3）标准的内容

标准内容为所用介质、拓扑结构、布线距离、用户接口、线缆规格、连接件性能、安装程序等。

（4）几种布线系统所涉及的范围和要点

- 水平干线布线系统：涉及水平跳线架，水平线缆，线缆出入口/连接器，转换点等。
- 垂直干线布线系统：涉及主跳线架、中间跳线架，建筑外主干线缆，建筑内主干线缆等。
- UTP 布线系统：将线缆按传输特性划分为 5 种类型，目前主要使用 5 类、超 5 类。
- 光缆布线系统：在光缆布线中分水平干线子系统和垂直干线子系统，它们分别使用不同类型的光缆。
- 水平干线子系统：62.5/125μm 多模光缆，多数为室内型光缆。

- 垂直干线子系统：62.5/125μm 多模光缆或 10/125μm 单模光缆。
- 综合布线系统标准是一个开放型的系统标准，它能被广泛应用。因此，按照综合布线系统进行布线，将为用户今后的应用提供方便，同时也保护了用户投资，使用户在投入较少的费用下，便能向高一级的应用范围转移。

3.1.2　综合布线组成

综合布线系统由许多部件组成，主要是传输介质、线路管理硬件、连接器、插座、插头、适配器、传输电子线路、电气保护设施等，并由这些部件来构造各种子系统。一个理想的布线系统应该支持语音应用、数据传输、影像影视，而且最终能支持综合型的应用。

综合布线系统包含工作区子系统、水平干线子系统、管理子系统、垂直干线子系统、设备间子系统和建筑群子系统 6 个子系统。综合布线系统结构如图 3-1 所示。

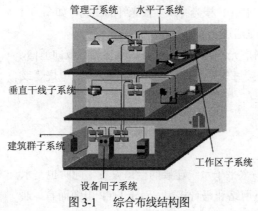

图 3-1　综合布线结构图

大楼的综合布线系统是将各种不同组成部分构成一个有机的整体，如图 3-2 所示，而不是像传统的布线那样自成体系，互不相干。

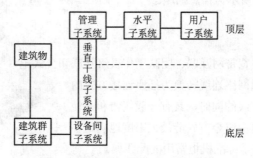

图 3-2　综合布线系统的构成方框图

3.2　布　线　产　品

网络综合布线设计和安装的对象便是"线"。作为网络中的传输介质，线缆的品质在很大程度上决定着综合布线的性能。此外，信息插座、配线架等其他布线材料的选择与使用，也会对布线系统的整体性能产生决定性的影响。

3.2.1 双绞线

双绞线是局域网中使用最为普通的传输介质，如图 3-3 所示，尤其在星形网络拓扑结构中更是必不可少的传输介质，其性能及质量的好坏直接影响局域网的功能。

图 3-3 双绞线

3.2.2 光纤和光缆

光纤即光导纤维的简称，由单根玻璃光纤、紧靠纤芯的包层以及塑料保护涂层组成。光缆是指包含 1 根光纤或多根光纤的线缆，如图 3-4 所示。点对点光纤传输系统是通过光缆进行连接的。

在使用光缆时，必须考虑光纤的单向特性，如果要进行双向通信，那么就应使用双股光纤。连接每条光缆时都要磨光端头，通过电烧烤或化学环氯工艺与光学接口连在一起，确保光通道不被阻塞。

光纤

光缆

图 3-4 光缆

3.2.3 信息插座

信息插座是终端设备与水平子系统连接的接口设备，同时也是水平布线的终结，为用户提供网络和语音接口。对于 UTP 电缆而言，通常使用 T568A 或 T568B 标准的 8 针模块化信息插座，型号为 RJ-45，采用 8 芯接线，符合 ISDN 标准。对光缆来说，规定使用具有 SC/ST 连接器的信息插座。图 3-5 所示为信息插座。

3.2.4 配线架

配线架具有局域网络与宽带网互联、团队工作机组互联和台式电脑互联的功能，具备将普通网络连线转换为插座连接方式的功能，在规范管理各用户连线的同时，具有一般纠错和方便查找的特性。插座配线架自由组合方式能最大限度地满足各类用户的需求。图 3-6 所示是标准机柜常用的配线架。

图 3-5 信息插座

3.2.5 其他布线产品

其他布线产品包括跳线、线槽、管道、桥架、理线器、扎带、标签和打印机。

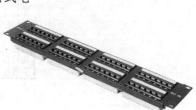

图 3-6 配线架

1. 跳线

跳线用于实现配线架与集线设备之间、信息插座与计算机之间、集线设备之间，以及集线设备与路由设备之间的连接。跳线主要分为两类，即双绞线跳线和光纤跳线，如图 3-7 所示，分别应用于不同的布线系统。

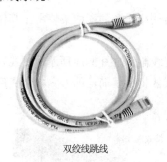
双绞线跳线

光纤跳线

图 3-7　跳线

2．线槽

线槽是布线系统中不可或缺的辅助设备之一，主要包括金属槽和 PVC 槽两种，如图 3-8 所示。将凌乱的线缆置于线槽内，既可以起到美化布线环境的作用，又可以应用于某些特殊场合，起到阻燃、抗冲击、抗老化、防锈等作用。

金属线槽

PVC 线槽

图 3-8　线槽

3．管道

管道的作用与线槽类似，也是综合布线的重要辅助设备。管道也分为金属管和塑料管两大类。金属管的规格有多种，外径以 mm 为单位。金属管还有一种是软管（俗称蛇皮管），供弯曲的地方使用。塑料管产品分为两大类，即 PE 阻燃管和 PVC 阻燃管。图 3-9 所示为 PVC 阻燃管。

4．桥架

桥架用于水平和主干的架空式布线，适用于信息点数量较多的布线场合。桥架主要分为两种，即槽式桥架和梯式桥架。其中，槽式桥架为封闭式结构，如图 3-10 所示。

图 3-9　PVC 阻燃管

图 3-10　槽式桥架

5．理线器

理线器也称为线缆管理器，安装在机柜或机架内，配合网络设备和配线架使用。其作用是固定和整理线缆，使布线系统更加整洁、规范。

从外观结构看，理线器可分为过线环式理线器和墙式理线器，如图 3-11 所示。过线环式理线器是一种流行且经济的方案，为组织管理从小到大的线缆或跳线提供了简洁的方案。墙式理线器由于带有前盖板，可以提供一个洁净的配线环境。

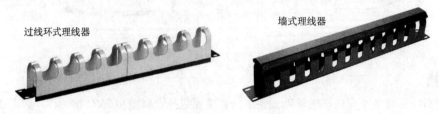

图 3-11　理线器

6．扎带

扎带（或称为束线带）的作用在于将成束的光缆和双绞线分类绑扎、固定，从而避免布线系统陷于混乱，并便于日后的维护和管理。应当根据线缆功能、用途的不同，将位于室内的双绞线和光缆都进行分类捆扎，并采用不同颜色的扎带以便于识别，同时设置标识牌。扎带分为两大类，即锁扣式扎带和夹贴式扎带，如图 3-12 所示。

图 3-12　扎带

7．标签

机柜、配线架、光缆、双绞线、跳线、信息插座等诸多位置都必须贴上相应的标签，使其拥有唯一的标识，从而便于测试、使用和管理。

为了便于识别，标签应当使用不同颜色的专用标签纸，如图 3-13 所示，并且使用标签打印机打印标识。

图 3-13　标签纸

3.3　综合布线的设计

网络综合布线系统工程设计是整个网络布线工程建设的蓝图和总体框架结构，网络方案的质量将直接影响网络工程的质量和性价比。在设计综合布线系统集成方案时，应该从综合布线系统的设计原则出发，在总体设计的基础上进行 6 个子系统的详细设计，以保证综合布线系统工程的整体性和系统性。

3.3.1　工作区子系统设计

一个独立的需要设置终端设备的区域宜划分一个工作区，工作区子系统应由水平布线系统的信息插座，以及延伸到工作站终端设备处的连接线缆（跳线）及适配器组成。一个工作区的服务面积可按 5~10 ㎡ 估算，每个工作区设置一部电话机或计算机终端设备，如图 3-14 所示，或按用户要求设置。

1. 工作区布线的设计要点

- 每个信息插座旁边有一个单相电源插座，以备计算机或其他有源设备使用。
- 信息插座与电源插座间距不得小于 20cm。
- 工作区内线槽应布置合理、美观。
- 信息插座要设计在距离地面 30cm 以上。
- 信息插座与计算机设备的距离保持在 5m 以内。
- 购买的网卡类型、接口要与线缆类型、接口保持一致。
- 各个工作区所需的信息模块、信息插座、面板的总数量。

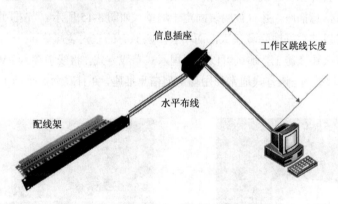

图 3-14　工作区

2. 布线线路的分布及路由

工作区子系统优化主要是根据工作区对信息点的需要，即根据办公设备的合理布置位置进行信息插座的布置。信息插座布置的基本原则是首先尽量满足用户使用的便利性，然后以布线路由最短为指导思想来进行信息插座的布置。此外，还要考虑今后对信息插座数量需求增加的情况。

（1）工作面积划分

如果在设计信息插座时，用户方提不出详细的工作区办公设备布置方案，则按系统配要求级别，对每个工作区的信息插座采取室内均匀布置。

建筑物的功能类型较多，大体上可以分为商业、文化、媒体、体育、医院、学校、交通、住宅、通用工业等类型，因此对工作区面积的划分应根据应用的场合进行具体的分析后确定。工作区面积需求如表 3-1 所示。

表 3-1　工作区面积的划分

建筑物类型及功能	工作区面积（㎡）
网管中心、呼叫中心、信息中心等终端设备较为密集的场地	3~5
办公区	5~10
会议、会展	10~60
商场、生产机房、娱乐场所	20~60
体育场馆、候机室、办公设施区	20~100
工业生产区	60~200

提示： 对于应用场合，如终端设备的安装位置和数量无法确定时或使用场所为客户租用并考虑自己设置计算机网络时，工作区面积可按区域（租用场地）面积确定。

对于 IDC 机房（即数据通信托管业务机房或数据中心机房）可按生产机房每个配线架的设置区域考虑工作区面积。对于此类项目，涉及数据通信设备的安装工程，应单独考虑实施方案。

（2）布线方式

工作区子系统的布线方式主要有护壁板式和埋入式两种。

所谓护壁板式，食指将布线管槽沿墙壁固定，并隐藏在护壁板内的布线方式。该方式由于无须剔挖墙壁和地面，不会对原有建筑造成破坏，主要用于集中办公场所、营业大厅等机房的布线。该方式通常使用桌上式信息插座，并且被明装固定于墙壁，如图 3-15 所示。当采用隔断分割办公区域时，墙壁上的线槽可以被很好地隐藏起来，而不会影响原有的室内装修。

如果要布线的楼宇还在施工，那么可以采用埋入式布线方式，将线缆穿入 PVC 管槽内，或埋入地板垫层中，或埋入墙壁内。该方式通常使用墙上型信息插座，并且底盒被暗埋于墙壁中，如图 3-16 所示。

图 3-15　护壁板式布线

图 3-16　埋入式布线

（3）布线材料

工作区的布线材料主要是连接信息插座与计算机的跳线，以及必要的适配器。为了便于管理和识别，有些厂家的信息插座有多重颜色，如黑、白、红、蓝、绿、黄，这些颜色的设置应符合 TIA/EIA606

标准，如表 3-2 所示。

表 3-2　终端现场颜色标识（根据 TIA/EIA606 标准）

终 端 类 型	颜 色	典 型 应 用
分界点	橙色	划分点–中心办公室端接
网络连接	绿色	划分点客户端的网络连接
公共设备	紫色	连接到用户交换机、大型计算机、局域网
关键系统	红色	连接到关键的电话系统
第一级主干	白色	连接主交叉连接到电信间或主交叉连接到本地交叉连接的主干线缆
第二级主干	灰色	连接本地交叉连接到电信间的建筑物主干线缆的终端
建筑物主干	棕色	建筑物间干线线缆的终端
水平	蓝色	电信间内水平线缆的终端，不是插座上
其他	黄色	辅助电路，如报警系统、安全或其他混杂线缆的端接

3.3.2　水平子系统设计

在整个网络布线系统中，水平子系统是最难事后维护的子系统之一（特别是采用埋入式布线时），因此在水平子系统设计时，应当充分考虑线路冗余、网路需求和网络技术的发展。

根据工程提出的近期和远期终端设备的设置要求、用户性质、网络构成及实际需要确定建筑物各层需要安装信息插座、模块的数量及其位置，配线应留有扩展余地。

1. 水平子系统结构

水平子系统的拓扑结构为星形拓扑，即每个信息点都有一条独立的从信息插座到电信间配线架的线路，如图 3-17 所示。

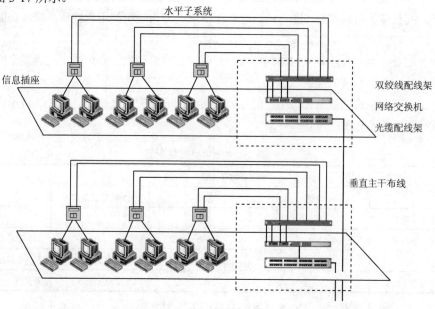

图 3-17　水平布线子系统

电信间 FD 与电话交换配线及计算机网络设备之间的连接方式应符合图 3-18 所示的要求。

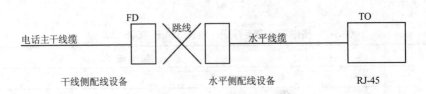

图 3-18　电话系统连接方式

计算机网络设备连接方式：经跳线连接应符合图 3-19 所示要求，经设备线缆连接应符合图 3-20 所示要求。

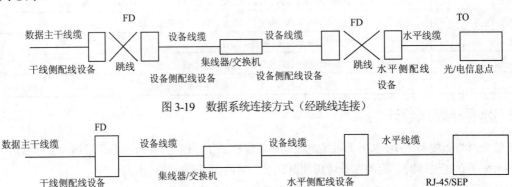

图 3-19　数据系统连接方式（经跳线连接）

图 3-20　数据系统连接方式（经设备线缆连接）

2．水平子系统设计要求

水平子系统线缆应采用非屏蔽或屏蔽 4 对对绞线电缆，在需要时也可采用室内多模或单模光缆。

每一个工作区信息点数量的确定范围比较大，从现有的工程情况分析，设置 1~10 个信息点的现象存在，并预留了电缆和光缆备份的信息插座模块。因为建筑物用户性质不同，功能要求和实际需求不一样，信息点数量不能仅按办公楼的模式确定，尤其是对于专用建筑（如电信、金融、体育场馆、博物馆等建筑）及计算机网络划分内、外网（如政府和党委办公网络）等多个网络时，更应加强需求分析，做出合理的配置。

每个工作区信息点的数量可按用户的性质、网络构成和需求来确定。表 3-3 所示内容为信息点数量配置分类，供设计时参考。

表 3-3　信息点数量配置

建筑物功能区	信息点数量（每一工作区）			备注
	电话	数据	光纤（双工端口）	
办公区（一般）	1 个	1 个		
办公区（重要）	1 个	2 个	1 个	对数据信息有较大的需求
出租或大客户区域	2 个或 2 个以上	2 个或 2 个以上	1 个或 1 个以上	指整个区域的配置量
办公区（商务工程）	2~5 个	2~5 个	1 个或 1 个以上	涉及内、外网络时

说明：大客户区域也可以是公共设施的场地，如商场、会议中心、会展中心等。

1 根 4 对对绞电缆应全部固定终接在 1 个 8 位模块通用插座上，不允许将 1 根 4 对对绞电缆终接在 2 个或 2 个以上 8 位模块通用插座上。

根据现有产品情况，配线模块可按以下原则选择。

- 多线对端子配线模块可以选用 4 对或 5 对卡接模块，每个卡接模块应卡接 1 根 4 对对绞线电缆。一般 100 对卡接端子容量的模块可卡接 24 根（采用 4 对卡接模块）或 20 根（采用 5 对卡接模块）4 对对绞线电缆。
- 25 对端子配线模块可卡接 1 根 25 对大对数电缆或 6 根 4 对对绞线电缆。
- 回线式配线模块（8 回线或 10 回线）可卡接 2 根 4 对对绞线电缆或 8/10 回线。回线式配线模块的每一回线可以卡接 1 对入线和 1 对出线。回线式配线模块的卡接端子可以为连通型、断开型；可插入型主要应用于断开电路做检修的情况下，布线工程中无此种应用。
- RJ-45 配线模块（由 24 或 48 个 8 位模块通用插座组成）中的每一个 RJ-45 插座应可卡接 1 根 4 对对绞的电缆。
- 光纤连接器每个单工端口应支持 1 芯光纤的连接，双工端口则支持 2 芯光纤的连接。
- 各配线设备跳线可按以下原则选择与配置：
- 电话跳线宜按每根 1 对或 2 对对绞线电缆容量配置，跳线两端连接插头采用 IDC 或 RJ-45 型。
- 数据跳线宜按每根 4 对对绞线电缆配置，跳线两端连接插头采用 IDC 或 RJ-45 型。
- 光纤跳线宜按每根 1 芯或 2 芯光纤配置，光跳线连接器件采用 ST、SC 或 SFF 型。

3.3.3　垂直（主干）子系统设计

垂直子系统（也称主干子系统）用于连接各配线室，实现计算机设备、交换机、控制中心与各管理子系统之间的连接，主要包括主干传输介质及介质终端连接的硬件设备。主干子系统通常由设备间的配线设备和跳线，以及设备间至各楼层配线架的连接线缆组成。

1. 主干子系统结构

主干布线采用星形拓扑结构，即从主设备间到每个楼层电信间都有一条独立的多芯光缆，如图 3-21 所示。同时，敷设 2~4 根六类非屏蔽双绞线作为数据主干的备份。

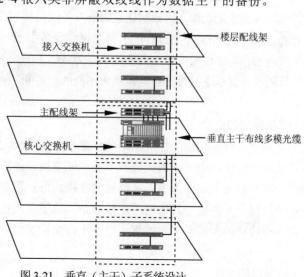

图 3-21　垂直（主干）子系统设计

2. 主干子系统设计要求

设计主干子系统时要考虑以下几点:

(1) 确定每层楼和整栋楼的干线要求

在确定主干(垂直)子系统所需要的电缆总对数之前,必须确定电缆中语言信号和数据信号的共享原则。对于基本型,每个工作区可选定 2 对双绞线;对于增强型,每个工作区可选定 3 对双绞线;对于综合型,每个工作区可在基本型或增强型的基础上增设管理系统。

主干子系统所需要的电缆总对数和光纤总芯数,应满足工程的实际需求,并留有适当的备份容量。主干线缆宜设置电缆与光缆,并互相作为备份路由。

(2) 确定从楼层到设备间的干线线缆路由

布线走向应选择干线线缆最短,同时可以确保人员安全和最经济的路由。建筑物有两大类型的通道,即封闭型和开放型,宜选用带门的封闭型通道敷设干线线缆。封闭型通道是指一连串上下对齐的交接间,每层楼都有一间,线缆竖井、线缆孔、管道、托架等穿过这些房间的地板层,每个交接间通常还有一些便于固定线缆的设施和消防装置。开放型通道是指从建筑物的地下室到楼顶的一个开放空间,中间没有任何楼板隔开。通风通道或电梯通道,不能敷设主干子系统线缆。

在同一层若干电信间之间宜设置干线路由。在多层楼房中,经常需要使用干线线缆的横向通道才能从设备间连接到干线通道,以及在各个楼层上从二级交接间连接到任何一个配线间。不过,横向走线需要寻找一个易于安装的方便通道,因而两个端点之间很少是一条直线。在水平子系统、垂直布线时,应考虑数据线、语音线以及其他弱电系统共槽问题。

如果建筑物预留有电信井,自然应当将建筑物主干线缆敷设在其中。否则,可以在建筑物水平中心位置垂直安装密闭金属桥架,用于楼层之间的垂直主干布线。选择在水平中心位置,可以保证水平布线的距离最短,既减少布线投资,又可保证最大传输距离在水平布线所允许的 90m 之内。

(3) 确定使用光缆还是双绞线

主干布线是选用铜缆还是光缆,应根据建筑物的业务流量和有源设备的档次来确定。主干布线通常应当采用光缆,如果主干距离不超过100 m,并且网络设备主干连接采用 100Base-T 端口接口时,从节约成本的角度考虑,可以采用 8 芯六类双绞线作为网络主干。

如果电话交换机和计算机主机设置在建筑物内不同的设备间,宜采用不同的主干线缆以分别满足语音和数据的需要。

(4) 确定干线接线间的结合方法

干线线缆通常采用点对点端接,也可采用分支递减端接或线缆直接连接方法。点对点端接是最简单、最直接的结合方法,主干子系统每根干线线缆直接延伸到指定的楼层和交接间。分支递减端接是指使用一根大对数电缆作为主干,经过线缆接头保护箱分出若干根小线缆,分别延伸到每个交换间或每个楼层,并终接于目的地的配线设备。线缆直接连接方法是在一些特殊情况下所用的技术,一是一个楼层的所有水平端接都集中在干线交接间;二是二级交接间太小,在干线交接间完成端接。

(5) 确定干线线缆的长度

主干子系统应由设备间子系统、管理子系统和水平子系统的引入口设备之间的相互连接线缆组成。

（6）确定敷设附加横向线缆时的支撑结构

综合布线系统中的主干（垂直）子系统并非一定是垂直布置的。从概念上讲，它是楼群内的主干通信系统。在某些特定环境中，如在低矮而又宽阔的单层平面的大型厂房中，主干子系统就是平面布置的，它同样起着连接各配线间的作用。而且在大型建筑物中，主干子系统可以由两级甚至更多级组成。

主干线敷设在弱电井内，移动、增加或改变比较容易。很显然，一次性安装全部主干线缆是不经济也是不可能的。通常分阶段安装主干线缆，每个阶段为 3~5 年，以适应不断增长和变化的业务需求。当然，每个阶段的长短还随使用单位的稳定性和变化而定。

另外，设计主干布线时，还需要注意以下几点。

- 网线一定要与电源线分开敷设，但是可以与电话线及有线电视线缆置于同一个线管中。布线时拐角处不能将网线折成直角，以免影响正常使用。
- 强电和弱电通常应当分置于不同的竖井内。如果不得已需要使用同一个竖井，那么必须将其分别置于不同的桥架中，并且彼此相隔 30cm 以上。
- 网络设备必须分级连接，即主干布线只用于连接楼层交换机与骨干交换机，而不用于直接连接用户端设备。
- 大对数双绞线电缆容易导致线对之间的近端串音以及近端串音的叠加，这对于高速数据传输十分不利，除非必要，不要使用大对数电缆作为主干布线的线缆。

3.3.4　管理子系统设计

管理子系统通常设置在各楼层的设备间（这是狭义上的概念，区别于整个综合布线系统中的"设备间"）内，主要由交换间的配线设备、输入/输出设备等组成。管理子系统提供了与其他子系统连接的手段，交接使得有可能安排或重新安排路由，因而通信线路能够延伸到连接建筑物内部的各个信息插座，从而实现综合布线系统的管理。

1．配线架连接方式

综合布线管理人员通过调整配线设备的交接方式，有可能安排或者重新安排传输线路，而传输线路可延伸到建筑物内部的各个工作区。用户工作区的信息插座是水平子系统布线的终点，是语音、数据、图像、监控等设备或期间连接到综合布线的通用进出口点。也就是说，只要在配线连接硬件区域调整交接方式，就可以管理整个应用终端设备，从而实现综合布线系统的灵活性、开放性和扩展性。

（1）互相连接

配线间内配线架与网络设备的连接方式分为两种，即相互连接和交叉连接。交连和互连允许将通信线路定位或重定位到建筑物的不同部分，以便于管理通信线路，从而在移动终端设备时能方便地进行插拔。所谓互相连接，是指水平线缆一端连接至工作间的信息插座，一端连接至配线间的设备架，配线架和网络设备通过接插软线进行连接的方式（如图 3-22 所示）。

互相连接方式使用的配线架前面板通常为 RJ-45 端口，因此网络设备与配线架之间使用 RJ-45toRJ-45 接插软线。

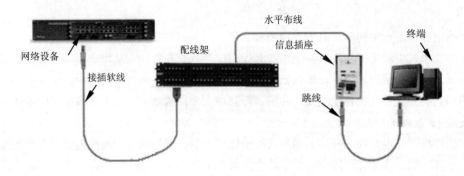

图 3-22　互相连接方式

（2）交叉连接

所谓交叉连接，是指在水平链路中安装两个配线架。其中，水平线缆一端连接至工作间的信息插座，一端连接至设备间的配线架，网络设备通过接插软线连接至另一个配线架，再通过多条接插软线将两个配线架连接起来，从而便于对网络用户的管理，如图 3-23 所示。交叉连接又可分为单点管理单交连、单点管理双交连和双点管理双交连 3 种方式。

● 单点管理单交连

单点管理系统只有一个管理单元，负责各信息点的管理，如图 3-24 所示。该系统有两种布线方式，即单点管理单交连和单点管理双交连。单点管理单交连在整幢大楼内只设一个设备间作为交叉连接区，楼内信息点均直接点对点地与设备间连接，适用于楼层低、信息点数少的布线系统。

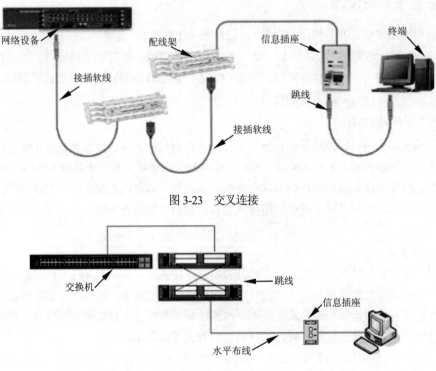

图 3-23　交叉连接

图 3-24　单点管理单交连

● 单点管理双交连

管理子系统宜采用单点管理双交连（如图 3-25 所示），其管理单元位于设备间中的交换设备或互连设备附近（进行跳线管理），并在每楼层设置一个接线区作为互连区。如果没有设备间，互连区可以放在工作间的墙壁上。该方式的优点是易于布线施工，适用于楼层高、信息点较多的场所。

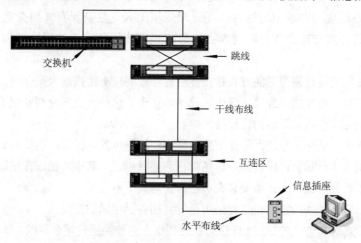

图 3-25　单点管理双交连

注意： 如果采用超五类或者六类双绞线在建筑物内布线，那么距离（离设备间最远的信息节点与设备间的距离）不能超过 100m，否则将不能采用此方式。

● 双点管理双交连

双点管理系统在整幢大楼设有一个设备间，在各楼层还分别设有管理子系统，负责该楼层信息点的管理，各楼层的管理子系统均采用主干线缆与设备间进行连接，如图 3-26 所示。由于每个信息节点有两个可管理的单元，因此被称为双点管理双连接系统，适合楼层高、信息点数多的布线环境。双点管理双连接方式布线，使客户在交连场改变线路非常简单，而不必使用专门的工具或求助于专业技术人员，只需进行简单的跳线，便可以完成复杂的变更任务。

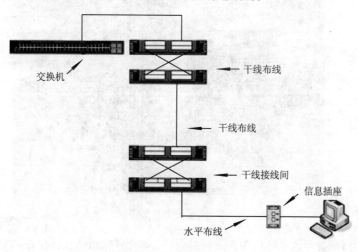

图 3-26　双点管理双交连

2. 管理子系统设计要点

管理子系统时管理线缆及相关连接硬件的系统，主要由配线间（包括设备间、二级交接间）的线缆、配线架及相关接插软线等组成。管理子系统的设计要点如下：

- 建议管理子系统采用单点管理双交连方式。交连场（或称交接区）的结构取决于工作区、综合布线系统规模和选用的硬件。在管理规模庞大、复杂及有二级交接间的情况下，才采用双点管理双交连方式。在管理点，建议根据应用环境，使用标记插入条标识各个端接场。
- 在每个交接区实现线路管理的方式是在各色标场之间接上跨接线或接插线，这些色标分别用来标明该场是干线线缆、配线线缆还是设备端接点。这些场通常分别分配给指定的接线块，而接线块则按垂直或水平结构进行排列。
- 交接区应有良好的标记系统，如建筑物名称、建筑物位置、区号、起始点和功能等。综合布线系统使用了 3 种标记：线缆标记、场标记和插入标记。其中，插入标记最常用。这些标记通常是硬纸片或其他东西，由安装人员在需要时取下来使用。
- 交接间及二级交接间的本线设备宜采用色标区别各类用途的配线区。
- 关于交接设备连接方式的选用，应注意在对楼层上的线路进行较少修改、移位或重新组合时，宜使用夹接线方式；在经常需要重组线路时，则使用插接线方式。
- 在交连场之间应留出空间，以便容纳未来扩充的交接硬件。

3.3.5 设备间子系统设计

设备间子系统也称设备子系统。设备间子系统由电缆、连接器和相关支撑硬件组成。它把各种公共系统的多种不同设备互联起来，其中包括邮电部门的光缆、同轴电缆、程控交换机等。

设备间是大楼的电话交换机设备、计算机网络设备与建筑物配线设备（BD）安装的地点，也是进行网络管理的场所，如图 3-27 所示。

图 3-27　设备间

设备间子系统是综合布线系统中为各类信息设备（如计算机网络互联设备、程控交换机等设备）提供信息管理、信息传输服务的。针对计算机网络系统，它包括网络集线器设备、网络智能交换集线器（Intelligent Switcher）及设备的连接线。可采用标准的机柜，将这些设备集成到柜中，便于统一管理。它将计算机和网络设备的输出线通过主干线子系统相连接，构成系统计算机网络的重要环节，同时它通过配线架的跳线控制所有总配线架（MDF）的路由。

在选择设备间的位置时，应注意以下两点。

- 应尽量位于建筑物的中间位置，以使干线路径最短。
- 应尽量远离高强振动源、强噪声源、强电磁场干扰源和易燃易爆源。

设备间子系统的设计要点如下。

- 要有足够的空间保障设备的存放。
- 要有良好的工作环境（温度和湿度）。
- 建设标准应按机房建设标准设计。
- 应配备足够的安全防火设备。

3.3.6　建筑群子系统设计

建筑群子系统也称楼宇管理子系统，由连接各建筑物的综合布线线缆、建筑群配线设备和跳线等组成。当某一企事业单位或政府机关分散在几幢相邻建筑物或不相邻建筑物内办公时，则其彼此之间的语音、数据、图像和监控等系统，就需要由建筑群子系统连接起来。对于只有一栋建筑物的布线环境，则不存在建筑群子系统设计。

建筑群子系统既可以采用多模或单模光纤，也可以使用大对数双绞线；既可以采取地下管道敷设方式，也可以采用悬挂方式。线缆的两端分别是两幢建筑的设备间子系统的接续设备。在建筑群环境中，除了需在某个建筑物内建立一个主设备室外，还应在其他建筑内配置一个中间设备室。其一般的设计步骤如下：

（1）确定铺设现场的特点

确定铺设现场的特点包括确定整个工地的大小、工地的地界，以及共有多少座建筑物。

（2）确定线缆系统的一般参数

建筑群主干线缆一般应选用多模或单模室外光缆，芯数不小于 12 芯，宜用层绞式、中心束管式。建筑群数据网主干线缆使用光缆与电信公网连接时，应采用单模光缆，芯数应根据综合通信业务的需要确定；选用双绞线时，一般应选择告知的大对数双绞线。当建筑群子系统使用双绞线电缆时，总长度不应超过 1 500 m。对于建筑群语音网，主干线缆一般可选用三类大对数电缆。

CD（建筑群配线设备）宜安装在进线间或设备间，并可与入口设施或 BD（建筑物配线设备）合用场地。CD 配线设备内、外侧的容量应与建筑物内连接 BD 配线设备的建筑群主干线缆容量及建筑物外部引入的建筑群主干线缆容量相一致。

此外，还应确认起点位置、端接点位置、涉及的建筑物和每座建筑物的层数、每个端接点所需的双绞线对数、有多个端接点的每座建筑物所需的双绞线总对数。

（3）确定建筑物的线缆入口

对于现有建筑物，要确定各个入口管道的位置、每座建筑物有多少入口管道可供使用，以及入口管道数目是否满足系统的需要。

如果入口管道不够用，则要确定在移走或重新布置某些线缆时是否能腾出某些入口管道。在不够用的情况下，应另装多少入口管道。

如果建筑物尚未建起来，则要根据选定的线缆路由完善线缆系统设计，并标记入口的位置；选定入口管道的规格、长度和材料；在建筑物施工过程中安装好入口管道。

建筑物入口管道的位置应便于连接公用设备，可根据需要在墙上穿过一根或多根管道。此时应查阅当地的建筑法规，了解对承重墙穿孔有无特殊要求。所有易燃材料（如聚丙烯管道、聚乙烯管道）应端接在建筑物的外面。如果外线线缆延伸到建筑物内部的长度超过 15m，就应使用合适的线缆入口器材，在入口管道中填入防水和气密性很好的密封胶，如 B 形管道密封胶。

（4）确定明显障碍物的位置

确定土壤类型（沙质土、黏土、砾土等）、线缆的布线方法，以及地下公用设施的位置。

查清拟定的线缆路由沿线各个障碍物的位置或地理条件：铺路区、桥梁、铁路、树林、池塘、河流、山丘、砾石土区、截留井、人字形孔道及其他。

确定对管道的要求。

（5）确定主干线缆路由和备用线缆路由

对于每一种待定的路由，确定可能的线缆结构。对所有建筑物进行分组，每组单独分配一根线缆，每座建筑物单有一根线缆。

查清在线缆路由中哪些地方需要获准后才能通过。

比较每种路由的优缺点，从而选定最佳路由方案。

（6）选择所需线缆类型和规格

确定线缆长度；画出最终的结构图，绘制所选定路由的位置和挖沟详图，包括公用道路图或任何需要经审批才能动用的地区草图；确定入口管道的规格。

选择每种设计方案所需的专用线缆。

参考《AT&SYSTIMAX PDS 部件指南》有关线缆部分中信号、双绞线对数和长度应符合的有关要求。

应保证线缆可进入口管道。

如果需要用管道，应选择其规格和材料。

如果需要钢管，应选择其规格、长度和类型。

（7）确定每种方案所需的劳务费用

确定施工时间，包括迁移或改变道路、草坪、树木等所花的时间，如果使用管道，还应包块铺设管道和穿线缆的时间；确定线缆接合时间；确定其他时间，例如拿掉旧电缆、避开障碍物等所需的时间。

计算总时间，即上述 3 项布线时间的总和。

计算每种设计方案的劳务费用：总时间×当地的工时费。

（8）确定每种方案的材料成本

确定线缆成本：参考有关布线材料价格表，将每米的成本乘以所需的米数。

确定所有支持结构的成本：查清并列出所有的支持结构，根据价格表查明每项用品的单价，然后将单价乘以所需的数量。

确定所有支撑硬件的成本：对于所有的支撑硬件，按照支持结构成本的计算方式计算即可。

（9）选择最经济、最实用的设计方案

将各项成本、劳务费用加在一起得到每种方案的总成本。

比较各种方案的总成本，选择成本较低者。

确定该比较经济的方案是否有重大缺点，抵消了经济上的优势。如发生这种情况，应取消此方案，考虑经济性比较好的另一种方案。

如果涉及干线线缆，应把有关的成本和设计规范也列进来。

3.4　光缆布线施工

光缆的施工需要专业的光纤熔接设备，因此企业用户自己通常无法独立完成。不过，企业可以自己敷设光缆，只将光纤熔接工作交由专门的网络或通信公司完成。另外，了解一些光缆布线施工要求，可以有效地实现对布线工程的监督，从而确保布线施工质量。

3.4.1　建筑物内光缆布线

光缆可分为建筑物内主干光缆和建筑群间主干光缆两种；与之对应，光缆布线也主要分为建筑物内光缆布线和建筑群间光缆布线两种。建筑物内光缆主要是应用于水平子系统和垂直（主干）子系统的敷设。

1．垂直子系统的敷设

建筑物内主干光缆一般安装在建筑物专用的弱电井中，从设备间至各个楼层的交换间布放，形成建筑物内的主要骨干线路。在弱电井中布放光缆有两种方式，即由建筑的顶层向下垂直布放和由建筑的底层向上牵引布放。此时通常采用向下牵引的施工方式。

（1）垂直敷设注意事项

- 垂直布放光缆时，应特别注意光缆的承重问题。为了减少光缆上的负荷，一般每两层都要将光缆固定一次。采用这种方法，光缆不需要中间支持，但要小心地捆扎光缆，不要弄断光纤。

- 为了避免弄断光纤及产生附加的传输损耗，在捆扎光缆时不要碰破光缆外护套。固定光缆的步骤为：
  - ➢ 使用塑料扎带，由光缆的顶部开始，将主干光缆扣牢在线缆架上。
  - ➢ 从上至下，按一定的间隔（如 5~8 m）安装扎带，直到光缆全部被牢固地扣好。
  - ➢ 检查光缆外护套有无损伤，并盖上桥架的外盖。

- 光缆布线时应留有余量。光缆在设备端的接续预留长度一般为 5~10 m；自然弯曲增加长度5m/km；在弱电井的光缆需要接续时，其预留长度一般为 0.5~1.0 m。如果在设计中有特殊预留长度要求时，应按要求处理。

- 光缆在弱电井中间的管孔内不得有接头。光缆接头应放在弱电井正上方的光缆接头托架上。光缆接头预留预先应盘成 O 型圈，用扎线捆扎在入孔铁架上固定。O 型圈的弯曲半径不得小于光缆直径的 20 倍。此外，还应按设计要求采取保护措施，保护材料可以采用蛇形软管或软塑料管等。

- 在建筑物内同一路径上如有其他线缆时，光缆应与它们平行或交叉敷设（分开敷设和固定），并留有一定间距，各种线缆间的最小净距应符合设计要求。

- 光缆全部固定牢靠后，应将建筑物内各个楼层光缆所穿过的所有槽洞、管孔的空隙部分，先用油性封堵材料封堵密封，再加堵防火材料，以求防潮和防火。在严寒地区，还应按设计要求加装防冻材料，以免光缆受冻损伤。

- 光缆及其按需应有标识，标识内容包括编号、光缆型号和规格等。
- 光缆敷设后应检查外护套有无损伤，不得有压扁、扭伤和折裂等缺陷，否则应及时处理。如果出现严重缺陷或有断纤现象发生，应及时检修，经测试合格后方可使用。

（2）垂直敷设的方法

水平子系统光缆的敷设与双绞线非常类似，只是由于光缆的抗拉性能更差，因此在牵引时应当更加小心，曲率半径也要更大。垂直（主干）子系统光缆用于连接设备间至各个楼层配线间，一般装在线缆竖井或上升房中。通常情况下，垂直主干光缆的敷设，采用由上至下的方式。

下面以一个具体实例来说明如何垂直敷设光缆。

【实验 3-1】垂直敷设光缆

（1）在离建筑物顶层设备间的槽孔 1~1.5m 处安放光缆盘，并将光缆盘安置在平台上，以便保持在所有时间内光缆与卷筒中心都是垂直的，然后从光缆盘顶部牵引光缆。

（2）转动光缆盘，将光缆从其顶部牵出。牵引光缆时，要遵守不超过最小弯曲半径和最大张力的规定。

（3）引导光缆进入敷设好的线缆桥架中。

（4）慢慢地从光缆盘上牵引光缆，直到下一层的施工人员能将光缆引入到下一层。每一层均重复以上步骤，当光缆到达最底层时，要使光缆松弛地盘在地上。

注意： 光缆通常是绕在光缆盘上的，这样光缆盘在转动时便能够控制光缆；在从光缆盘上牵引光缆之前，必须将光缆盘固定住，以防止它自身滚动。

2．水平子系统敷设

主干光缆在垂直布放后，还需要从弱电井到交换间布放，一般采用走桥架（吊顶）的敷设的方式。具体参照如下步骤：

步骤 1 按设计的光缆敷设路由打开吊顶。

步骤 2 将线缆网套后端压缩使之张开后套入欲牵引的光缆。

步骤 3 逐节压缩引绳器，逐节套入，使网套与光缆紧贴。

步骤 4 待网套全部套入后（可空留一段），用扎带或铁丝扎紧引绳器开口处。

步骤 5 将光缆牵引到所需的地方，并留下足够长的光缆供后续处理用，如图 3-28 所示。

图 3-28　牵引光缆

提示： 如没有线缆牵引套，也可以使用普通的线缆牵引带实现。首先切去一段光缆的外护套（一般由一端开始的 0.3m 处环切）；然后剥去外护套；再将光纤及加强件切去，只留下纱线在护套中；最后，将纱线与电工带绞在一起，并用胶带紧紧地将长 20 cm 范围内的光缆外护套缠住。

（1）进线室光缆的安装

光缆穿墙或穿过楼层时，要加带护口的塑料管，并用阻燃的填充物将管子填满。进线室光缆安装固定光缆由进线室敷设至机房的光纤配线架，由楼层间爬梯引至所在楼层。光缆在爬梯上，在可见部位的每只横铁上用粗细适当的麻线绑扎。对于非铠装光缆，每隔几档应衬垫一块胶皮后扎紧。在拐弯受力部位，还需套一段橡胶管加以保护。

（2）光缆终端箱

光缆进入交接间、设备间等机房内，应预留 5~10 m；如有可能挪动位置，预留长度应视现场情况而定。然后进入光缆配线架，对于直埋光缆一般在进架前铠装层剥除，松套管进入盘纤板后应剥除。最后，按照端接程序安装到光缆端接箱中。

3.4.2　建筑群光缆布线

建筑群光缆主要用于建筑群子系统的布线。在实施建筑群子系统布线时，应当首选管道光缆；只有在不得已的情况下，才选用直埋光缆或架空光缆。

1. 管道光缆的敷设

（1）清刷并试通

敷设光缆前，应逐段将管孔清刷干净并试通。清扫时应用专制的清刷工具，清刷后应用试通棒进行试通检查。管道内穿塑料子管的内径应为光缆外径的 1.5 倍。当在一个水泥管孔中布放两根以上的子管时，子管等效总外径应小于空管内径的 85%。

（2）布放塑料子管

当穿放两根以上塑料子管时，如管材为不同颜色，端头可以不做标记。如果管材颜色相同或无颜色，则其端头应分别做好标识。

塑料子管的布放长度不宜超过 300 m，并要求其不得在管道中间有接头。另外，在塑料子管布放作业时，以防止异物进入管内。塑料子管应根据设计规定要求，在人孔或手孔中留有足够长度。

提示：人孔和手孔均为弱电井的一种，人孔相对较大，人孔尺寸一般为 1 800 mm × 1 200 mm × 1 750 mm，形状多为腰鼓形，可容纳一人进入井内作业；手孔多在管群容量 4~12 的垂直（干线）子系统上使用，其尺寸一般为 900 mm × 1 200 mm × 1 200 mm 的形状，多为长方形。

（3）光缆牵引

光缆依次牵引长度一般应小于 1 000 m。超过该距离时，应采取分段牵引或在中间位置增加辅助牵引方式，以减少光缆张力并提高施工效率。为了在牵引过程中保护光缆不收损伤，在光缆穿入管孔、管道拐弯处或与其他障碍物有交叉时，应采用导引装置或喇叭口保护管等保护措施。另外，还可根据需要在光缆外部涂抹中性润滑剂等材料，以减少光缆牵引时的摩擦阻力。

（4）预留余量

光缆敷设后，应逐个在人孔或手孔中将光缆放置在规定的托板上，并应留有适当余量，以防止光缆过于绷紧。在人孔或手孔中的管理需要接续时，其预留长度应符合表 3-4 规定的最小值。

表 3-4　光缆敷设的预留长度

光缆敷设方式	自然弯曲增加长度（m/km）	人（手）孔内弯曲增加长度（m/人（手）孔）	接续每侧预留长度（m）	设备每侧预留长度（m）	备　　注
管道	5	0.5~1.0	6~8	10~20	管道或直埋光缆须引上架空时，其引上地面部分每处增加 6~8m
直埋	7				

（5）接头处理

光缆在管道中间的管孔内不得有接头。当光缆在人孔中没有接头时，要求光缆弯曲放置在光缆托板上固定绑扎，不得在人孔中间直接通过，否则既影响施工和维护，又容易导致光缆损坏。当光缆有接头时，应采用蛇形软管或软塑料管等管材进行保护，并放在托板上予以固定绑扎。

（6）封堵与标识

光缆穿放的管孔出口段应封堵严密，以防止水或杂物进入管内。光缆及其接续均应有识别标志，并注明编号、光缆型号和规格等。在严寒地区还应采取防冻措施，以防光缆受冻损伤。如光缆可能被碰损伤，可在上面或周围设置绝缘板材隔断进行保护。

2．直埋光缆的敷设

（1）埋设深度

直埋光缆由于直接埋设在地面下，所以必须与地面有一定的距离，并借助地面的张力，使光缆不被损坏，保证光缆不被冻坏。直埋光缆的埋设深度如表 3-5 所示。

表 3-5　直埋光缆的埋设深度

光缆敷设的地段或土质	埋设深度（m）	备　　注
市区、村镇的一般场合	≥1.2	不包括车行道
街道内、人行道上	≥1.0	包括绿化地带
穿越铁路、道路	≥1.2	距路面
普通土质（硬土等）	≥1.2	
沙砾土质（半石质土等）	≥1.0	

（2）光缆沟的清理和回填

沟底应平整，无碎石和硬土块等有碍于光缆敷设的杂物。如沟槽为石质或半石质，在沟底还应铺垫 10 cm 厚的细土或沙土并抄平。光缆敷设后，应先回填 30 cm 厚的细土或沙土作为保护层，严禁将碎石、砖块、硬土块等混入保护土层。保护层应采用人工方式轻轻踏平。

（3）光缆敷设

敷设直埋光缆时，施工人员手持 3~3.5 m 长光缆，并将之弯曲为一个水平 U 形，如图 3-29 所示。当然，该 U 形弯不能少于光缆所允许的弯曲半径。

然后，向前滚动推进光缆，使光缆前端始终呈 U 形，如图 3-30 所示。

当光缆向上引出地面时，应当在地下拐角处填充支撑物，避免光缆在泥土的重力压迫下变形，改变其弯曲半径。

图 3-29　将光缆弯曲为 U 形

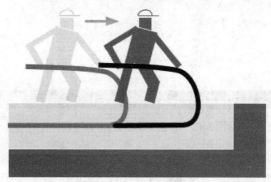

图 3-30　向前滚动推进

当光缆进入位于地面之下的建筑物入口或沿建筑物外墙向上固定时，均应当保持相应的弧度，因此要求接收沟必须具有相应的深度和宽度，如图 3-31 所示。接收沟的尺寸随光缆或导管的尺寸而改变。同沟敷设光缆或电缆时，应同期分别牵引敷设。

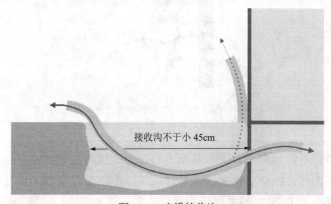

接收沟不于小 45cm

图 3-31　光缆接收沟

（4）标识

直埋光缆的接头处、拐弯处、预留长度处或与其他管线的交汇处，应设置标志，以便日后的维护检修。标志既可以使用专制的标石，也可借用光缆附近的永久性建筑，测量该建筑某部位与光缆的距离，并进行记录以备查考。

3．架空光缆的敷设

（1）架设钢绞线

对于非自承重的架空光缆而言，应当先行架设承重钢绞线，并对钢缆进行全面的检查。钢绞线应无伤痕和锈蚀等缺陷，胶合紧密、均匀、无跳股。吊线的原始垂度和跨度应符合设计要求（如图3-32所示），固定吊线的铁杆安装位置正确、牢固、周围环境中无施工障碍。光缆与钢绞线可以采用如图3-33所示方式固定。

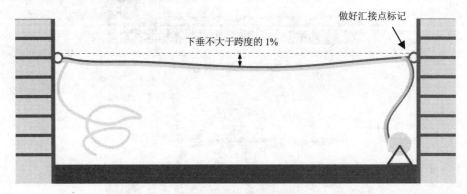

图 3-32　吊线的原始垂度和跨度设计

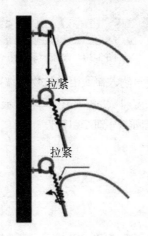

图 3-33　光缆与钢绞线固定

（2）光缆敷设

光缆敷设时应借助于滑轮牵引；下垂弯度不得超过光缆所允许的曲率半径；牵引拉力不得大于光缆所允许的最大拉力；牵引速度应缓和、均匀，不能猛拉紧拽。光缆在架设过程中和架设完成后的伸长率应小于 0.2%。当采用挂钩吊挂非自承重光缆时，挂钩的间距一般为 50 cm，误差不大于 3 cm。光缆的吊挂应平直，挂钩的卡扣方向应一致。与电力线交会时，应当在钢绞线和光缆外采用塑料管、胶管或其他绝缘物包裹捆扎，确保绝缘。架空光缆与其他建筑物、树木的最小间距如表3-6所示。

表 3-6 架空光缆与其他建筑物、树木的最小间距

名　称	与架空光线缆路平行时		与架空光线缆路交越时	
	垂直净距（m）	备　注	垂直净距（m）	备　注
市区街道	4.5	最低线缆到地面	5.5	最低线缆到地面
胡同	4.0	最低线缆到地面	5.0	最低线缆到地面
铁路	3.0	最低线缆到地面	7.0	最低线缆到地面
公路	3.0	最低线缆到地面	5.5	最低线缆到地面
土路	3.0	最低线缆到地面	4.5	最低线缆到地面
房屋建筑			0.6	最低线缆距屋脊
			1.0	最低线缆距平顶
河流			1.0	最低线缆距最高水位时 最高桅杆顶
市区树木			1.0	最低线缆到树枝顶
郊区树木			1.0	最低线缆到地面
架空通信线路			0.6	一方最低线缆与另一方 最高线缆的间距

（3）预留光缆

中负荷区、重负荷区和超重负荷区布放的架空光缆，应在每根电线杆上预留一定长度的光缆，轻负荷区则可每 3~5 杆再做预留。光缆与电线杆、建筑或树木的接触部位应穿放长度约 90 cm 的聚乙烯管加以保护。另外，由于光缆本身具有一定的自然弯曲，因此在计算施工使用的光缆长度时，应当每公里增加 5 m 左右。

经过十字形吊线连接处或丁字形吊线连接处光缆的弯曲应平滑圆顺，并符合最小曲率半径的要求。弯曲部分应穿放长度约 30 cm 聚乙烯管加以保护。

架空光缆的接头点应放在电线杆上或邻近电线杆 1 m 左右处，以利于施工和维护。接头处应预留一定长度的光缆，该长度包括光缆接续长度和施工中需消耗的长度。通常情况下，每侧应预留 6~10 m。当在光缆终端设备处终结时，在设备端一侧应预留 10~20 m。

接头处两端的光缆应当各作长度为 150~200 cm、垂度为 20~25 cm 的伸缩弯，并分别在相邻的电线杆上盘放 150~200 cm 的光缆。

3.4.3 光缆端接

任何线缆都会遇到长度不合适的问题，光缆也是如此，或者太长需要剪短，或者太短需要延长。同时，光缆在户外传输时都是大对数的，连接到局端就需要将内部的线芯分开连接，这时也需要对光纤进行端接。

所谓熔接，就是用辅助工具将敷设光纤与尾纤均剥去外皮、切割、清洁后，使用光熔机"熔"为一体，需要熔接盘等的保护。下面以一个具体实例来说明如何熔接光纤。

【实验 3-2】光纤熔接

（1）将光缆穿入光缆配线箱或光缆接续盒。

（2）使用偏口钳或钢丝钳剥开光缆加固钢丝，如图 3-34 所示，剥开长度为 1m 左右。

（3）剥开另一则的光缆加固钢丝，如图 3-35 所示，然后将两侧的加固钢丝剪掉，只保留 10 cm 左右即可。

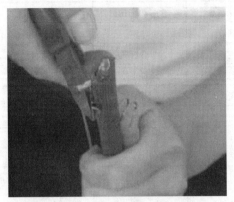

图 3-34　剥开光缆加固钢丝

图 3-35　剥开另一侧的光缆加固钢丝

（4）剥除光纤外皮 1m 左右，即剥至剥开的加固钢丝附近，如图 3-36 所示。

（5）用美工刀在光纤金属保护层轻轻刻痕，如图 3-37 所示。

图 3-36　剥除光纤外皮

图 3-37　在金属保护层刻痕

（6）折弯光纤金属保护层并使其断裂，折弯角度不能大于 45°，以避免损伤其中的光纤，如图 3-38 所示。

（7）用美工刀在塑料保护管四周轻轻刻痕，如图 3-39 所示。不要太过用力，以免损伤光纤，也可使用光纤剥线钳完成该操作。

图 3-38　折弯光纤金属保护层

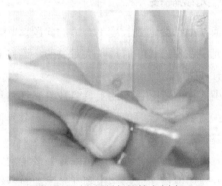

图 3-39　在颜料保护管上刻痕

（8）轻轻折弯塑料保护管并使其断裂，如图 3-40 所示。弯曲角度不能大于 45°，以免损伤光纤。

（9）将塑料保护管轻轻抽出，露出其中的光纤，如图 3-41 所示。

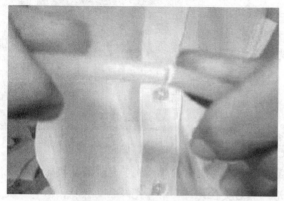

图 3-40　折弯塑料保护管

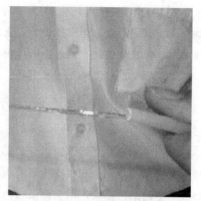

图 3-41　抽出塑料保护管

（10）用较好的纸巾蘸上高纯度酒精，使其充分浸湿，如图 3-42 所示。

（11）轻轻擦拭和清洁光缆中的每一根光纤，去除所有附着于光纤上的油脂，如图 3-43 所示。

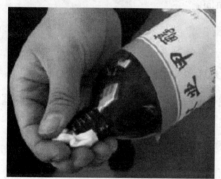

图 3-42　浸湿纸巾

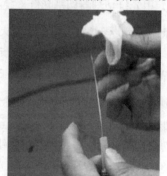

图 3-43　擦拭和清洁光纤

（12）为欲熔接的光纤套上光纤热缩套管，如图 3-44 所示。热缩套管主要用于在光纤对接好后套在连接处，经过加热形成新的保护层。

（13）使用光纤剥线钳剥除光纤涂覆层，如图 3-45 所示。

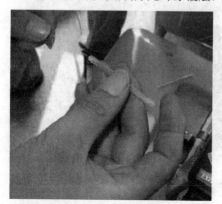

图 3-44　套上光纤热缩套管

图 3-45　剥除光纤涂覆层

提示：剥除光纤涂覆层时，要掌握"平、稳、快"三字剥纤法。"平"即持纤要平，左手拇指和食指捏紧光纤，使之呈水平状，所露长度以 5cm 为准，余纤在无名指、小拇指之间自然打弯，以增加力度，防止打滑；"稳"，即剥线钳要握得稳；"快"即剥纤要快，剥纤钳应与光纤垂直，上方向内倾斜一定角度，然后用钳口轻轻卡住光纤，右手随之用力，顺光纤轴向平推过去，整个过程要自然流畅，一气呵成。

图 3-46　擦拭光纤

（14）用蘸酒精的潮湿纸巾将光纤外表擦拭干净，如图 3-46所示。

提示：注意观察光纤剥除本分的薄层时候已全部去除，若有残余则必须去掉。如有极少量不易剥除的涂覆层，可以用脱脂棉球蘸适量无水酒精擦除。将脱脂棉撕成平整的扇形小块，蘸少许酒精，折成 V 形，然后夹住光纤，沿着光纤轴向擦拭，尽量一次成功。一块脱脂棉使用 2~3 次后应及时更换，每次要使用脱脂棉的不同部位和层面，这样既可以提高脱脂棉的利用率，又可以防止对光纤包层表面的二次污染。

（15）用光纤切割器切割光纤，使其拥有平整的断面。

提示：切割的长度要适中，保留大致 2~3cm，如图 3-47 所示。光纤端面制备是光纤接续中的关键工序，它要求处理后的端面平整，无毛刺，无缺损，与轴线垂直，呈现一个光滑平整的镜面区，且保持清洁，避免灰尘污染。光纤端面质量直接影响光纤传输的效率。端面制作的方法有 3 种：

- 刻痕法：采用机械切割刀（如金刚石刀）在光纤表面垂直方向划一道刻痕，在距涂覆层 10mm处轻轻弹碰，光纤在此刻痕位置上自然断裂。
- 切割钳法：利用一种手持简易钳进行切割操作。
- 超声波电动切割法。

这 3 种方法只要器具良好、操作得当，光纤端面的制作效果都非常好。

（16）将切割好的光纤置于光纤熔接机的一侧，如图 3-48 所示。

图 3-47　光纤端面制备

图 3-48　置于光纤熔接机一侧

（17）在光纤熔接机上固定好该光纤，如图 3-49 所示。

（18）如果没有成品尾纤，可以取一根与光缆同种型号的光纤跳线，从中间剪断作为尾纤使用，如图 3-50 所示。注意，光纤连接器的类型一定要与光纤终端盒的光纤适配器相匹配。

图 3-49　固定好光纤

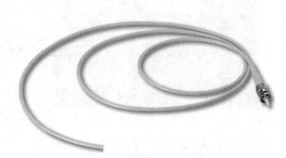

图 3-50　用跳线制作的尾纤

（19）使用石英剪刀剪除光纤跳线的石棉保护层（如图 3-51 所示），剥除的外保护层长度至少为 20cm。

（20）使用光纤剥线钳剥除光纤涂覆层，如图 3-52 所示。

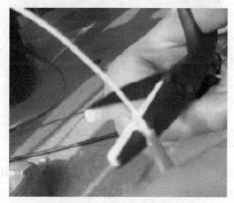

图 3-51　剪除石棉保护层

图 3-52　剥除光纤涂覆层

（21）用蘸酒精的潮湿纸巾将尾纤中的光纤擦拭干净，如图 3-53 所示。

（22）使用光纤切割器切割光纤跳线，保留大致 2~3cm，如图 3-54 所示。

图 3-53　擦拭光纤

图 3-54　切割光纤跳纤

（23）将切割好的尾纤置于光纤熔接机的另一侧，并使两条光纤尽量对齐，如图 3-55 所示。

（24）在熔接机上固定好尾纤，如图 3-56 所示。

图 3-55　放置尾纤

图 3-56　固定好尾纤

（25）按【SET】键开始光纤熔接，如图 3-57 所示。

（26）两条光纤的 X、Y 轴将自动调节，并显示在屏幕上，如图 3-58 所示。

图 3-57　开始光纤熔接

图 3-58　自动调节

（27）熔接结束后，观察损耗值，如图 3-59 所示。

提示：若熔接不成功，光纤熔接机会显示具体原因。熔接好的接续点损耗一般低于 0.05dB 以下方可认为合格。若高于 0.05dB 以上，可用手动熔接按钮再熔接一次。一般熔接进行 1~2 次为最佳，超过 3 次，熔接损耗反而会增加，这时应断开重新熔接，直至达到标准要求为止。如果熔接失败，重新剥除两侧光纤的绝缘包层并切割，然后重复熔接操作即可。

（28）若熔接通过测试，则用光纤热缩管完全套住剥掉绝缘包层的部分，如图 3-60 所示。

图 3-59　熔接结束

图 3-60　套热缩管

（29）将套好热缩管的光纤放到加热器中，如图 3-61 所示。

提示：由于光纤在连接时去掉了接续部位的涂覆层，使其机械强度降低，一般要用热缩管对接续部位进行加强保护。热塑管应在光纤剥覆前穿入，严禁在光纤端面制作后再穿入。将预先穿至光纤某一端的热缩管移至光纤连接处，使熔接点位于热缩管中间，轻轻拉直光纤接头，放入光纤熔接机的加热器内加热。热缩管加热收缩后，就会紧套在接续好的光纤上。另外，此管内有一根不锈钢棒，增加了抗拉强度。

（30）按【HEAT】键开始对热缩管加热，如图 3-62 所示。

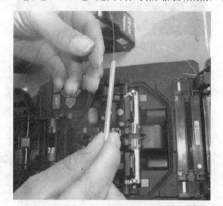
图 3-61　放到加热器中

图 3-62　对热缩管加热

（31）稍等片刻，取出已加热好的光纤，如图 3-63 所示。

（32）重复上述操作，直至该光缆中所有光纤全部熔接完成。

（33）将已熔接好光纤的热缩管置入光缆终端盒或接续盒的固定槽中，如图 3-64 所示。

图 3-63　取出已加热好的光纤

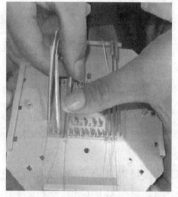
图 3-64　置入固定槽

（34）在光纤终端盒或接续盒中奖光纤盘好，并用不干胶纸进行固定，如图 3-65 所示。操作时务必轻柔小心，以避免光纤折断。同时，将加固钢丝折弯并与终端盒或接续盒固定，并使用尼龙扎带进一步加固。

（35）将光纤连接器置入光纤终端盒的适配器中并固定，如图 3-66 所示。

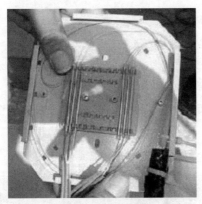

图 3-65　固定光纤

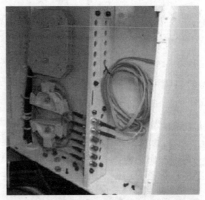

图 3-66　连接适配器

（36）封盒并将光纤终端盒固定于机柜上。光纤接续盒则大多置于电信井中，或固定于架空钢缆上。

盘纤是一项技术，科学的盘纤方法可使光纤布局合理、附加损耗小，经得住时间和恶劣环境的考验。下面以一个具体实例来说明如何盘纤。

【实验3-3】两种不同的盘纤方法

方法一： 先中间后两边，即先将热缩后的套管逐个放置于固定槽中，然后再处理两侧余纤。这样做有利于保护光纤节点，避免盘纤可能造成的损害。在光纤预留盘空间小，光纤不易盘绕和固定时，常使用此种方法。

方法二： 从一端开始盘纤，固定热缩管，然后再处理另一侧余纤。这样做可根据一侧余纤长度灵活选择铜管安放位置，方便、快捷，可避免出现急弯、小圈现象。

提示： 对于特殊情况的处理，如个别光纤过长或过短时，可将其放在最后，单独盘绕；带有特殊光器件时，可将其另盘处理；与普通光纤共盘时，应将其轻置于普通光纤之上，两者之间加缓冲衬垫，以防止挤压造成断纤，且特殊光器件尾纤不可太长。

注意： 根据实际情况采用多种图形盘纤。按余纤的长度和预留空间大小，顺势自然盘绕，切勿生拉硬拽，应灵活地采用圆、椭圆、CC、"~" 等多种图形盘纤（注意 $R \geqslant 4$ cm），尽可能最大限度地利用预留空间并有效降低因盘纤带来的附加损耗。

3.5　双绞线布线施工

双绞线敷设可以采用管道、线槽以及桥架等多种方式。在决定采用哪种方式之前，应该到施工现场进行实地考察、分析比较，从中选择一种最佳的施工方案。无论采取哪种方式都应该注意，既不能过度用力拉拽，也不能过度弯曲和挤压，以保证双绞线的绞合不变形。

3.5.1　建筑物内水平布线

水平线缆是综合布线中数量最多的线缆，主要是为工作区到楼层配线架之间的信号传输提供通路。大量的水平布线通常在桥架中进行，而桥架又大多位于天花板上方。

实施布线前，首先应确定信息点位置，设计敷设路由（如图3-67所示），并安装桥架。

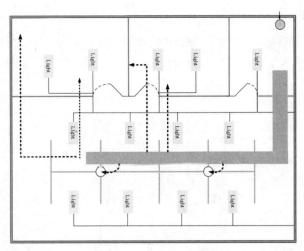

图3-67　设计敷设路由

在实施水平布线时，应将多箱网线同时敷设（如图3-68所示），以提高布线效率。通常情况下，水平布线应当从电信间向各信息出口敷设。

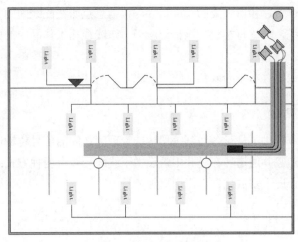

图3-68　多箱网线同时敷设

【实验3-4】建筑物内水平布线施工操作

具体操作步骤如下：

（1）将线路上的所有天花板全部掀开。需要注意的是，由于天花板颜色往往较浅，而且大多采用石膏材质，特别容易受到污染，因此施工时应当戴上手套。同时，为了保护眼睛不受灰尘伤害，还应带上护目镜。

（2）将网线拆箱并置于线缆布放架上。如果没有线缆布放架，则只需将网线从线箱中抽出即可。

（3）对线箱和线缆逐一进行标记，以便与房间号、配线架端口相匹配。电缆标记应当用防水胶布缠绕，以避免在穿线过程中磨损或浸湿。

（4）将线缆的线头缠绕在一起，便于线缆的统一敷设。通常情况下，线缆的敷设从楼层配线间开始，由远及近向每个房间依次敷设。这种施工顺序可以最大限度地利用线缆而不会造成浪费。

（5）将线缆穿入天花板中，并敷设在桥架内。

（6）当到达一个工作区时，将线缆从预留的绝缘管中穿入房间。先使用钓钩工具沿竖管穿下，然后将一根拉绳带入竖管中，再借助拉线将双绞线拉至信息插座位置，如图 3-69 所示。

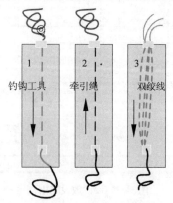

图 3-69　将线缆穿入房间并拉至信息插座位置

（7）将双绞线从信息插座引出，预留长度 0.5m 左右即可。

（8）在楼层配线间一侧，预留需要的长度后（与该信息点所在配线间的位置、机柜的位置和高度等因素有关）剪断线缆，并进行标记。该标记应当与该线缆在工作区内的标记一致，并同时记录到施工技术文档。

（9）重复操作，直至所有水平布线全部敷设完成。

3.5.2　建筑物主干布线

建筑物主干布线系统提供了从设备间到每层楼的管理间之间的信号传输通路，由于线缆较多且路由集中，因此通常可走竖井通道。在竖井中敷设主干线缆一般有两种方式：向下垂放线缆，向上牵引线缆。相比较而言，向下垂放比向上牵引更加容易。

1．向下垂放线缆

具体操作步骤如下：

（1）首先把线缆卷轴放到最顶层。

（2）在离房子的开口处（孔洞处）3~4 m 处安装线缆卷轴，并从卷轴顶部馈线。

（3）在线缆卷轴处安排所需的布线施工人员（人数视卷轴尺寸及线缆质量而定），每层上要有一个工人以便引寻下垂的线缆。

（4）开始旋转卷轴，将线缆从卷轴上拉出。

（5）将拉出的线缆引导进竖井中的孔洞。在此之前先在孔洞中安放一个塑料保护套，以防止孔洞不光滑的边缘擦破线缆的外皮。

（6）慢慢地卷轴上放电缆并进入孔洞向下垂放，不要快速地放电缆。

（7）继续放线，直到下一层布线人员能将线缆引入到下一个孔洞。

（8）按前面的步骤，继续慢慢放线，并将线缆引入到各层的孔洞。

如果要经过一个大孔铺设垂直主干线缆，就无法使用一个塑料保护套了，只是最好使用一个滑轮车，通过它向下垂直布线。为此需要进行如下操作：

（1）在孔的中心处装一个滑轮车。

（2）将线缆拉出绕在滑轮车上。

（3）按前面所介绍的方法牵引电缆穿过每层的孔，当线缆到达目的地时，把每层上的线缆绕成卷房子啊架子上固定起来，等待以后的端接。

在布线时，若线缆要越过弯曲半径小于允许的值（双绞线弯曲半径为线缆的直径的 8~10 倍，光缆直径为线缆的直径的 20~30 倍）处，可以将线缆反绕在滑轮车上，解决线缆的弯曲问题。

2．向上牵引线缆

具体操作步骤如下：

（1）按照线缆的质量，选择绞车（如图 3-70 所示）型号，并按绞车制造厂家的说明书进行操作。先往绞车中穿一根绳子。

（2）启动绞车，并向下垂放一条拉绳（确定此拉绳的强度能保护牵引电缆），直到安放电缆的底层。

（3）如果电缆上有拉眼，则将绳子连接到此拉眼上。

（4）启动绞车，慢慢地将线缆通过各层的孔向上牵引。

图 3-70　牵引绞车

（5）电缆末端到达顶层时，停止绞车。

（6）在地板孔边沿上用夹具将线缆固定。

（7）当所有的连接制作好之后，从绞车上释放线缆的末端。

3.5.3　建筑物间布线

主干及建筑群间线缆是综合布线系统对外连接的骨干线路，它们是保证线路畅通无阻的关键部分。采用管道敷设的方式，可以确保通信的安全、可靠，并便于今后维护管理。

1．管道穿线工序

管道穿线施工工序如下：

（1）管槽检查，钢管加护口，埋地钢管试穿。

（2）对所有参与穿线的人员讲解布线系统结构、穿线过程、质量要点并要求注意保护电缆。

（3）策划线缆分组。

（4）一组一组地穿放电缆。对于其中每一组，都需按下列步骤进行操作，即：选择穿线起点；

电缆运至起点，标号，记配线架端刻度；把此一组穿至配线架，按要求留余长。

（5）度量起点到插座端长度，截断并标号，记录信息插座端所处房间及位置。插座端盘绕在插座盒内。

（6）对每根电缆进行通断测试、补穿，修改标号错误。

（7）整理穿线报告。

（8）扣线槽盖。

2．管道穿线技术各项要求

- 管口保护：所有钢管口都要安放塑料护口，穿线人员应携带护口，随时安放。所有电缆经过的管槽连接处都要处理光滑，不能有任何毛刺，以免损伤电缆。
- 余长：电缆在计算机出线盒外余长 30cm，余线应仔细缠绕好，收在出线盒。在配线箱处从配线柜入口算起余长为配线柜的（长+宽+深）。
- 分组绑扎：余线应按分组表分组，从线槽出口捋直绑扎好，绑扎点间距不大于 50 cm。
- 转弯半径：小于 40 mm 时转弯半径为电缆外径的 15 倍，大于 40 mm 时转弯半径为电缆外径的 20 倍。
- 拉力：拽线时每根线拉力应不超过 11kg，多根线拉力最大不超过 40 kg，以免拉伸电缆导体。
- 绑扎：垂直电缆通过过渡箱转入垂直钢管往下一层走时，要在过渡箱中绑扎悬挂，避免电缆重量全部压在弯角的里侧电缆上，影响电缆的传输特性。垂直线槽中的电缆至少每米绑扎悬挂一次。线槽内布放电缆应平直，无缠绕，无长短不一。如果线槽开口朝侧面，电缆要每隔一米绑扎固定一次。
- 标号：电缆按照计算机平面图标号，每个标号对应一条 4 对芯线，对应的房间和插座位置不能弄错。两端的标号位置末端 25cm，贴浅色塑料胶带，上面用油性笔些标号；或者先贴纸质标签并做标记，然后再缠上透明胶带，以防水浸或被摩擦掉。此外，在配线架从末端到配线柜入口间，每隔一米在电缆皮上用油性笔写标号。
- 冗余：按 3%的比例穿备用线，备用线放在主干线槽内，每层至少要一根备用线。
- 测试：穿线完成后，所有的 4 对芯电缆都应使用万用表进行通断测试，以便发现断线、断路和标号错误。将两端电缆的芯全部拨开，露出铜芯。在一端把数字万用表拨到通断测试挡，两表笔稳定地接到一对电缆芯上；在另一端把这对电缆芯一下一下地短暂地触碰，观察链路阻值变化。
- 保存：整个工程中电缆的贮存、穿线、放线都要耐心细致，避免电缆受到任何挤压、碾、砸、钳、割或过力拉伸。布线时既要满足所需的余长，又要尽量节省，以避免任何不必要的浪费。电缆一旦外皮损伤造成芯线外露或其他严重损伤，应果断抛弃，不得接续，接续的电缆将无法满足信号传输要求。

3．双绞线牵引

暗道布线是在浇筑混凝土时便已把管道预埋在地板下，管道内有牵引电线缆的钢丝或铁丝，安装人员只需索取管道图纸了解布线管道系统，确定路径位置，即可制定出施工方案。对于老式的建筑物或没有预埋管道的芯建筑物，要向业主索取建筑物的图纸，并到需要布线的建筑物现场，查清建筑物内电、水、气管路的布局和走向；然后详细绘制布线图纸，确定布线施工方案。施工可以与建筑物装修同步进行，这样既便于布线，又不影响建筑物的美观。

管道一般从配线间埋到信息插座安装孔。安装人员只要将 4 对电线缆固定在信息插座的接线端，从管道的另一端牵引拉线就可以使线缆到达配线间。对于单条线缆，可采用下列方法。

【实验 3-5】单条双绞线牵引

具体操作步骤如下：

（1）将电缆向后弯曲以便建立一个环，直径约为 150~300 mm，并使电缆末端与电缆本身绞紧，如图 3-71 所示。

（2）用电工胶带缠在绞好的电缆上，以加固此环，如图 3-72 所示。

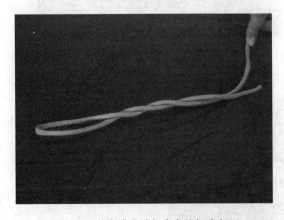
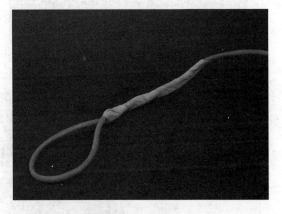

图 3-71　使电缆末端与本身绞起建立环　　　　　　　　图 3-72　缠绕固定

（3）把拉绳拉到线缆环上，如图 3-73 所示。

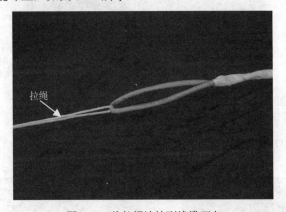

图 3-73　将拉绳连接到线缆环上

如果需要牵引多条线缆，可以使用缠绕式牵引和打环式牵引两种方式来实现。标准的 4 对线缆很轻，通常不要求做更多的准备，只要将它们用电工带子与拉绳捆扎在一起即可。如果牵引多条 4 对线穿过一条路由，则可采用如下方法。

【实验 3-6】多条双绞线牵引

具体操作步骤如下：

（1）将多条线缆聚集成一束，并使它们末端参差不齐，如图 3-74 所示。

（2）用电工胶带或胶布紧绕在线缆束外面，在末端外绕 5~10cm 长的距离就可以了，如图 3-75 所示。

图 3-74　将多条线缆集成一束　　　　　　　　图 3-75　紧紧缠绕

（3）将拉绳穿过电工胶带缠好的线缆，并打好结，如图 3-76 所示。

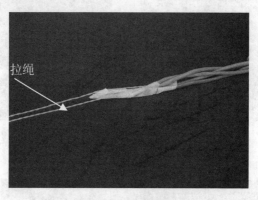

拉绳

图 3-76　固定拉绳

采用缠绕式牵引方式，有可能会导致在拉线过程中连接点散开，为此可以采用更为牢固的打环式牵引方式。

【实验 3-7】打环式牵引双绞线

具体操作步骤如下：

（1）除去一些绝缘层以暴露出 5~10 cm 的线对，如图 3-77 所示。

（2）将所有的线对分为两束，将两束导线互相缠绕起来形成环，如图 3-78 所示。

图 3-77　暴露线对　　　　　　　　　　　　　图 3-78　缠绕成环

（3）使用电工胶布或胶带将缠绕线对部分进行固定，如图 3-79 所示。

（4）将拉绳穿过此环，并打结。再将电工胶带缠到连接点周围缠得要结实，且不滑，如图 3-80 所示。

图 3-79　固定缠绕线对　　　　　　　　　图 3-80　将拉绳穿过环

提示： 如果管道内没有预先留置牵引绳，或者牵引绳断掉时，可以使用钓钩工具重新敷设牵引绳。如果布线管道不通畅，可以使用管道疏通器进行疏通，并同时敷设线缆。

4. 管道内敷设线缆

在主干及建筑物间管道中敷设线缆时，有以下 3 种情况。

- 小孔到小孔；
- 在小孔间的直线敷设；
- 沿着拐弯处敷设。

可通过人或机器来敷设线缆。而到底采用哪种方法则依赖于下述因素。

- 管道中有没有其他线缆？如有其他线缆，则牵引起来比较困难，可用机器帮助；
- 管道中有多少拐弯？线缆通路越直，就越容易牵引。可以观察一个人孔与另一个人孔之间的关系或入口点到出口点的地形来确定管道中约有多少拐弯；
- 线缆有多粗和多重？越粗、越重的线缆就越难牵引。

由于上述因素，很难确切地说是用人力还是用机器来牵引线缆，只能视具体情况而定。但是当有疑问时，首先应尝试用人力来牵引线缆；如果人力牵引不动或很费力，则选用机器牵引线缆。

（1）人工牵引电缆

当线缆路径的阻力和摩擦力很小时，可采用人工牵引。

① 小孔到小孔的牵引

小孔到小孔指的是直接将线缆牵引通过管道（这里没有人孔）。

- 在牵引的入口处和出口处揭开管道；
- 从管道的一端放入一条蛇绳，向里送入，直到从另一端露出来；
- 将蛇绳与手拉的绳子连接起来，并用电工带缠绕好；
- 通过管道往回牵引绳子；

- 将线缆轴安装在千斤顶上，并使其与管道尽量成一条线；
- 一个人在管道的入口处将线缆送入管道，而另一个人在管道的另一端牵引拉绳，直到线缆在管道的另一端露出为止。

② 人孔到人孔的牵引

人孔可能较深或较窄，但其牵引线缆的过程基本上与小孔到小孔的方法相似。线缆牵引过程如下：

- 将蛇绳送入到要牵引线的人孔中；
- 将蛇绳与手拉的绳子连接起来，并用电工带缠绕好；
- 通过管道向回牵引绳子；
- 将线缆轴安装在千斤顶上，并使其与管道尽量成一条线；
- 在两个人孔中使用绞车和其他辅助硬件；
- 将手绳通过一个芯钩或牵引孔眼固定在线缆上；
- 为了避免线缆在牵引时被管道边缘划破，要在管道边缘安装一个引导装置（软塑料块）；
- 一个人在管道的入口处将线缆送入管道，一个人或多个人在管道的另一端牵引拉绳以使线缆被牵引到管道中。

③ 通过多个人孔的牵引

牵引线缆通过多个人孔的过程和牵引线缆从人孔到人孔的牵引方法相似，只有一点除外，即在每一个人孔中留有足够的松弛线缆并用夹具或其他硬件将其挂在人孔墙壁上。不上墙的线缆应割下来，留有一定的空间，以便施工人员将来完成连接作业。

（2）机器牵引电缆

在人工牵引线缆困难的场合，需要使用机器来辅助牵引线缆。下面介绍的牵引过程适用于有人孔和无人孔的场合。为了将线缆拉过两个或多个人孔，可按以下步骤进行。

① 将带有绞绳的卡车停放在欲作为线缆出口的人孔旁边。

② 将载有线缆轴的拖车停放在另一人孔旁边。卡车、拖车都要与管道对齐。

③ 用前一节（人工牵引线缆）中说明的方法，将一条牵引绳从线缆轴人孔通过管道布放到绞车人孔。

④ 用拉绳连接到绞车，启动绞车，保持平稳的速度进行牵引，直到线缆从人孔中露出来。

3.5.4　布线工具

"工欲善其事，必先利其器"，由此可见工具之于结果和效率的重要性。因此，若要安全、高效、高质量地实施双绞线布线工程，就必须正确选择并合理使用相应的双绞线敷设工具和端接工具。

1．双绞线敷设工具

双绞线敷设工具是指在双绞线敷设过程中使用的工具。

（1）线缆布放架

为了保护线缆本身不受损伤，在线缆敷设时，布放线缆的牵引力不宜过大，一般应小于线缆允许张力的80%。为了保护双绞线，通常使用专用的线缆布放架，如图3-81所示，以最大限度地减少牵引强度。

（2）吊钩或滑轮

为防止线缆被拖、蹭、刮等损伤，应均匀设置吊钩或滑轮作为吊挂或支撑线缆的支点，如图3-82

所示，吊挂或支撑的支持物间距不应大于 1.5 m。

图 3-81　线缆布放架

图 3-82　悬挂点

（3）钓钩工具

如果管道内没有预先留置牵引绳，或者牵引绳断掉时，可以使用钓钩工具，如图 3-83 所示，重新敷设牵引绳。

（4）管道疏通器

如果布线管道不通畅，可以使用管道疏通器进行疏通，如图 3-84 所示，并同时敷设线缆。

图 3-83　钓钩工具

图 3-84　管道疏通器

提示：除此之外，在敷设双绞线的过程中还可能会用到牵引机和滑车。牵引机是架设空中电缆和铺设地下电缆的施工工具，能在各种复杂条件下顺利、方便地进行电缆牵引；电缆滑车则用于电缆延放改变方向处，保护电缆不受摩擦。

2. 双绞线端接工具

完成双绞线布线之后，通常双绞线并不能直接使用，必须将其按照规则正确端接后才能与网络设备连接，实现正常的网络通信。双绞线的端接必须借助工具完成。

（1）偏口钳

偏口钳的作用仅仅是剪取适当长度的网线，以及剪齐并剪去过长的线对，如图 3-85 所示。

（2）剥线刀与剥线钳

电缆准备工具主要有两种类型，即剥线刀和剥线钳，其主要功能是剥掉双绞线外部的绝缘层。

在剥除双绞线的绝缘外皮时，不仅比使用压线钳更快，而且相对更安全，一般不会损坏到铜导线外的绝缘层。图 3-86 所示为剥线刀，还可用于打制信息模块。图 3-87 所示为剥线钳，还可用于切断电缆。

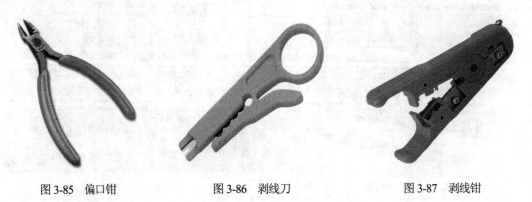

图 3-85　偏口钳　　　　　　　　图 3-86　剥线刀　　　　　　　　图 3-87　剥线钳

（3）RJ-45 压线钳

使用一把普通的压线钳，如图 3-88 所示，即可完成剪断、剥皮、压制等全部操作。一侧有刀片的地方，称为剪线刀口，用于将双绞线剪断，或用于修剪不齐的细线。双侧有刀片的地方，称为电缆准备工具口，用于将双绞线的外层绝缘皮剥下。一侧有牙、相对一侧有槽的地方，称为压槽，用于将水晶头上的针扎到双绞线中的铜线上。

提示：如果条件允许，建议选用高级压线钳，如图 3-89 所示。使用这种压线钳制作跳线时，不仅成功率高，而且所制作跳线的电气性能也较高，从而使布线系统获得更高的品质。

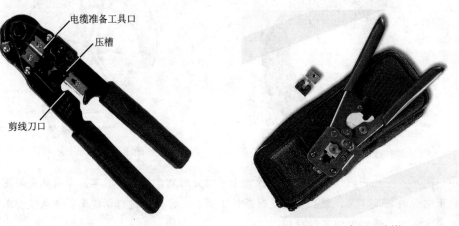

图 3-88　普通 RJ-45 压线钳　　　　　　　　图 3-89　高级压线钳

（4）打线刀

端接信息插座，除了需要使用剥线刀和偏口钳外，还需要使用打线刀，如图 3-90 所示，用于将双绞线压入模块，并剪断多余的线头。

提示：如果条件允许，还应当使用掌上防护装置，如图 3-91 所示，用于固定信息模块。

注意：端接配线架时，所需工具为剥线刀、偏口钳和打线刀。可以使用普通的打线工具，也可以使用专用打线工具，如图 3-92 所示。相比较而言，前者的工作效率较低，而后者的工作效率较高。

图 3-90　打线刀

图 3-91　掌上防护装置

图 3-92　打线工具

【实验 3-8】端接信息插座

具体操作步骤如下：

（1）把双绞线从布线底盒中拉出，使用偏口钳剪至 20~30 mm 的长度。使用剥线刀剥除外层绝缘皮，然后剪除抗拉线。

（2）将信息模块置于专用工具或桌面、墙面等较硬的平面上。

（3）分开 4 个线对，但线对之间不要拆开，按照信息模块上所指示的色标线序（一定要与配线架执行相同的标准），稍稍用力将导线一一置入相应的线槽内，如图 3-93 所示。通常情况下，模块上同时标记有 TIA 568-A 和 TIA 568-B 两种线序，应当根据布线设计时的规定，与其他连接盒设备采用相同的线序。

（4）将打线工具的刀口对准信息模块上的线槽和导线，垂直向下用力，听到“喀”的一声后，说明模块外多余的线已被剪断，如图 3-94 所示。

图 3-93　将导线置入模块线槽内

图 3-94　打钱工具

（5）重复操作，将 8 条导线一一打入相应颜色的线槽中。

提示：如果多余的线不能被剪断，可调节打线工具上的旋钮，调整冲击压力。

（6）将塑料防尘片沿缺口穿入双绞线，并固定于信息模块上，如图 3-95 所示。

（7）用双手压紧防尘片，信息模块端接完成。根据需要也可以按图 3-96 所示压入线缆，安装防尘片。

（8）将信息模块插入信息面板中相应的插槽内，听到“咔”的一声后，说明两者已经固定在一起。

（9）用螺丝将面板固定在信息插座的底盒上。

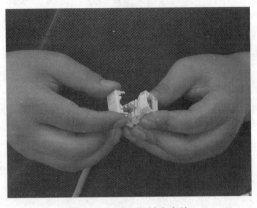
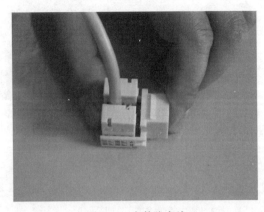

图 3-95　固定塑料防尘片　　　　　　　　　图 3-96　安装防尘片

提示：如果打线刀的力度不够，不能将外侧导线切断；或者冲击力太高，以至于会把内侧导线一起切断，则可以调整冲击力旋钮，以增加或减少冲击力。

【实验 3-9】端接配线架

端接配线架和端接信息插座所使用的工具完全相同，具体操作步骤如下：

（1）将附送的金属支架安装在配线架上，用于支撑和理顺双绞线电缆。

（2）利用尖嘴钳将线缆剪至合适的长度，并用剥线刀剥除双绞线的绝缘层包皮，并剪除抗拉线。

（3）依据所执行的标准（一定要与信息模块执行完全相同的标准），按照配线架上的色标（如图 3-97 所示），将双绞线的 4 对线按照正确的颜色顺序一一分开。注意，不要将线对拆开。

（4）根据配线上所指示的颜色，将导线一一置于线槽内，如图 3-98 所示。

（5）将 4 个线对全部置于线槽。

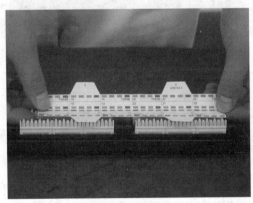
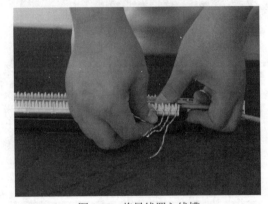

图 3-97　色标　　　　　　　　　　　图 3-98　将导线置入线槽

（6）利用打线工具端接配线架与双绞线，如图 3-99 所示。注意，一定要使刀口向着外侧，从而将多余的电缆切断。重复操作，端接其他双绞线。如果没有 8 位打线刀，也可以使用普通的打线刀打制。

（7）将线缆理顺，并利用尼龙扎带将双绞线与理线器固定在一起，然后，成束的固定在机柜上。最后，使用尖嘴钳剪去扎带多余的部分。整理完成的效果如图 3-100 所示。

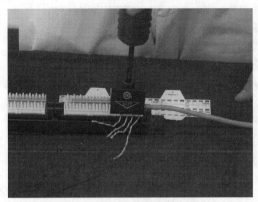

图 3-99　端接配线架与双绞线　　　　　　　　图 3-100　整理后的配线架

提示： 当然，也可以先打好配线架，然后再将其安装到机柜中。最后，将理线器固定在机柜正面，并利用跳线将配线架与交换机连接在一起。

【实验 3-10】制作跳线

具体操作步骤如下：

（1）利用压线钳的剪线口或偏口钳剪取适的长度的网线，如图 3-101 所示。

提示： 原则上，剪取网线的长度应当比实际需要稍长一些。原因有两个，一是网线的制作并不保证每次都成功，一旦失败，则只能剪掉水晶头后重做，这势必又需要占用一段网线。二是网线一般都在地面上或从接近地面处走线，而计算机则都放置在工作台上，这部分距离也应当考虑进去。如果使用高级压线钳，则这项工作应当使用偏口钳完成。

（2）将护套或线标套入双绞线，以便标记该跳线，为以后的网络管理提供方便。

（3）在距离线段 20 mm 处，将网线从确定口推进剥线刀，左右手配合轻推轻拉。网线较粗时，稍靠外；网线较细时，稍靠里。左手握住网线，右手食指穿在剥线刀圆环内，沿顺时针方向旋转，将双绞线最外层的绝缘层割开。然后退下剥线刀，掰动并剥下绝缘胶皮。也可以使用剥线钳剥除双绞线的绝缘层。

（4）使用剪刀或压线钳剪除抗拉线。

（5）将 4 个线对的 8 根线一一拆开、理顺、捋直，然后按照规定的线序排列整齐。将每对线拆开前和拆开后，都必须能够准确地分辨出各线的颜色，因为接线时必须按严格的顺序来接，不能错、不能乱。

（6）把线尽量抻直（不要缠绕）、压平（不要重叠）、挤紧理顺（朝一个方向紧靠），根据 T568A 或 T568B 标准正确排序。

（7）用压线钳或偏口钳把线头剪齐。这样，在双绞线插入水晶头后，每条线都能良好接触水晶头中的插针。

提示： 如果以前剥得过长，可以在此将过长的细线剪短。保留的、去掉外层绝缘皮的部分约在 14mm 左右（如图 3-102 所示），这个长度刚好能将各细导线插入到各自的线槽。如果该段留得过长，一来会由于线对不再互绞而增加串扰；二来会由于水晶头不能压住护套而可能导致电缆从水晶头中脱出，造成线路的接触不良甚至中断。

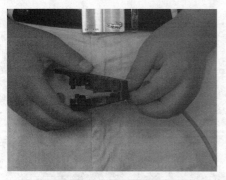

图 3-101　使用压线钳剪断双绞线

图 3-102　剪到合适长度

（8）一手以拇指和中指捏住水晶头，使有塑料弹片的一侧向下，针脚一方朝向远离自己的方向，并用食指抵住；另一手捏住双绞线外面的胶皮，缓缓用力将 8 条导线同时沿水晶头内的 8 个线槽插入，一直插到线槽的顶端，如图 3-103 所示。此时可以从水晶头的两个侧面观察一下是否已经将所有线对都插至底部。

（9）确认所有导线都插到位后，再透过水晶头检查一遍线序是否正确。确定无误后，将水晶头从无牙的一侧推入压线钳夹槽后（如图 3-104 所示），用力握紧压线钳（如果力气不够大，可以双手一起压），将突出在外面的针脚全部压入水晶头内。

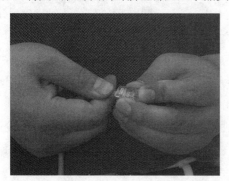

图 3-103　将双绞线插入水晶头

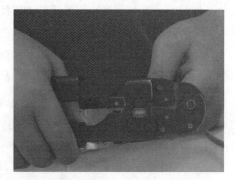

图 3-104　将水晶头推入夹槽

至此，这条网线的一端就算制作好了，然后将护套套在水晶头上。由于只是做了跳线的一端，所以这条网线还不能用，还需要制作跳线的另一端。

（10）按照相同的方法，将双绞线的另一个水晶头压制好，一条网线的制作即告完成（如图 3-105 所示）。需要注意的是，另一端的线序根据所连接设备的不同而有所不同。经常使用的跳线有两种，即直通线和交叉线。

图 3-105　压制好的跳线

第 **4** 章　组建企业局域网

现在，若有哪家企业还没有搭建起自己的局域网络系统，那么人们一定会说"这家企业太落后了"！这种"落后"现象，虽然目前在我国的大型企业中已不多见，但是在中小企业中，这种现象仍然屡见不鲜。作为一家中小型企业有必要搭建起一个管理企业网络的技术服务平台，实现网络化和信息化的同时，更是当前企业发展的基本配置。

4.1　规划企业局域网

本节将从某中小企业对局域网的总体要求、网络性能要求、网络产品要求等方面要求着手设计组建方案，来规划企业局域网。

4.1.1　企业局域网要求

组建中小企业的局域网应达到的几个方面要求：

（1）总体要求

- Internet 服务：企业可以建立自己的主页，利用外部网页进行企业宣传，提供各类咨询信息等；
- 文件传输 FTP：主要利用 FTP 服务获取重要的科技资料和技术文档；
- 电子邮件系统：主要进行与同行交往、开展技术合作等活动；
- 其他应用：如资源共享、视频语音会议等。

（2）网络性能要求

- 网络运行安全性、可靠性高；
- 数据处理、通信处理能力强，响应速度快；
- 局域网既能方便远程用户的拨号接入，又能满足特殊用户高效地连入广域网，使用灵活；
- 主干网支持多媒体、图像接口应用，支持高性能数据库软件包的持续增长；
- 系统易扩充，易管理，便于用户的增加；
- 系统开放性、互连性好；
- 具有很强的分布式数据处理能力。

（3）网络产品要求

- 采用先进而成熟的技术；
- 易于技术更新及网络扩展；
- 坚持开放性，采用国际标准和通用标准；
- 实用，性价比高。

4.1.2 设计组建方案

企业网络主要包括网络中心、有线子网和无线网络子网。图 4-1 所示为该企业网的拓扑结构图，其中网络中心是整个网络的主干系统，是网络的总节点，其余各子网是功能子网，以建立相应的网络环境，适应各种应用。

网络中心构成总节点，各个子网的中心作为二级节点。网络中心使用智能型模块交换机，为了满足高速度、高性能的要求，在二级节点采用交换结构，二级交换机再连接到下级交换机或集线器，子网中的工作站、服务器就连接到这些交换机或集线器上。如果要在资金上进行严格控制，二级交换机也可以改为集线器，但这样在速度上会受到影响。

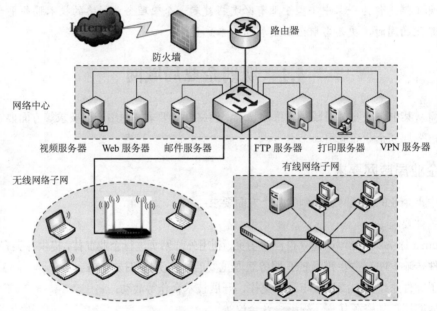

图 4-1 某中小企业网拓扑结构图

（1）网络中心

网络中心形成了主干网，是整个企业网的总节点，并提供连接广域网和拨入服务。在主干网系统采用以太网结构，采用这一方式的主要优点是：

- 经济实用，具有较高的性价比。
- 从现有的传统以太网可以平滑地过渡到千兆以太网，不需要掌握新的配置、管理等技术。
- 千兆交换式以太网可以为每个端口提供 1GB 的带宽，完全可以满足用户对速度的需要。
- 千兆以太网已经获得广泛支持。
- 千兆以太网技术具有良好的互操作性，并具有向后兼容性。

在方案中，中心机房放置着中心交换机、服务器群、路由器、机架 Modem 等网络设备，这些设备以中心交换机作为中心，以星形拓扑结构通过无屏蔽双绞线连接在一起。网络中心与子网之间，根据与子网的距离，通过光纤和无屏蔽双绞线连接。

对于中心交换机，推荐采用智能型模块交换机。交换机提供 8 个插槽，配合可选模块，可以提供千兆光纤接口（8 个）、百兆光纤模块（32 个）、10/100Mbit/s RJ-45 接口（64 个）以及管理模块、堆叠模块。

整个企业网与外部的连接接口可以分成两个，一个连接到广域网（Internet），一个作为服务中心，接收外部用户通过拨号接入企业网。

（2）有线子网

有线子网与网络中心的信息通信比较多，每天有大量的访问数据，还有音频、视频等方面的需求，推荐采用交换机，该交换机带一个千兆光纤模块，在与网络中心的中心交换机通信时有 1GB 的带宽，足以适应各种场合的应用。

（3）无线网络子网

正如移动电话对固定电话的有力补充一样，无线网络也以其灵活便利的接入方式博得了众多移动用户的喜欢。在企业网络中布设相应数量的无线接入点，移动用户在企业的各个角落都可以轻松上网和接入企业网络中。

4.2　组建有线网络

本节以 Windows Server 2008 R2 操作系统为平台，介绍组建企业有线网的方法。

4.2.1　安装 Windows Server 2008 R2 企业版

为了保证服务器的稳定性，避免出现不兼容或其他故障，建议尽量使用全新安装方式来安装 Windows Server 2008 R2。安装 Windows Server 2008 R2 企业版的具体操作步骤如下：

实操视频 即扫即看

（1）启动计算机，进入 BIOS 界面中设定 CMOS 启动顺序为光驱启动，保存退出，同时将 Windows Server 2008 R2 企业版安装光盘放入光驱中。

（2）重新启动计算机后，在出现图 4-2 所示的界面时按【Enter】键从光盘启动。

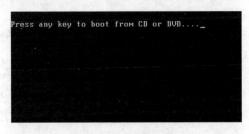

Press any key to boot from CD or DVD....

图 4-2　从光盘引导启动

（3）按【Enter】键后，在弹出的"安装 Windows"对话框中选择要安装的语言、时间和货币格式、键盘和输入方法等，一般保持默认设置，图 4-3 所示，然后单击"下一步"按钮。

图4-3　基本设置

（4）在弹出的图4-4所示的对话框中，单击"现在安装"按钮。

（5）在弹出的图4-5所示的对话框中，选择"Windows Server 2008 R2 Enterprise（完全安装）"操作系统，然后单击"下一步"按钮。

图4-4　单击"现在安装"按钮　　　　　图4-5　选择要安装的操作系统

提示：在"操作系统列表框"中列出了可以安装的各种版本，用户可以根据运行环境和需求进行选择，这里选择"Windows Server 2008 R2 Enterprise（完全安装）"操作系统，即安装 Windows Server 2008 R2 企业版。

（6）在弹出的图4-6所示的对话框中，选中"我接受许可条款"复选框，然后单击"下一步"按钮。

（7）在弹出的图4-7所示的对话框中，单击"自定义（高级）"选项。

（8）在弹出的图4-8所示的对话框中，选择"磁盘0分区1"，然后单击"下一步"按钮。

（9）计算机自动进行"复制Windows文件"、"展开文件"、"安装功能"、"安装更新"和"完成安装"等，如图4-9所示。

（10）安装完成并重新启动后，首次进入Windows Server 2008 R2窗口时，需要更改密码，单击"确定"按钮，如图4-10所示。

图 4-6　选择"我接受许可条款"

图 4-7　单击"自定义（高级）"按钮

图 4-8　选择"磁盘 0 分区 1"

图 4-9　系统开始复制文件

图 4-10　确定需要更改密码

图 4-11　输入用户密码

提示：和以往的 Windows Sever 2003 系统只建议使用强密码，但在非域环境中仍允许为用户账户设置简单密码不同，在 Windows Server 2008 R2 系统中，必须设置强密码，但不一定太复杂，比如设置为 Windows 2008 即可。

（11）在弹出的窗口中输入 Administrator 账户的密码，然后单击向右形状的按钮，如图 4-11 所示。

（12）密码更改成功后，单击"确定"按钮即可，如图 4-12 所示。

（13）进入 Windows Server 2008 R2 窗口中，如图 4-13 所示。此时，Windows Server 2008 R2 企业版安装完成。

图 4-12　密码更改成功

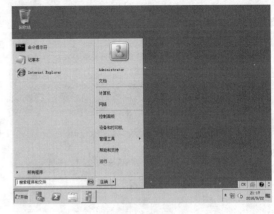

图 4-13　安装完成

在 Windows Server 2008 R2 安装过程中和安装后，均可以对磁盘进行操作，如分区和格式化操作等。

下面将通过一个实例来说明如何对磁盘进行分区。

【实验 4-1】对磁盘进行分区

实验 1：在系统安装过程中对磁盘进行分区。

具体操作步骤如下：

（1）在安装过程中出现的"您想将 Windows 安装在何处？"对话框中，单击"驱动器选项（高级）"链接，如图 4-14 所示。

（2）选择"磁盘 0 未分配空间"选项，单击"新建"按钮，在"大小"文本框中输入分区的大小，如图 4-15 所示。

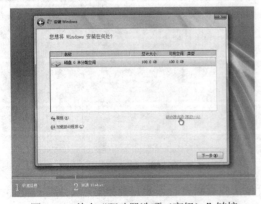

图 4-14　单击"驱动器选项（高级）"链接

图 4-15　输入分区大小

（3）单击"应用"按钮，分区创建完成；同时系统也会创建一个容量为 100M 的系统保留分区（即分区 1）如图 4-16 所示。

（4）选择"磁盘 0 未分配空间"选项，单击"新建"按钮，同样用上述方法将剩余空间再划分为其他分区，如图 4-17 所示。

图 4-16　创建的第 2 个分区　　　　　　图 4-17　创建的第 3 个分区

注意：按照此方法划分的分区，默认将全部为主分区。此外，还可以对已划分的分区再次进行分区、格式化等操作。

实验 2：系统安装完成后，在"服务器管理器"窗口对磁盘分区。

具体操作步骤如下：

（1）单击"开始"→"管理工具"→"服务器管理器"命令，打开"服务器管理器"窗口，选择未分配空间，单击"操作"→"所有任务"→"新建简单卷"命令，如图 4-18 所示。

（2）在弹出的"新建简单卷向导"对话框中，单击"下一步"按钮，如图 4-19 所示。

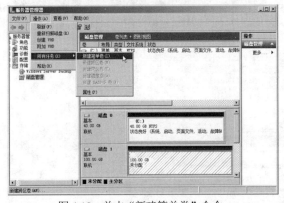
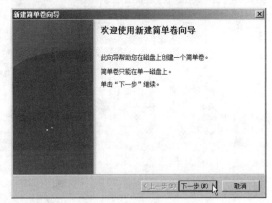

图 4-18　单击"新建简单卷"命令　　　　图 4-19　新建简单卷向导

（3）在弹出的对话框中，输入简单卷的大小，如图 4-20 所示。

（4）单击"下一步"按钮，在弹出的如图 4-21 所示的对话框中，选中"分配以下驱动器号"单选按钮，然后选择驱动器号。

（5）单击"下一步"按钮，在弹出的如图 4-22 所示的对话框中，选中"按下列设置格式化这个卷"单选按钮，然后选择文件系统，并选中"执行快速格式化"复选框。

（6）单击"下一步"按钮，在弹出的如图 4-23 所示的对话框中查看简单卷设置并单击"完成"

按钮。

（7）简单卷创建完成，如图 4-24 所示。

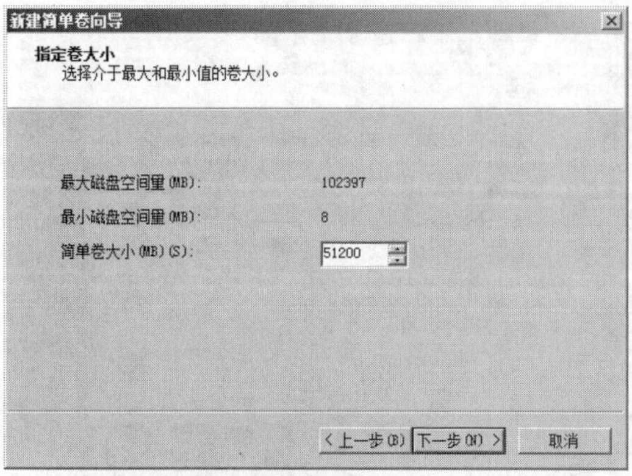

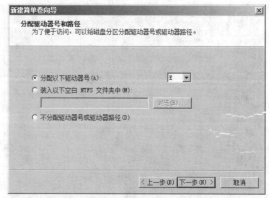

图 4-20　指定卷大小

图 4-21　分配驱动器号

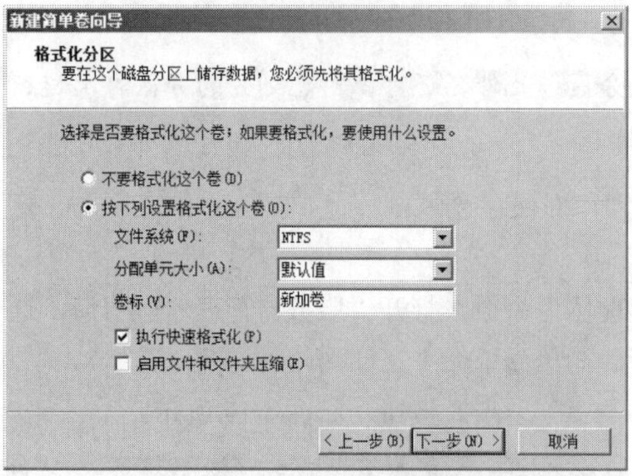

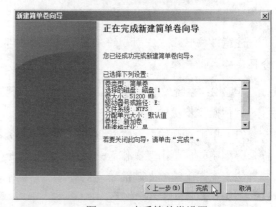

图 4-22　格式化分区

图 4-23　查看简单卷设置

图 4-24　新建的简单卷

整个 Windows Server 2008 R2 的安装过程中，不需要对计算机名进行设置，而是由系统随机分配一个计算机名，这自然不便于记忆和管理。因此，需要将计算机名改为容易记忆或者有一定意义的名称。

下面将通过一个实例为来说明如何更改计算机名的方法。

【实验 4-2】系统安装完成后，更改计算机名称

实操视频 即扫即看

具体操作步骤如下：

（1）在"服务器管理器"窗口中，单击"更改系统属性"超链接，如图 4-25 所示。

（2）打开"系统属性"对话框，单击"更改"按钮，如图 4-26 所示。

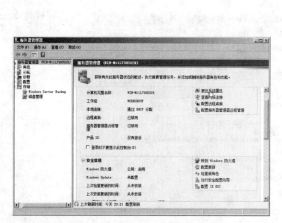

图 4-25　单击"更改系统属性"超链接　　　　　　图 4-26　单击"更改"按钮

（3）打开"计算机名/域更改"对话框，在"计算机名"文本框中输入新的计算机名，如图 4-27 所示，然后单击"确定"按钮。

（4）在弹出的"计算机名/域更改"提示框中，单击"确定"按钮，重新启动计算机，如图 4-28 所示。

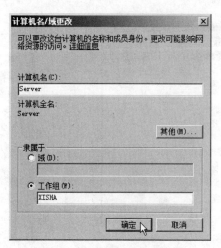
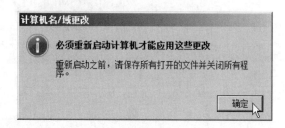

图 4-27　输入新的计算机名　　　　　　图 4-28　确定重新启动计算机

（5）单击"确定"按钮后，在弹出的对话框中单击"立即重新启动"按钮，即可重新启动系统并应用新的计算机名。

4.2.2　配置域控制器

在 Windows Server 2008 R2 系统中配置域控制器时，需要先安装域服务，且在安装之前必须做好相应的规划设计，如规划域名等准备。然后通过运行 Dcpromp.exe 命令启动安装向导进行安装。

安装完成后，为避免因服务器故障而影响网络的正常使用，还应做好备份。

下面详细介绍在 Windows Server 2008 R2 操作系统中配置域控制器的方法。

（1）单击"开始"→"控制面板"命令，打开"控制面板"窗口，双击"网络和共享中心"选项，打开"网络和共享中心"窗口，如图 4-29 所示。

实操视频 即扫即看

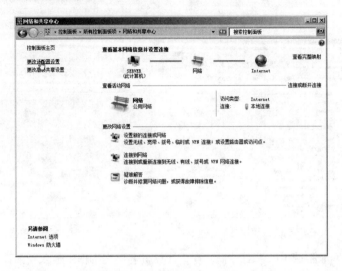

图 4-29 "网络和共享中心"窗口

（2）单击"更改适配器设置"链接，打开"网络连接"窗口，选择"本地连接"图标并右击，在弹出的快捷菜单中选择"属性"命令，如图 4-30 所示。

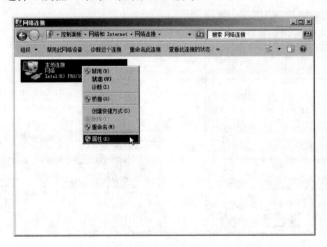

图 4-30 选择"属性"命令

注意：由于域控制器必须安装在 NTFS 分区，所以对于 Windows Server 2008 R2 所在的分区也要求必须是 NTFS 文件系统。而为了便于用户加入域以及解析 DNS 域名，正确安装网卡驱动程序，安装并启用 TCP/IP 协议则是必要前提。

（3）在弹出的"本地连接 属性"对话框中，选择"Internet 协议版本 4（TCP/IPv4）"选项，单击"属性"按钮，如图 4-31 所示。

（4）在弹出的"Internet 协议版本 4（TCP/IPv4）属性"对话框中，选择"使用下面的 IP 地址"和"使用下面的 DNS 服务器地址"单选按钮，输入 IP 地址、子网掩码、默认网关、首选 DNS 服务器和备用 DNS 服务器，如图 4-32 所示。

（5）单击"确定"按钮，然后关闭该对话框，完成 IP 地址的设置。

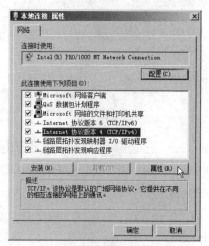

图 4-31　单击"属性"按钮

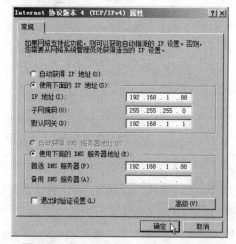

图 4-32　设置 IP 地址和 DNS 服务器地址

注意：对于将要安装域控制器的计算机来说，首选的 DNS 服务器必须设置为本身的 IP 地址，且必须是一个静态地址。

（6）单击"开始"→"所有程序"→"管理工具"→"服务器管理器"命令，打开"服务器管理器"窗口，选择"角色"选项，单击"添加角色"超链接，如图 4-33 所示。

（7）在弹出的"添加角色向导"对话框中，在"开始之前"选项中列出了添加角色的前提条件，单击"下一步"按钮，如图 4-34 所示。

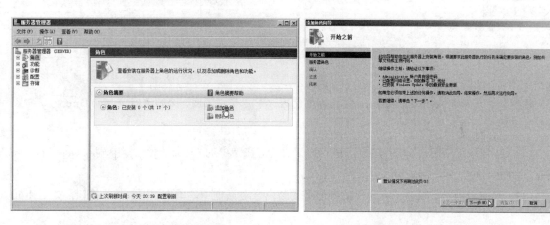

图 4-33　单击"添加角色"超链接　　　　　　图 4-34　添加角色的前提条件

（8）在弹出的"选择服务器角色"列表框中，选中"Active Directory 域服务"复选框，如图 4-35 所示。

（9）单击"下一步"按钮，在弹出的"Active Directory 域服务简介"对话框中，显示了 Active

Directory 域服务的相关信息，如图 4-36 所示。

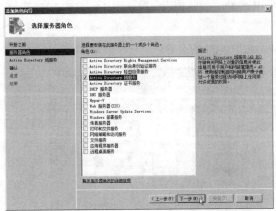
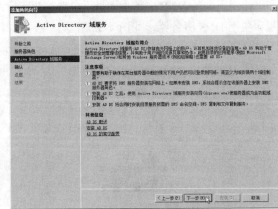

图 4-35 选中"Active Directory 域服务"复选框　　图 4-36 显示 Active Directory 域服务的相关信息

（10）单击"下一步"按钮，在弹出的"确认安装选择"对话框中，单击"安装"按钮，如图 4-37 所示。

（11）系统开始添加角色，安装完成后，在弹出的对话框中，单击"关闭"按钮，如图 4-38 所示。

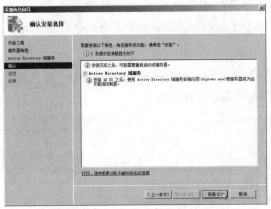

图 4-37 确认安装　　　　　　　　　图 4-38 角色添加完成

注意：安装完成 Active Directory 域服务角色后，并没有安装域，必须运行 Active Directory 安装向导工具将独立服务器安装为域控制器。

（12）回到系统界面，单击"开始"→"运行"命令，在弹出的"运行"对话框中输入 Dcpromo.exe 命令，如图 4-39 所示。

（13）单击"确定"按钮，在弹出的域服务安装向导对话框中，单击"下一步"按钮，如图 4-40 所示。

（14）在弹出的"操作系统兼容性"对话框中，显示 Windows Sever 2008 R2 域控制器兼容性的相关信息，如图 4-41 所示。

（15）单击"下一步"按钮，在弹出的"选择某一部署配置"对话框中，选中"在新林中新建域"单选按钮，如图 4-42 所示。

图 4-39　输入命令

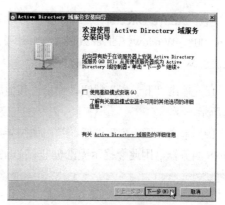

图 4-40　域服务安装向导

图 4-41　兼容性相关信息

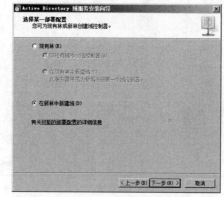

图 4-42　选中"在新林中新建域"

　　提示："现有林"模式是指在网络中已安装了域控制器的情况下添加的，而"在新林中新建域"模式是在网络中没有域控制器的情况下安装的。

　　（16）单击"下一步"按钮，弹出如图 4-43 所示的"命名林根域"对话框，在"目录林根级域的 PQDN"文本框中输入新林的根域。

　　（17）单击"下一步"按钮，开始检测林根域状态，并弹出"设置林功能级别"对话框，在"林功能级别"下拉列表框中设置林功能级别，这里选择"Windows Server 2008 R2"选项，如图 4-44 所示。

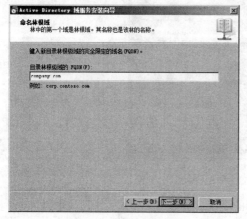

图 4-43　输入新林的根域

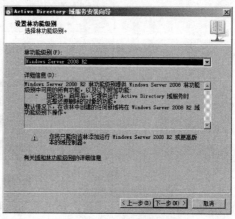

图 4-44　设置林功能级别

注意：Active Directory 域服务安装向导提供 Windows 2000、Windows Server 2003 和 Windows Server 2008、Windows Server 2008 R2 四种模式。如果全都是 Windows Server 2008 R2 域控制器，则建议使用 Windows Server 2008 R2 模式。

（18）单击"下一步"按钮，弹出"其他域控制器选项"对话框，显示其他域控制器选项，如图 4-45 所示，

（19）单击"下一步"按钮，弹出如图 4-46 所示的提示框，由于该 DNS 服务器是网络中的第一台 DNS 服务器，因此会提示无法创建该 DNS 服务器的委派。

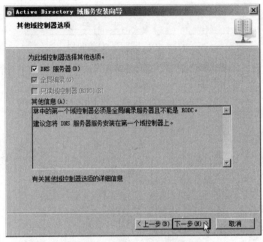

图 4-45　其他域控制器选项

图 4-46　安装提示框

（20）单击"是"按钮，弹出如图 4-47 所示的"数据库、日志文件和 SYSVOL 的位置"对话框。建议用户将数据库、日志文件以及 SYSVOL 文件存储在不同的物理磁盘中或是其他非系统分区中，这样可以获得更好的性能和可恢复性。

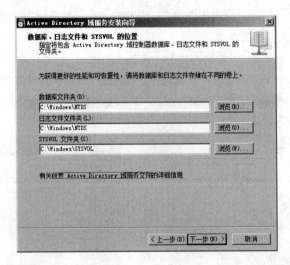

图 4-47　设置数据库、日志文件和 SYSVOL 的位置

（21）单击"下一步"按钮，弹出如图 4-48 所示的"目录服务还原模式的管理员密码"对话框。如果域控制器出现故障，可利用该还原模式修复。需要注意的是，该密码不同于管理员账户的密码，

它必须符合强密码策略设置原则。

注意：如果遗忘了密码可以通过"Ntdsutil"工具来还原目录服务密码，并重新设置。

（22）设置密码后，单击"下一步"按钮，在弹出的如图 4-49 所示的"摘要"对话框中，检查设置是否正确。

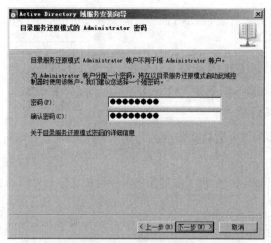

图 4-48　设置目录服务还原模式的管理员密码

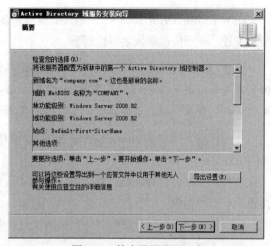

图 4-49　检查设置是否正确

（23）确认无误后，单击"下一步"按钮，系统开始安装域控制器服务，如图 4-50 所示。

（24）安装完成后，会弹出如图 4-51 所示的"完成 Active Directory 域服务安装向导"对话框，单击"完成"按钮。

（25）弹出如图 4-52 所示的"提示需要重新启动"对话框，单击"立即重新启动"按钮，重新启动计算机后，域控制器全部安装完成。

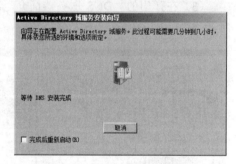

图 4-50　开始安装域控制器服务

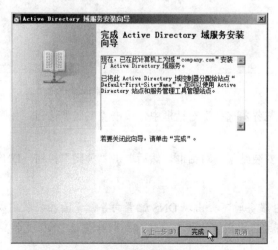

图 4-51　域服务安装完成

图 4-52　确认重新启动计算机

提示：如果遗忘了密码可以通过"导出设置"按钮，把"Active Directory 域服务安装向导"设置过程中输入的参数导出并以文本形式保存起来。导出的文本文件可以在安装 Server Core 模式的域控制器时进行配置使用。

4.2.3 手动安装和配置 DNS 服务器

在 Windows Server 2008 R2 系统中，默认情况下并没有安装 DNS 服务，需要管理员手动进行安装和配置，从而能提供域名解析服务。

注意：Active Directory 中的 DNS 服务器是不需要配置的，系统会自动配置，但如果是专门用于作 DNS 的服务器，就需要手动安装 DNS 服务器，并配置 DNS 正向和反向查找区域，添加各种记录，从而实现域名解析。

下面详细介绍在 Windows Server 2008 R2 系统中手动安装和配置 DNS 服务器的方法。

实操视频 即扫即看

（1）在"服务器管理器"窗口中，选择"角色"选项，单击"添加角色"超链接，打开"添加角色向导"对话框。

（2）单击"下一步"按钮，在弹出的"选择服务器角色"对话框中，选中"DNS 服务器"复选框，如图 4-53 所示。

（3）在弹出的"DNS 服务器简介"对话框中，显示了 DNS 服务器的相关信息，如图 4-54 所示。

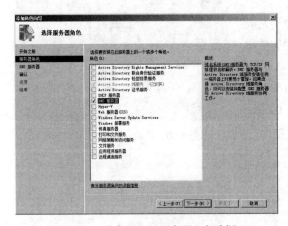

图 4-53　选中"DNS 服务器"复选框

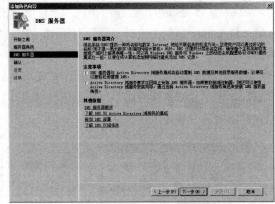

图 4-54　DNS 服务器简介

（4）单击"下一步"按钮，在弹出的"确认服务器选择"对话框中，单击"安装"按钮，如图 4-55 所示。

（5）系统安装 DNS 服务器完成后，弹出"安装结果"对话框，然后单击"关闭"按钮，DNS 服务器安装成功，如图 4-56 所示。

注意：Windows Server 2008 R2 在安装 DNS 服务时不会出现 DNS 配置向导，需要在安装完成后对其配置。DNS 服务器安装完成以后，需要对其进行配置，否则就不能向网络提供 DNS 服务。

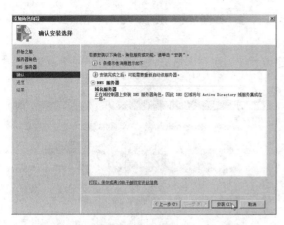 

图 4-55　确认安装　　　　　　　　　　图 4-56　安装成功

（6）单击"开始"→"管理工具"→"DNS"命令，打开"DNS 管理器"窗口，依次展开"DNS"
→"Server"选项，如图 4-57 所示。

（7）选择窗口右侧的"正向查找区域"文件夹并右击，在弹出的快捷菜单中选择"新建区域"
命令，如图 4-58 所示。

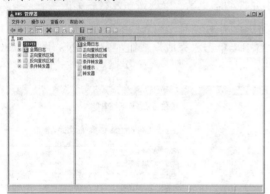

图 4-57　"DNS 管理器"窗口　　　　　　图 4-58　选择"新建区域"命令

（8）弹出如图 4-59 所示的"新建区域向导"对话框，单击"下一步"按钮。

（9）弹出如图 4-60 所示的对话框，选中"主要区域"单选按钮，然后单击"下一步"按钮。

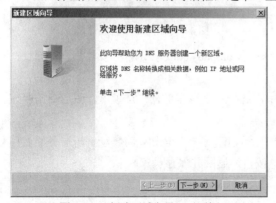 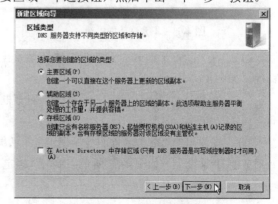

图 4-59　"新建区域向导"对话框　　　　图 4-60　选择区域类型

（10）在弹出的"区域名称"对话框中，输入区域名称，如图 4-61 所示，然后单击"下一步"按钮。

（11）在弹出的"区域文件"对话框中，选择创建或者使用现存区域文件，此处选择创建新文件，然后单击"下一步"按钮，如图 4-62 所示。

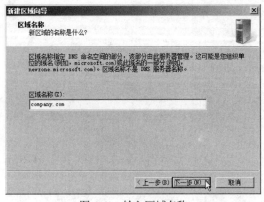

图 4-61　输入区域名称

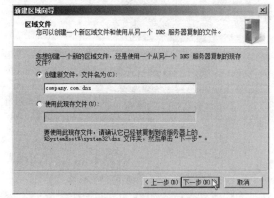

图 4-62　区域文件选择

（12）在弹出的"动态更新"对话框中，选中"不允许动态更新"单选按钮，然后单击"下一步"按钮，如图 4-63 所示。

（13）在弹出的"正在完成新建区域向导"对话框中，单击"完成"按钮，完成 DNS 主要区域设置，如图 4-64 所示。

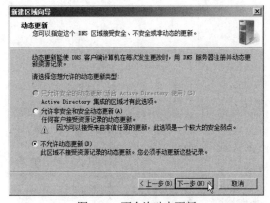

图 4-63　不允许动态更新

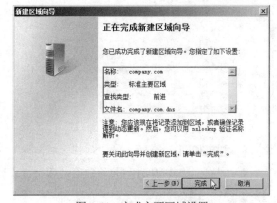

图 4-64　完成主要区域设置

（14）在"DNS 管理器"窗口中，选择服务器名称"Company.com"，选择"操作"→"属性"命令，如图 4-65 所示。

（15）在弹出的"Company.com 属性"对话框中，选择"名称服务器"选项卡，然后单击"编辑"按钮，如图 4-66 所示。

（16）在弹出的"编辑名称服务器记录"对话框中，单击"解析"按钮，将自动解析服务器名称到对应的 IP 地址上，如图 4-67 所示；单击"确定"按钮，返回并保存设置。

图 4-65　选择"属性"命令

图 4-66　选择"名称服务器"

提示：DNS 服务器配置完成以后，只能对自己所属的域名（Company.com）提供解析服务了。如果要对网络中的其他计算机提供域名解析服务，必须向所属的域中为其他计算机添加各种 DNS 记录。A 记录也就是主机记录，Web 服务器、FTP 服务器的域名都是一条 A 记录。在 DNS 服务器中，A 记录的使用率最高。

（17）在"DNS 服务器"窗口中，选择服务器名"Company.com"，选择"操作"→"新建主机（A 或 AAAA）"命令，如图 4-68 所示。

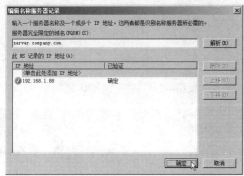

图 4-67　"名称服务器记录"对话框

图 4-68　选择"新建主机（A 或 AAAA）"命令

（18）弹出"新建主机"对话框，在"名称"文本框中输入 www，在"IP 地址"文本框中输入 IP 地址，如图 4-69 所示。

（19）单击"添加主机"按钮，弹出如图 4-70 所示的"DNS"对话框，提示成功创建了主机记录，单击"确定"按钮，WWW 主机记录创建成功。

图 4-69　设置名称与 IP 地址

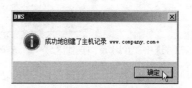

图 4-70　主机记录创建成功

提示：可用同样的方法添加 FTP、Mail、POP、SMTP 等服务器，创建相应的主机记录。很多情况下，多个 A 记录都是指向同一个 IP 地址。例如，使用不同主机头名同一 IP 地址创建多个虚拟网络时，就可以使用"泛域名"解析功能。所谓的泛域名，是指将多个 A 记录都指向同一个默认的 IP 地址，并且使用"*"表示，其他创建方法与创建 A 记录相同。

（20）在"DNS 管理器"窗口中，选择"反向查找区域"文件夹并右击，在弹出的快捷菜单中选择"新建区域"命令，如图 4-71 所示。

注意：如果 DNS 服务器只是向网络提供域名解析服务，就无需创建反向查找区域，只需创建一个正向查找区域即可。但是，如果需要将 IP 地址解析为域名，就必须创建反向查找区域。

（21）在弹出的"欢迎使用新建区域向导"对话框中，单击"下一步"按钮，显示如图 4-72 所示的"区域类型"对话框，选中"主要区域"按钮，然后单击"下一步"按钮。

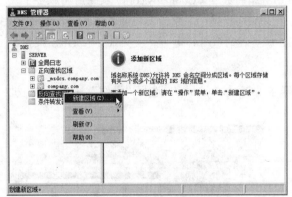

图 4-71　选择"新建区域"命令

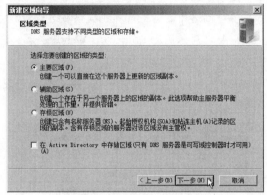

图 4-72　选择"主要区域"

（22）在弹出的"反向查找区域名称"对话框中，选中"IPv4 反向查找区域"单选按钮，然后单击"下一步"按钮，如图 4-73 所示。

（23）在弹出的对话框中，选中"网络 ID"单选按钮，并在文本框中输入 DNS 服务器所属的网段，如图 4-74 所示，然后单击"下一步"按钮。

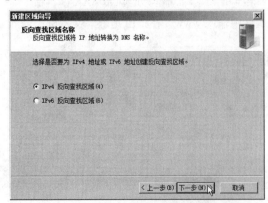

图 4-73　选中"IPv4 反向查找区域"单选按钮

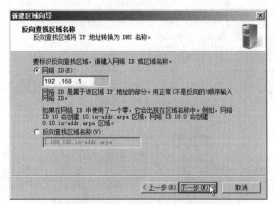

图 4-74　选中"网络 ID"单选按钮

（24）在弹出的"区域文件"对话框中，选中"创建新文件，文件名"单选按钮，并输入文件名，然后单击"下一步"按钮，如图 4-75 所示。

（25）在弹出的"动态更新"对话框中，选中"不允许动态更新"单选按钮，然后单击"下一步"按钮，如图 4-76 所示。

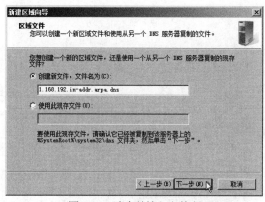

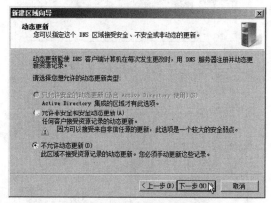

图 4-75　选中并输入文件名　　　　　　　　图 4-76　不允许动态更新

（26）在弹出的"正在完成新建区域向导"对话框中，单击"完成"按钮，完成"反向区域"的创建，如图 4-77 所示。

（27）在"DNS 管理器"窗口中，依次展开"反向查找区域"，选择已创建的"1.168.192.in-addr.arpa."选项，选择"操作"→"新建指针（PTR）"命令，如图 4-78 所示。

提示：创建"反向查找区域"后，可以反向查找区域中添加 PTR 指针记录。PTR 指针记录支持反向查找过程，可以通过计算机的 IP 地址查找计算机，从而解析出计算机的 DNS 域名。

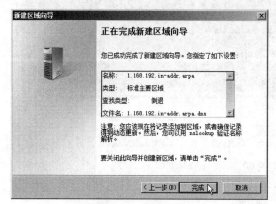
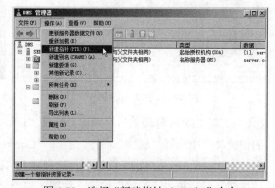

图 4-77　完成创建　　　　　　　　图 4-78　选择"新建指针（PTR）"命令

（28）在弹出的"新建资源记录"对话框中，单击"浏览"按钮，如图 4-79 所示。

（29）单击"浏览"按钮后，弹出"浏览"对话框，在"记录"列表中选择目标主机名称，如图 4-80 所示。

（30）单击"确定"按钮，返回"新建资源记录"对话框，然后单击"确定"按钮，PTR 记录创建完成。

注意：nslookup 命令用来监督网络中 DNS 服务器是否能正确实现域名解析。使用 nslookup 命令可以对 DNS 服务器进行排错，或者检查 DNS 服务器的信息。在"DNS 服务器"窗口中，选择"操作"→"启动 nslookup"命令，如图 4-81 所示，在弹出的命令行窗口中输入 Server 192.168.1.88

命令，按【Enter】键，命令成功执行，即可解析出该 IP 地址所指向的 DNS 域名，如图 4-82 所示。

图 4-79　单击"浏览"按钮

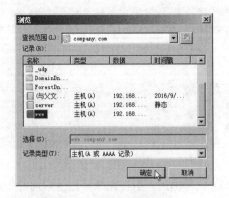

图 4-80　选择目标主机名称

图 4-81　启动 nslookup

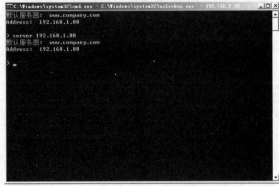

图 4-82　解析 IP 地址

（31）在"DNS 管理器"窗口中，选择"DNS"→"Server"→"Company.com"并右击，在弹出的快捷菜单中选择"属性"命令，打开"Company.com 属性"对话框。

（32）选择"区域传送"选项卡，选择"允许区域传送"复选框，选中"只允许到下列服务器"单选按钮，然后单击"编辑"按钮，如图 4-83 所示。

（33）弹出"允许区域传送"对话框，在"辅助服务器的 IP 地址"列表中输入辅助 DNS 服务器的 IP 地址，如"192.168.1.97"，如图 4-84 所示。

注意： 在网络中通常会安装两台 DNS 服务器，其中一台作为主服务器，另外一台作为辅助服务器。以避免由于 DNS 服务器故障而导致 DNS 服务解析失败。主服务器正常时，辅助服务器从主 DNS 服务器上获取 DNS 数据，起到备份作用。当主服务器出现故障时，辅助服务器便会代替主服务器承担起 DNS 解析服务。只有先在主 DNS 服务器上添加允许传送辅助的 DNS 服务器 IP 地址，才能对辅助 DNS 服务器进行设置。

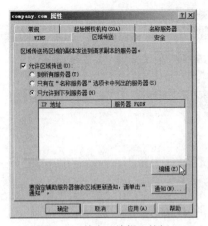

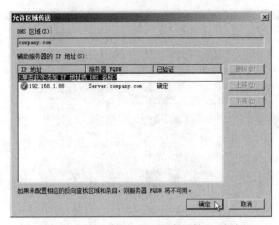

图 4-83　单击"编辑"按钮　　　　　　　　　图 4-84　输入辅助 DNS 服务器的 IP 地址

（34）单击"确定"按钮，返回"Company.com 属性"对话框中，然后单击"确定"按钮，完成区域设置。

（35）登录到辅助 DNS 服务器上，并安装 DNS 服务角色，步骤与在主服务器上安装 DNS 服务角色一样。

（36）单击"开始"→"管理工具"→"DNS"命令，打开"DNS 管理器"窗口，选中"正向查找区域"文件夹并右击，在弹出的快捷菜单中选择"新建区域"命令，弹出"新建区域向导"对话框，如图 4-85 所示。

（37）单击"下一步"按钮，在"区域类型"对话框中，选中"辅助区域"单选按钮，如图 4-86 所示。

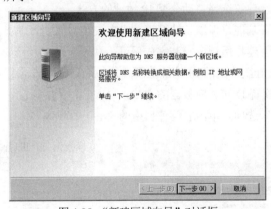

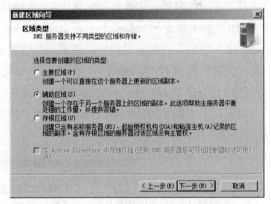

图 4-85　"新建区域向导"对话框　　　　　　　图 4-86　选中"辅助区域"单选按钮

（38）单击"下一步"按钮，在弹出的"区域名称"对话框中，输入区域名称：Company.com，如图 4-87 所示。

（39）单击"下一步"按钮，在弹出的对话框中输入主 DNS 服务器的 IP 地址，如图 4-88 所示，按回车键进行验证。

（40）单击"下一步"按钮，在弹出的"正在完成新建区域向导"对话框中，单击"完成"按钮，完成 DNS 辅助服务器的设置。

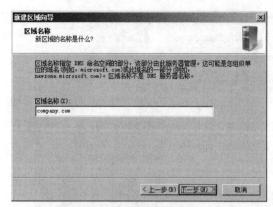

图 4-87 输入区域名称

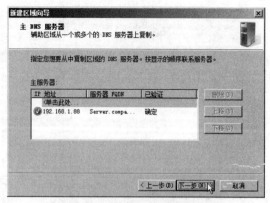

图 4-88 输入主 DNS 服务器的 IP 地址

4.2.4　安装和配置 DHCP 服务器

DHCP 是一个简化主机 IP 地址分配管理的 TCP/IP 标准协议。网络管理员可以利用 DHCP 服务器动态地为客户端分配和管理 IP 地址信息，包括 IP 地址、子网掩码、默认网关及 DNS 服务器。这大大减轻了网络管理员的工作负担，提高了网络效率。

在网络中，配置网络参数有静态手工配置和自动分配两种方法。当采用手工方式为计算机分配静态 IP 地址时，特别是在拥有几十甚至几百台计算机的大中型网络中，容易出现输入错误而造成网络故障，并且效率低、劳动强度大。所以，只建议在小型网络中采用这种配置方式。

采用动态 IP 地址（自动分配），是由 DHCP 服务器自动分配的，客户端计算机自动获取 IP 地址、默认网关和 DNS 等信息，从而有效地避免了可能出现的输入错误问题，同时也大大减轻了劳动强度，提高了工作效率。因此，在部署大中型网络时，建议选择自动分配 IP 地址的方式。

DHCP 服务器是 Windows Server 2008 R2 的内置功能，但默认情况下并没有安装，需要管理员手动安装。而且，在安装过程中可以根据系统提示创建作用域，安装完成后可以立即为网络提供 IP 地址服务。当然，事先要规划好欲分配的 IP 地址范围。

下面介绍在 Windows Server 2008 R2 中安装和配置 DHCP 服务器的方法。

（1）打开"服务器管理器"窗口，选择"角色"选项，单击右侧窗口中的"添加角色"超链接，如图 4-89 所示。

实操视频　即扫即看

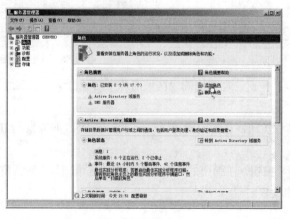

图 4-89　添加角色

（2）在弹出的"开始之前"对话框中，单击"下一步"按钮，打开"选择服务器角色"对话框，选中"DHCP 服务器"复选框，如图 4-90 所示。

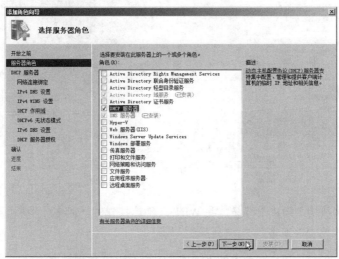

图 4-90　选中"DHCP 服务器"复选框

（3）单击"下一步"按钮，在弹出的"DHCP 服务器"对话框中，介绍了 DHCP 服务器的相关信息以及注意事项，如图 4-91 所示。

（4）单击"下一步"按钮，在弹出的"选择网络连接绑定"对话框中，选择向客户端提供服务的网络连接，如图 4-92 所示。

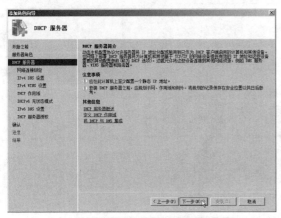

图 4-91　相关信息和注意事项

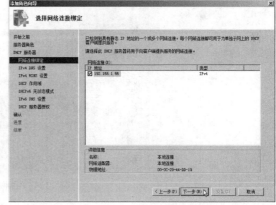

图 4-92　选择网络连接

（5）单击"下一步"按钮，在弹出的"指定 IPv4 DNS 服务器设置"对话框中，在"父域"文本框中输入活动目录的域名，在"首选 DNS 服务器 IPv4 地址"和"备用 DNS 服务器 IPv4 地址"文本框中输入本地网络中所使用的 DNS 服务器的 IPv4 地址（首选、备用各有一个地址），如图 4-93 所示。

（6）单击"下一步"按钮，在弹出的"指定 IPv4 WINS 服务器设置"对话框中，选择是否要使用 WINS 服务，如图 4-94 所示。

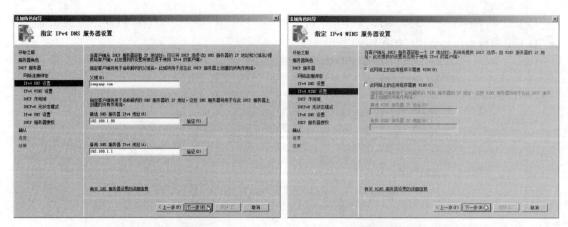

图 4-93　输入 IPv4 地址　　　　　　图 4-94　不使用 WINS 服务

注意：选择"此网络上的应用程序需要 WINS"单选按钮时，需要在"首选 WINS 服务器 IP 地址"文本框中，输入 WINS 服务器的 IP 地址。

（7）单击"下一步"按钮，在弹出的"添加或编辑 DHCP 作用域"对话框中，单击"添加"按钮，如图 4-95 所示。

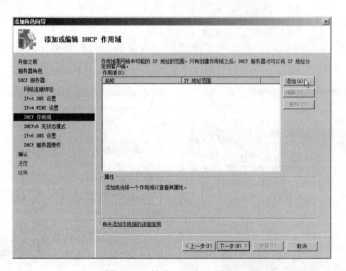

图 4-95　单击"添加"按钮

（8）在弹出的"添加作用域"对话框中，分别输入作用域名称、起始和结束 IP 地址、子网掩码、默认网关以及子网类型，并选中"激活此作用域"复选框，如图 4-96 所示。

（9）单击"确定"按钮，一个作用域添加成功。单击"下一步"按钮，弹出"配置 DHCPv6 无状态模式"对话框。由于现在不配置 IPv6，因此，选中"对此服务器禁用 DHCPv6 无状态模式"单选按钮，如图 4-97 所示。

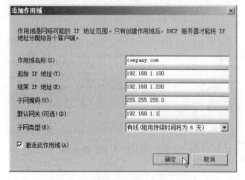

图 4-96　"添加作用域"对话框

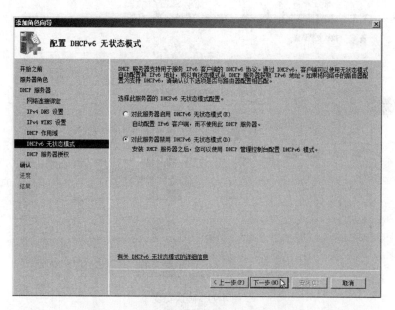

图 4-97　"配置 DHCPv6 无状态模式"对话框

（10）单击"下一步"按钮，弹出"授权 DHCP 服务器"对话框，指定用于授权 AD DS 中此 DHCP 服务器的凭据，此处选择"使用当前凭据"，如图 4-98 所示。

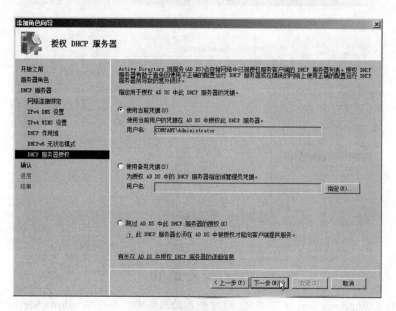

图 4-98　使用当前凭据

注意：如果现在不授权 DHCP 服务器，则需要在安装完成后，在 DHCP 窗口中进行授权。

（11）单击"下一步"按钮，在弹出的"确认安装选择"对话框中，确认无误后，单击"安装"按钮，如图 4-99 所示。

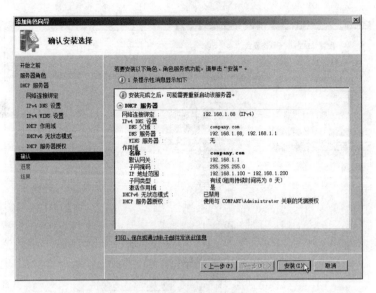

图 4-99　确认安装

（12）安装完成后，在弹出的如图 4-100 所示的对话框中，单击"关闭"按钮，完成 DHCP 服务器的安装。

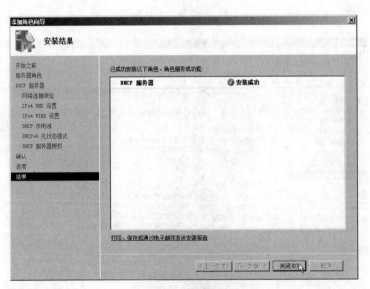

图 4-100　安装完成

注意：在安装 Windows Server 2008 R2 域控制器的网络中，无论 Windows Server 2008 R2 DHCP 服务器是否加入域，都必须经过"授权"才能提供 DHCP 服务，否则，将提示必须先授权 DHCP 服务器。如果网络中没有域控制器，则 DHCP 服务器不需授权。

提示：对于规模较大、用户数量多的大型企业网络，可以采取搭建多台 DHCP 服务器的方法，以提高网络效率。在 Windows Server 2008 R2 中，作用域可以在安装 DHCP 服务的过程创建，也可以在安装完成后在 DHCP 窗口中创建。一台 DHCP 服务器可以创建多个不同的作用域。

（13）返回系统界面，单击"开始"→"管理工具"→"DHCP"命令，打开"DHCP"窗口，选择"IPv4"选项并右击，在弹出的快捷菜单中选择"新建作用域"命令，如图 4-101 所示。

（14）在弹出的"新建作用域向导"对话框中，单击"下一步"按钮，如图 4-102 所示。

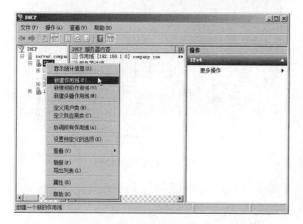

图 4-101　选择"新建作用域"命令

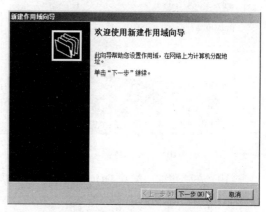

图 4-102　新建作用域向导

（15）在弹出的"作用域名称"对话框中，输入新作用域的名称，如图 4-103 所示，然后单击"下一步"按钮。

（16）在弹出的"IP 地址范围"对话框中，设置新作用域的起始和结束 IP 地址、子网掩码等，如图 4-104 所示，然后单击"下一步"按钮。

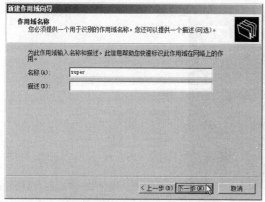

图 4-103　输入新作用域名称

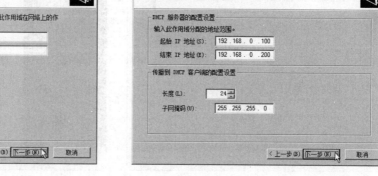

图 4-104　"IP 地址范围"对话框

（17）在弹出的"添加排除"对话框中，设置想要排除的 IP 地址或 IP 地址段，然后单击"下一步"按钮，如图 4-105 所示。

提示：排除的 IP 地址段通常作为服务器专用的 IP 地址段，不会被分配给客户端。

（18）在弹出的"租用期限"对话框中，设置租用期限，然后单击"下一步"按钮，如图 4-106 所示。

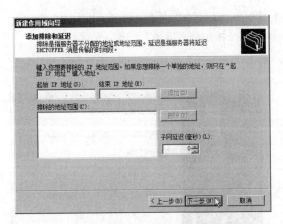

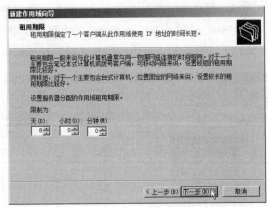

图 4-105 "添加排除"对话框   图 4-106 设置租用期限

（19）在弹出的"配置 DHCP 选项"对话框中，选中"否，我想稍后配置这些选项"单选按钮，如图 4-107 所示，然后单击"下一步"按钮。

（20）在弹出的"正在完成新建作用域向导"对话框中，单击"完成"按钮，如图 4-108 所示，新建作用域完成。

注意：新建的作用域不能正常使用，需要"激活"后才可以使用。如果一台 DHCP 服务器（只有一个网卡）设置了多个不同的作用域，则客户机一般获取的是最上面的一个作用域分配的 IP 地址。

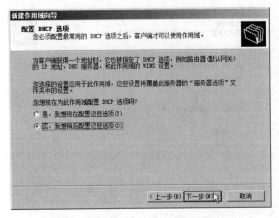

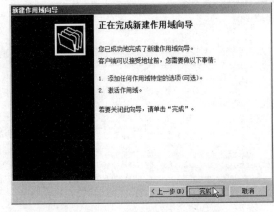

图 4-107 "配置 DHCP 选项"对话框   图 4-108 新建作用域完成

（21）在"DHCP"窗口中，选择新建的作用域并右击，在弹出的快捷菜单中选择"激活"命令，如图 4-109 所示，即可激活作用域并提供 IP 地址分配服务。

（22）在"DHCP"窗口中，选择"IPv4"→"服务器选项"选项并右击，在弹出的快捷菜单中选择"配置服务器选项"命令，打开"服务器选项"对话框。

（23）选择"常规"选项卡，选中"006 DNS 服务器"复选框，单击"确定"按钮，如图 4-110 所示。

图 4-109　选择"激活"命令

图 4-110　选中"006 DNS 服务器"复选框

注意：DHCP 服务器配置完成以后，客户端计算机只要接入网络，并设置为"自动获取 IP 地址"即可自动从 DHCP 服务器获取 IP 地址信息了，不需人为干预。

4.2.5　创建和管理用户账户

企业局域网中的工作站如果要访问服务器，必须具有一定的用户权限，这就需要在服务器上创建这些工作站的用户账户，并且赋予他们一定的权限。

1. 创建用户账户

Windows Server 2008 R2 提供了内置用户账户、域用户账户和本地用户账户等三种不同的用户账号类型。

（1）内置用户账户

在服务器上安装 Windows Server 2008 R2 时，系统自动创建的账号称为内置账号。内置账户有三个：系统管理员（Administrator）、来宾（Guest）和 Internet Guest（IUSR－Computer Name）。系统管理员作为系统管理员，拥有最高的权限，用户可以用它来管理 Windows Server 2008 R2 的资源和域的账户数据库，系统管理员账户名称可以更改，但不能删除。来宾账户是为没有专门设置账户的计算机访问域控制器时使用的一个临时账户，该账户可以访问网络中的部分资源。Internet Guest（IUSR－Computer Name）是供 Internet 服务器的匿名访问者使用的。

（2）域用户账户

域用户账户允许用户登录到域，并访问网络上任意位置的资源。

（3）本地用户账户

本地用户账户允许用户登录服务器并访问该服务器上的相关资源。在局域网中给用户所创建的账户一般都是本地用户账户。当本地用户账户登录网络时，服务器便在本地安全数据库中查询该账户，并对照其密码，完全相符后才允许该用户账户登录服务器。

下面将通过一个实例为来说明如何创建用户账户。

【实验 4-3】创建用户账户

具体操作步骤如下：

（1）单击"开始"→"所有程序"→"管理工具"→"Active Directory 用户和计算机"命令，打开"Active Directory 用户和计算机"窗口，如图 4-111 所示。

实操视频 即扫即看

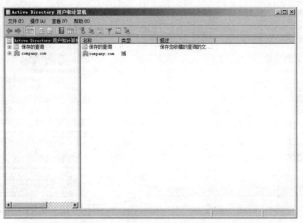

图 4-111 "Active Directory 用户和计算机"窗口

（2）选择 company.com，在该窗口中选择 Users 并右击，在弹出的快捷菜单中选择"新建"→"用户"选项，如图 4-112 所示，打开"新建对象－用户"对话框。

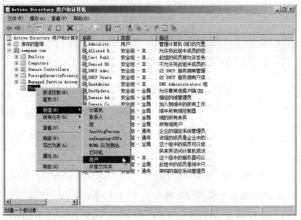

图 4-112 选择 "新建"→"用户"命令

（3）在"新建对象－用户"对话框中，输入用户名称和登录名，如图 4-113 所示。

（4）单击"下一步"按钮，弹出如图 4-114 所示的对话框，设置用户密码及登录期限。

图 4-113 输入用户名称和登录名

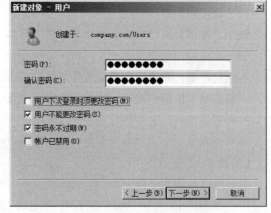

图 4-114 设置用户密码及登录期限

提示：选择"用户下次登录时须更改密码"复选框，用户每一次登录域之前都要更改由管理员指定的密码，从而使自己成为唯一知道密码的人。选择"用户不能更改密码"复选框，用户就没有权力更改自己的登录密码。选择"密码永不过期"复选框，密码将不会失效。选择"账户已停用"复选框，用户就不能使用这个账户来登录到域。

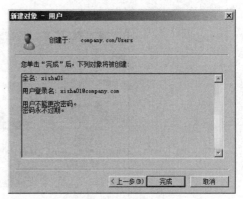

图 4-115　用户账户信息

（5）单击"下一步"按钮，弹出如图 4-115 所示的对话框，显示设置的用户账户信息。

（6）单击"完成"按钮，完成创建用户账户的操作，同时在"Active Directory 用户和计算机"窗口，将显示新建的用户账户，如图 4-116 所示。

图 4-116　新建的用户账户

提示：用户根据需要，按照创建用户账户方法创建其他用户账户。同时，用户也可以采用使用复制用户账户的方法进行快速创建账户。

2．创建用户组

在组中的对象一般是用户，所以组也称为用户组。在创建一个新的用户组之前，首先要对组的管理方式进行规划：应该创建多少个用户组，每一个用户组中应该包括哪些用户，需要给用户组赋予哪些权限？

下面将通过一个实例为来说明如何创建用户组。

【实验 4-4】创建用户组

具体操作步骤如下：

（1）单击"开始"→"所有程序"→"管理工具"→"Active Directory 用户和计算机"命令，打开"Active Directory 用户和计算机"窗口。

实操视频 即扫即看

（2）展开 company.com，选择 Users，单击"操作"→"新建"→"组"命令，如图 4-117 所示，

打开"新建对象—组"对话框。

图 4-117 选择"新建"→"组"命令

（3）在"新建对象—组"对话框中，设置组名、组作用域类型和组类型，如图 4-118 所示。

注意：在"组作用域"区域中，"本地域"指的是这类组可以添加其他域的用户账户，但是只能访问该类组所在域的资源；"全局"指的是这类组只能添加该类组所在域的用户账户，不能添加别的域的账户，但是可以访问其他域的资源对象；"通用"指的是该类组可以添加任何域的用户账户，可以访问任何域的资源对象。

（4）单击"确定"按钮，完成创建用户组的操作，同时在"Active Directory 用户和计算机"窗口，将显示新建的组，如图 4-119 所示。

图 4-118 设置组名、组作用域类型和组类型

图 4-119 新建的用户组

注意：创建用户组后，用户可以向用户组添加用户。向用户组中添加用户的操作是右击新建的用户组名称，在弹出的快捷菜单中选择"属性"选项，在属性对话框中选择"成员"选项卡，单击"添加"按钮。在弹出的"选择用户、联系人或计算机"对话框中，选择需要添加到用户组的用户账户，单击"确定"按钮即可。

3. 管理用户账户

当建立了用户账户后，用户可以根据不同的应用需要，对用户账户进行属性设置、禁用/启用账户、重设密码、重命名等。

下面将通过一个实例为来说明如何禁用用户账户。

【实验 4-5】禁用用户账户

具体操作步骤如下：

（1）在"Active Directory 用户和计算机"窗口中，选择需要禁用的用户账户（在这里选择 xisha01）并右击，在弹出的快捷菜单中选择"禁用账户"选项，如图 4-120 所示。

实操视频 即扫即看

（2）选择"禁用账户"选项后，弹出如图 4-121 所示的对话框，提示用户对象 xisha01 已被禁用。

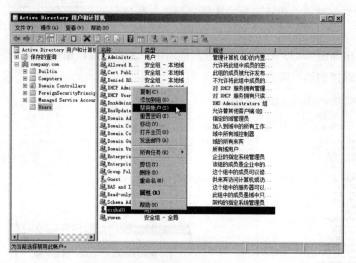

图 4-120　选择"禁用账户"命令

图 4-121　用户账户被禁用

（3）单击"确定"按钮，xisha01 用户账户被禁用。

下面将通过一个实例为来说明如何启用用户账户。

【实验 4-6】启用用户账户

具体操作步骤如下：

（1）在"Active Directory 用户和计算机"窗口中，选择需要启用的用户账户（在这里选择 xisha01）并右击，在弹出的快捷菜单中选择"启用账户"选项，如图 4-122 所示。

实操视频 即扫即看

（2）选择"启用账户"选项后，弹出如图 4-123 所示的对话框，提示用户对象 xisha01 已被启用。

（3）单击"确定"按钮，xisha01 用户被启用。

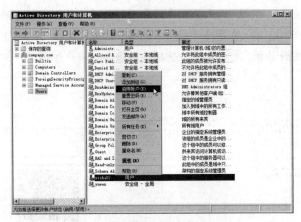

图 4-122　选择"启用账户"命令

图 4-123　用户账户被启用

下面将通过一个实例为来说明如何删除用户账户。

【实验 4-7】删除用户账户

具体操作步骤如下：

（1）在"Active Directory 用户和计算机"窗口中，选择需要删除的用户账户（在这里选择 xisha01），右击并在弹出的快捷菜单中选择"删除"选项，如图 4-124 所示。

实操视频　即扫即看

（2）选择"删除"选项后，弹出如图 4-125 所示的对话框，提示用户是否删除该用户对象。

（3）单击"是"按钮，将删除选择的用户账户。

图 4-124　选择"删除"命令

图 4-125　提示用户是否删除该用户账户

提示：删除了某个用户账户，所有与它相关联的权限等信息将全部从服务器中删除。如果以后再创建一个相同的用户账户，新的用户账户的权限等信息必须重新设置。

4.2.6　设置客户端

在局域网中，需要把工作站登录到服务器，才能访问服务器并共享资源。因此，当 Windows Server 2008 R2 安装并设置好后，接下来就要将运行不同操作系统的工作站连入服务器。

下面以 Windows 7 工作站登录到 Windows Server 2008 R2 服务器为例，介绍设置客户端的方法。

【实验 4-8】设置网络 ID

具体操作步骤如下：

（1）在 Windows 7 的系统窗口中，单击"高级系统设置"超链接，如图 4-126 所示。

（2）在弹出的"系统属性"对话框中，选择"计算机名"选项卡中，单击"网络 ID"按钮，如图 4-127 所示。

图 4-126　单击"高级系统设置"超链接

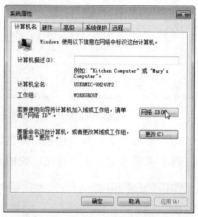

图 4-127　单击"网络 ID"按钮

（3）在弹出的对话框中，选中"这台计算机是商业网络的一部分，用它连接到其他工作中的计算机"单选按钮，如图 4-128 所示。

（4）单击"下一步"按钮，在弹出的对话框中，选中"公司使用带域的网络"单选按钮，将计算机连接到 Windows Server 2008 R2 域服务器上，如图 4-129 所示。

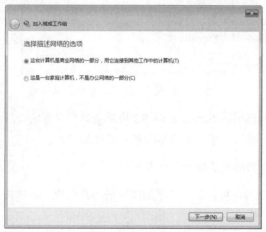
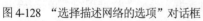

图 4-128　"选择描述网络的选项"对话框

图 4-129　选中"公司使用带域的网络"单选按钮

（5）单击"下一步"按钮，弹出如图 4-130 所示的对话框，显示系统需要收集的网络信息。

（6）单击"下一步"按钮，弹出如图 4-131 所示的对话框，输入用户名、密码及域名。

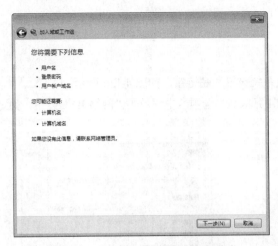
图 4-130　显示系统需要收集的网络信息

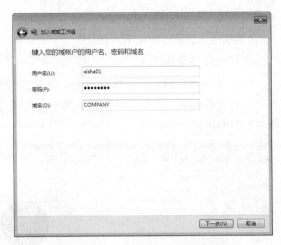
图 4-131　输入用户名、密码及域名

（7）单击"下一步"按钮，弹出如图 4-132 所示的对话框，输入计算机名和计算机域。

（8）单击"下一步"按钮，弹出如图 4-133 所示的对话框，输入用户名、密码及域名。

图 4-132　输入计算机名和计算机的域

图 4-133　输入用户名、密码及域名

注意：输入的用户名、密码及域名，必须是在 Windows Server 2008 R2 域服务器中存在的合法的用户名、密码及域名，否则将会出现错误提示。一般情况下，由网络管理员提供给用户。

注意：所输入的计算机名必须是唯一的，不能与网络中其他计算机相同。

（10）单击"确定"按钮，弹出如图 4-134 所示的对话框，选中"添加以下域用户账户"单选按钮，输入用户名和用户域。

（11）单击"下一步"按钮，弹出如图 4-135 所示的对话框，选中"标准用户"单选按钮，设置用户访问级别。

（12）单击"下一步"按钮，弹出如图 4-136 所示的对话框，提示用户必须重新启动计算机才能应用这些更改。

 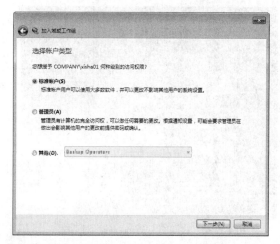

图 4-134　输入用户名和用户域　　　　　　图 4-135　选中"标准用户"单选按钮

（13）单击"完成"按钮，返回到"系统属性"对话框，然后单击"确定"按钮。

（14）弹出如图 4-137 所示的对话框，单击"立即重新启动"按钮，重新启动计算机。

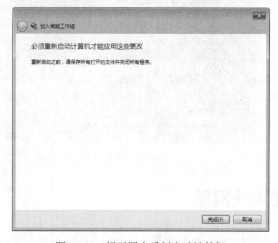

图 4-136　提示用户重新启动计算机　　　　　图 4-137　确认重启计算机

4.2.7　登录服务器

重新启动计算机后，就可以使用用户账户登录 Windows Server 2008 R2 服务器。

【实验 4-9】使用用户账户登录服务器

具体操作步骤如下：

（1）重新启动计算机后，系统弹出如图 4-138 所示的对话框，单击【Ctrl+Alt+Delete】组合键。

（2）在弹出的如图 4-139 所示的对话框中，输入用户名、密码和域名。

（3）按【Enter】键，如果用户名和密码及域名无误，网络畅通，那么计算机将登录到 Windows Server 2008 R2 域服务器中，如图 4-140 所示。

提示：Windows 7 工作站不仅可以登录到 Windows Server 2008 R2 中，还可以使用不同本地账户登录到本地计算机。单击"切换用户"按钮，可以使用其他用户名登录到本地计算机，如图 4-141 所示。

图 4-138　"欢迎使用 Windows"对话框

图 4-139　输入用户名、密码和域名

图 4-140　登录后的窗口

图 4-141　选择其他用户登录

4.3　组建无线网络

本节主要介绍安装无线网卡驱动程序、设置无线路由器以及设置客户端等内容，详细介绍组建无线网络的全过程。

4.3.1　组建前的准备工作

下面以在 Windows 7 系统下安装无线网卡驱动程序为例，介绍安装网卡驱动程序的方法。

【实验 4-10】在 Windows 7 系统下安装无线网卡驱动程序

在 Windows 7 系统下有两种安装无线上网驱动程序方式：系统自动搜索和手动安装。使用系统自动搜索方式比较简单，将 USB 无线网卡插入计算机的 USB 接口中，Windows 7 系统自动会联网搜索该网卡的驱动程序，搜索并下载该网卡驱动程序后，系统会自动安装该网卡的驱动程序，如图 4-142 所示。系统自动搜索安装方式的前提条件是系统已经连接 Internet 网络。

图 4-142　系统自动搜索安装

如果不想用系统自带驱动或者系统安装驱动失败，用户可以手动安装无线网卡驱动。下面介绍手动安装无线网卡驱动的具体操作步骤。

（1）在"设备管理器"窗口，选中黄色标识设备并右击，在弹出的快捷菜单中选择"更新驱动程序软件"命令。

（2）在弹出的"您想如何搜索驱动程序软件？"对话框中，单击"浏览计算机以查找驱动程序软件（R）"按钮，如图 4-143 所示。

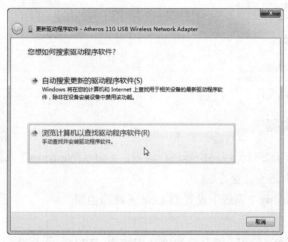

图 4-143　单击"浏览计算机以查找驱动程序软件"按钮

（3）在弹出的"浏览计算机上的驱动程序软件"对话框中，单击"浏览"按钮，如图 4-144 所示。

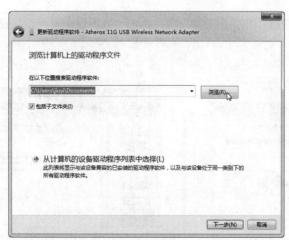

图 4-144　单击"浏览"按钮

（4）在弹出的"浏览文件夹"对话框中，选择网卡驱动程序所在的文件夹，如图 4-145 所示，然后单击"确定"按钮。

（5）单击"确定"按钮后，返回"浏览计算机上的驱动程序软件"对话框中，然后单击"下一步"按钮。

（6）系统开始安装网卡驱动程序，安装完成后，弹出如图 4-146 所示的"已安装适合设备的最佳驱动程序软件"对话框，单击"关闭"按钮即可。

图 4-145　选择驱动位置　　　　　　　　　　图 4-146　安装完成

4.3.2　设置无线路由器

准备工作完成后，就需要对无线路由器进行设置。下面以 Windows 7 系统下设置 D-Link 无线路由器为例，介绍无线路由器的设置方法。

【实验 4-11】在 Windows 7 系统下设置 D-Link 无线路由器

具体操作步骤如下：

（1）打开 IE 浏览器，在 IE 浏览器地址栏中输入 D-Link 无线路由器的 IP 地址（默认是 192.168.0.1）。

（2）按回车键，弹出如图 4-147 所示的对话框，输入无线路由器的用户名和密码（默认用户名为 Admin，密码为空）。

（3）单击"确定"按钮，在弹出的窗口中，单击"联机设定精灵"按钮，如图 4-148 所示。

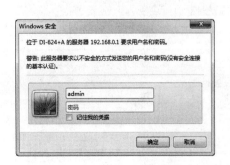

图 4-147　输入用户名和密码　　　　　　图 4-148　单击"联机设定精灵"按钮

（4）在弹出的"D-Link 设置向导"窗口中，单击"下一步"按钮，如图 4-149 所示。

（5）在弹出的"因特网连接类型"窗口中，选中"否，我要自行运行手动配置"单选按钮，如图 4-150 所示。

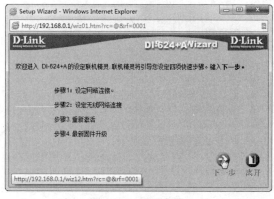

图 4-149　设置向导

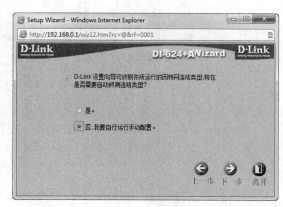

图 4-150　手动设置

（6）单击"下一步"按钮，在弹出的"选择 WAN 形态"窗口中，选择无线路由器的实际连接情况，在这里选中"PPP over Ethernet"单选按钮，如图 4-151 所示。

（7）单击"下一步"按钮，在弹出的"设置 PPPoE"窗口中，输入 PPPoE 账号及密码，如图 4-152 所示。

图 4-151　选中"PPP over Ethernet"单选按钮

图 4-152　输入 PPPoE 账号及密码

（8）单击"下一步"按钮，在弹出的"设定无线网络连接"窗口中，分别设置无线网络 ID、信道、WEP 安全方式、共享密码等信息，如图 4-153 所示。

注意：在"设定无线网络连接"窗口中，设置的共享密码是客户端连接时必须输入的。

（9）单击"下一步"按钮，在弹出的如图 4-154 所示的窗口中，单击"完成"按钮，无线路由器设置完成。

图 4-153　设定无线网络连接

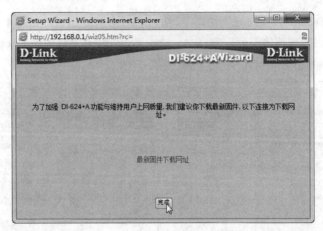

图 4-154 设置完成

4.3.3 连接无线网络

根据操作系统的不同，连接无线网络的方法略有不同，下面分别介绍在以 Windows 7/10 系统中连接无线网络的方法。

下面以一个具体实例来说明在 Windows 7 系统中连接无线网络的方法。

【实验 4-12】在 Windows 7 系统中连接无线网络

具体操作步骤如下：

（1）单击"开始"→"控制面板"命令，打开"控制面板"窗口，然后单击"查看网络状态和任务"超链接，打开"网络和共享中心"窗口，单击"更改适配器设置"超链接，如图 4-155 所示。

（2）在弹出的"网络连接"窗口中，选择"无线网络连接"快捷图标并右击，在弹出的快捷菜单中选择"属性"命令，如图 4-156 所示。

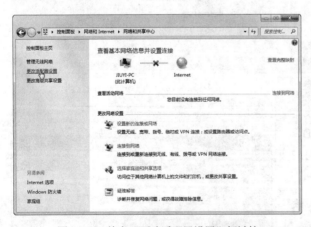

图 4-155 单击"更改适配器设置"超链接

图 4-156 选择"属性"命令

（3）在弹出的"无线网络连接属性"对话框中，选中"Internet 协议版本 4（TCP/IPv4）"选项，然后单击"属性"按钮，如图 4-157 所示。

（4）在弹出的"Internet 协议版本 4（TCP/IPv4）属性"对话框中，选中"自动获取 IP 地址"单选按钮，如图 4-158 所示。

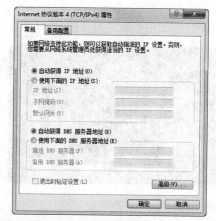

图 4-157　单击"属性"按钮　　　　　图 4-158　选中"自动获取 IP 地址"单选按钮

（5）单击"确定"按钮，返回"无线网络连接属性"对话框，然后单击"关闭"按钮，关闭该对话框。

（6）在 Windows 7 桌面右下角单击无线网络连接图标，在弹出的无线网络列表框中选择需要连接的无线网络，在这里选择 dlink，然后单击"连接"按钮，如图 4-159 所示。

（7）在弹出的"连接到网络"对话框中，输入安全密钥（此处输入的网络密钥即为图 4-153 所示输入的共享密码），如图 4-160 所示。

（8）单击"确定"按钮，系统将自动连接到网络，连接成功后，在 Windows 7 桌面右下角单击无线网络连接图标，在弹出的无线网络列表框中，可以看到无线网络连接已连接，如图 4-161 所示。

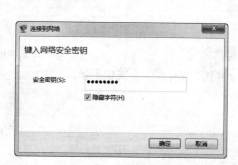

图 4-159　选择需要连接的无线网络　　　图 4-160　输入安全密钥　　　图 4-161　无线网络连接已连接

下面以一个具体实例来说明在 Windows 10 系统中连接无线网络的方法。

【实验 4-13】在 Windows 10 系统中连接无线网络

具体操作步骤如下：

（1）在 Windows 10 系统中，单击桌面右下角的无线连接图标，在弹出的列表框中单击"网络设置"选项，如图 4-162 所示。

实操视频 即扫即看

（2）在弹出的"网络和 INTERNET"窗口中，单击右侧 WLAN 窗格中的"关"按钮，将其打开，系统将自动搜索附近可连接的无线网络并显示出来，如图 4-163 所示。

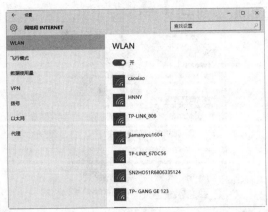

图 4-162　单击"网络设置"选项　　　　　　　　　　　图 4-163　搜索到的无线网络

（3）在可连接的无线网络列表中，选择一个可用的无线网络（此处选择 HNNY），单击"连接"按钮，如图 4-164 所示。

（4）在可用的无线网络名称下，输入网络安全密钥，然后单击"下一步"按钮，如图 4-165 所示。

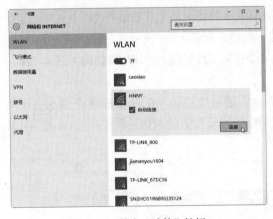

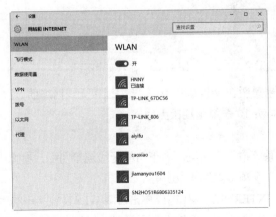

图 4-164　单击"连接"按钮　　　　　　　　　　　图 4-165　输入网络安全密钥

（5）系统将验证网络安全密钥；若网络安全密钥无误，即可完成连接，并显示已连接，如图 4-166 所示。

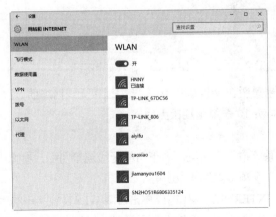

图 4-166　显示已连接

（6）单击 Microsoft Edge 图标，在地址栏中输入网址，即可正常上网浏览网页，如图 4-167 所示。

图 4-167　可正常上网

第 **5** 章　局域网资源共享

组建局域网的主要目的就是为了资源共享和数据通信。用户可以根据需要授权他人来访问自己计算机中的部分或全部资源，同时，由于网络中的每台计算机并非都有自己的打印机和调制解调器，因而网络打印服务和接入 Internet 服务是服务器为客户机提供的重要服务。

5.1　连接 Internet

随着电脑的广泛应用与普及，网络发展也更加迅速，使得互联网在我国城市居民中已经发展到了大众化的阶段，现正向农村开展。本节主要介绍连接 Internet 的常用方式，如使用 ADSL 宽带连接、通过 3/4G 无线上网卡连接等。

5.1.1　Internet 的连接方式

目前宽带入网主要有 4 种方式：以太网技术（小区宽带）、Cable Modem（有线通）、上网卡和 PON（光猫）。这 4 种宽带接入方式在安装条件、所需设备、数据传输速率和相关费用等多方面都有很大区别，直接决定了不同的宽带接入方式只适合不同的用户。

1. 小区宽带（FTTX+LAN）

这是大中城市目前较普及的一种宽带接入方式，网络服务商采用光纤接入到楼（FTTB）或小区（FTTZ），再通过网线接入用户家里，为整幢楼或小区提供共享带宽（通常是 100Mbit/s）业务。目前国内有多家公司提供此类宽带接入方式，如移动宽带、长城宽带、联通和电信等。

这种宽带接入方式通常由小区出面申请安装，网络服务商不受理个人服务。用户可询问所居住小区物业或直接询问当地网络服务商是否已开通本小区宽带。这种接入方式对用户设备要求最低，只需一台有网卡的电脑即可。

2. Cable Modem（有线通）

这是与前面两种接入方式完全不同的接入方式，它直接利用现有的有线电视网络，通过稍加改造，便可利用闭路线缆的一个频道进行数据传送，而不影响原有的有线电视信号传送，其理论传送速率可达到上行 10Mbit/s，下行 40Mbit/s。

3．上网卡

上网卡是指使用数据流量上网的设备，目前各运营商推出各种各样的流量套餐，如联通推出的腾讯大王卡、蚂蚁大宝卡等。移动上网卡需要借助手机、无线上网卡或 4G 无线路由器来实现。

4．PON（光纤）

PON 终端，俗称"光猫"，作用类似于大家所熟悉的 ADSL Modem，是光纤到户必备的网络设备。根据不同技术和标准，PON 又分为 EPON 和 GPON 两种，两者之间不能互通。图 5-1 所示分别为 EPON 和 GPON 终端。目前国内有部分运营商禁止用户自行采购 PON 设备。

EPON 终端　　　　　　　　　　GPON 终端

图 5-1　PON 终端

下面以安装 EPON 光猫为例，介绍安装光猫的方法。

【实验 5-1】安装 EPON 光猫

具体操作步骤如下：

（1）将光猫电源插入电源插座中，然后将电源适配器的插孔插入光猫的电源孔中。

（2）将入户光纤线插入光猫的光纤接口 PON，然后将网线的一端插入光猫的网线接口 LAN，另一端插入主机的 RJ-45 接口或无线路由器的 WAN 端口中即可，如图 5-2 所示。

实操视频 即扫即看

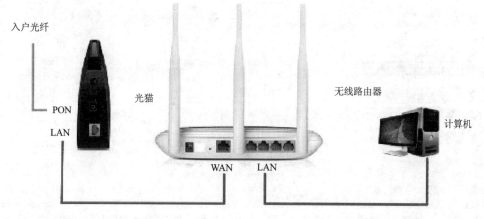

入户光纤

PON

LAN

光猫

WAN　　LAN

无线路由器

计算机

图 5-2　安装光猫

5.1.2　连接 Internet

下面分别介绍连接 Internet 的方法，如通过创建 PPPoE 连接、通过局域网连接和通过 3/4G 上网卡连接。

1. 通过创建 PPPoE 连接

【实验 5-2】在 Windows 7 系统中创建 Internet 连接

具体操作步骤如下：

（1）在 Windows 7 的"控制面板"窗口中，单击"查看网络状态和任务"
超链接，打开"网络和共享中心"窗口，然后单击"设置新的连接或网络"超
链接，如图 5-3 所示。

实操视频 即扫即看

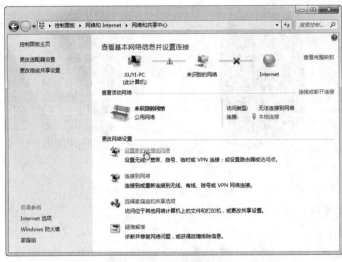

图 5-3　单击"设置新的连接或网络"超链接

（2）在弹出的"选择一个连接选项"对话框中，选择"连接到 Internet"选项，如图 5-4 所示。

（3）单击"下一步"按钮，在弹出的"您想如何连接？"对话框中，选择"宽带（PPPoE）"选
项，如图 5-5 所示。

图 5-4　选择"连接到 Internet"选项

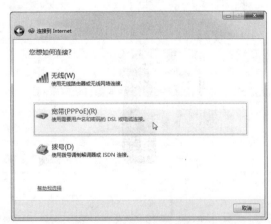

图 5-5　选择"宽带（PPPoE）"选项

（4）在弹出的"键入您的 Internet 服务提供商（ISP）提供的信息"对话框中，输入用户名、密
码和连接名称等信息，如图 5-6 所示。

（5）单击"连接"按钮，系统开始拨号连接 Internet，连接成功后，弹出如图 5-7 所示的"您已

连接到 Internet"对话框，单击"关闭"按钮即可。

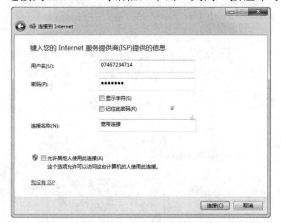

图 5-6　输入用户名、密码和连接名称等信息

图 5-7　连接成功

下面介绍在 Windows 10 中创建 Internet 连接的方法。

【实验 5-3】在 Windows 10 系统中创建 Internet 连接

具体操作步骤如下：

（1）在 Windows 10 系统中，单击"网络和共享中心"窗口中的"设置新的连接或网络"超链接，如图 5-8 所示。

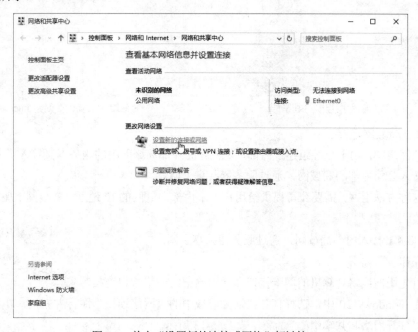

图 5-8　单击"设置新的连接或网络"超链接

（2）在弹出的"设置连接或网络"对话框中，选择"连接到 Internet"选项，然后单击"下一步"按钮，如图 5-9 所示。

（3）在弹出的对话框中，选择"宽带(PPPoE)"选项，如图 5-10 所示。

（4）在弹出的对话框中，输入用户名和密码，如图 5-11 所示。

（5）输入完成后，单击"连接"按钮，系统将自动创建 Internet 连接，如图 5-12 所示。

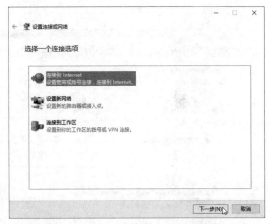

图 5-9　选择"连接到 Internet"选项

图 5-10　选择"宽带(PPPoE)"选项

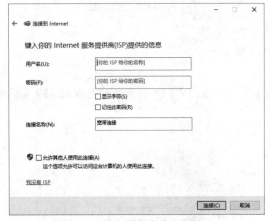

图 5-11　输入用户账号和密码

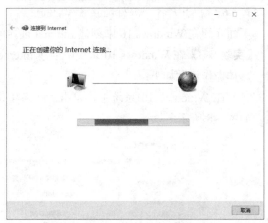

图 5-12　系统正在创建 Internet 连接

2. 通过局域网连接

在企业网络中，由于已经组建了内部局域网，而内部局域网中的服务器又接入了 Internet，这时用户可以接入公司内部的局域网，通过服务器共享上网。

通过这种方法上网，需要公司提供给用户一个内部局域网的 IP 地址，安装网卡驱动程序，并准备一根网线。

【实验 5-4】接入内部局域网，通过服务器共享上网

具体操作步骤如下：

（1）首先用网线将计算机的网卡接口和公司预留的网络接口连接起来。

（2）在 Windows 10 中，选择任务栏通知区域中的"网络连接"图标并右击，在弹出的快捷菜单中选择"打开网络和共享中心"命令，如图 5-13 所示。

（3）在弹出的"网络和共享中心"窗口中，单击"更改适配器设置"超链接，如图 5-14 所示。

（4）在弹出的"网络连接"窗口中，选择"本地连接"图标并右击，在弹出的快捷菜单中选择"属性"命令，如图 5-15 所示。

（5）打开"本地连接 属性"对话框，选择"Internet 协议版本 4

图 5-13　打开网络和共享中心

（TCP/IPv4）"选项，单击"属性"按钮，如图 5-16 所示。

图 5-14　单击"更改适配器设置"超链接

图 5-15　选择"属性"命令

（6）打开"Internet 协议版本 4（TCP/IPv4）属性"对话框，选中"使用下面的 IP 地址"单选按钮，然后分别输入公司或学校分配的 IP 地址、子网掩码、网关、DNS 服务器地址等，如图 5-17 所示。

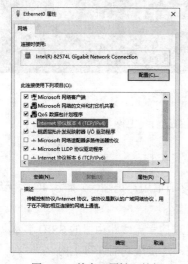

图 5-16　单击"属性"按钮

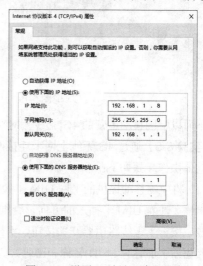

图 5-17　设置 IP 地址及默认网关

（7）单击"确定"按钮完成设置，打开 Microsoft Edge 即可上网，如图 5-18 所示。

图 5-18　打开的 IE 浏览器

3. 通过 3/4G 上网卡连接

3/4G 无线上网卡是目前无线广域通信网络应用广泛的上网介质。4G 是集 3G 与 WLAN 于一体，并能够快速传输数据。目前，我国有中国移动、中国电信和中国联通三家可以提供 4G 上网服务。将上网卡插入到上网卡托或 4G 版无线路由器，即可实现移动上网，如图 5-19 所示。

图 5-19　上网卡托和 4G 版无线路由器

下面以中国移动运营的 4G 无线上网卡为例，介绍通过 4G 无线上网卡上网的方法。

【实验 5-5】通过 4G 无线上网卡连接网络

具体操作步骤如下：

（1）将中国移动提供的上网 UIM 卡（UIM 卡全称为移动通信用户识别卡）插入 4G 版无线路由器的卡槽。注意 UIM 卡插入的方向，否则容易折断 UIM 卡。

（2）按一下无线路由器开关按钮，手机或笔记本电脑通过搜索无线路由器的 SSID 名称（4G 版无线路由器上面标有 SSID 名称和密码），并输入 SSID 密码，连接成功后即可上网。

5.2 共享 Internet

目前，共享 Internet 的方式有很多，如使用 Windows 组件 ICS 共享、采用代理软件实现 Internet 共享、采用硬件设备共享等。

5.2.1 使用 Windows 组件共享 Internet

现在笔记本电脑基本上都带有 RJ-45 网卡和无线网卡，在 Windows 7 系统中可以通过设置使另一台带有无线网卡的计算机共享 Internet 连接，其过程也分为主机端设置和客户端设置两个过程。

1. 设置主机端

具体操作步骤如下：

（1）在 Windows 7 系统主机的"网络和共享中心"窗口中，单击"管理无线网络"超链接，如图 5-20 所示。

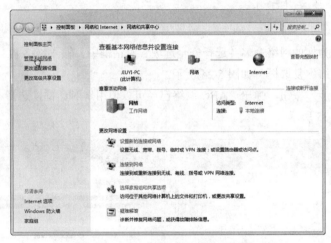

图 5-20 单击"管理无线网络"超链接

（2）在弹出的"管理无线网络"窗口中，单击"添加"按钮，如图 5-21 所示。

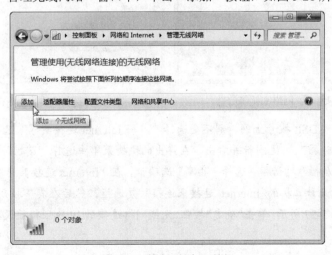

图 5-21 单击"添加"按钮

（3）在弹出的"您想如何添加网络"对话框中，选择"创建临时网络"选项，如图 5-22 所示。

（4）在弹出的"设置无线临时网络"对话框中，单击"下一步"按钮，如图 5-23 所示。

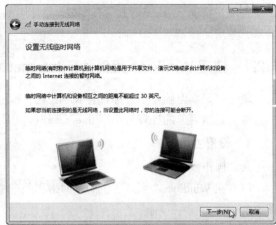

图 5-22　选择"创建临时网络"选项　　　　　　　图 5-23　设置无线临时网络

（5）在弹出的"为您的网络命名并选择安全选项"对话框中，输入网络名、安全密钥等信息，并选中"保存这个网络"复选框，如图 5-24 所示。

（6）单击"下一步"按钮，弹出"ABC 网络已经可以使用"对话框，选择"启用 Internet 连接共享"选项，如图 5-25 所示。

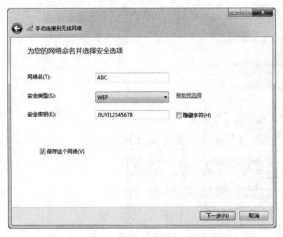

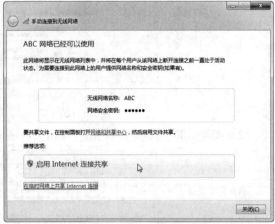

图 5-24　输入网络名、网络密钥等信息　　　　　图 5-25　选择"启用 Internet 连接共享"选项

注意： 如果采用 ADSL 拨号上网，则不要选择"启用 Internet 连接共享"选项。在"网络连接"窗口中，选择"宽带连接"快捷图标并右击，在弹出的快捷菜单中选择"属性"命令，如图 5-26 所示，打开"宽带连接属性"对话框，选择"共享"选项卡，在"Internet 连接共享"区域中，选中"允许其他网络用户通过此计算机的 Internet 连接来连接"复选框，然后在其下拉列表框中选择"无线网络连接"选项，如图 5-27 所示，单击"确定"按钮，无线网络连接的 IP 地址将被设置为 192.168.137.1，如图 5-28 所示。

（7）选择"启用 Internet 连接共享"选项后，系统将自动启用 Internet 连接共享，在弹出的"Internet 连接共享已启用"对话框中，单击"关闭"按钮，如图 5-29 所示即可。

图 5-26　选择"属性"命令

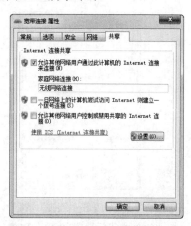

图 5-27　选择"无线网络连接"选项

图 5-28　无线网络连接的 IP 地址

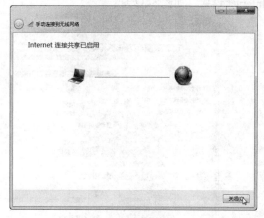

图 5-29　单击"关闭"按钮

2．设置客户端

Internet 连接共享设置好后，在 Windows 7 系统中设置客户端的操作就比较简单了。下面详细介绍在 Windows 7 系统中进行设置客户端的具体操作步骤。

（1）在 Windows 7 系统中，单击"开始"→"控制面板"命令，在弹出的"控制面板"窗口中，单击"查看网络状态和任务"超链接。

（2）在弹出的"网络和共享中心"窗口中，单击"更改适配器设置"超链接，弹出"网络连接"窗口。

（3）选中"无线网络连接"快捷图标并右击，在弹出的快捷菜单中选择"属性"命令，打开"无线网络连接 属性"对话框。选择"Internet 协议（TCP/IP）"选项，打开"Internet 协议（TCP/IP）属性"对话框，设置 IP 地址为 192.168.137.x（x 为 2~255 的任意数字），在这里设置为 192.168.137.11，默认网关为 192.168.137.1，首选 DNS 服务器为 192.168.137.1。

（4）单击"确定"按钮，返回到"无线网络连接属性"对话框中。在任务栏通知区域中，单击"无线网络连接"快捷图标，在弹出的列表框中选择前面共享的无线网络，如 ABC，单击"连接"

按钮，如图 5-30 示。

（5）在弹出的"连接到网络"对话框中，输入安全密钥，如图 5-31 示，然后单击"确定"按钮。

图 5-30　单击"连接"按钮　　　　　　　　图 5-31　输入安全密钥

（6）连接成功后，在"网络和共享中心"窗口中，将显示无线网络 ABC 已连接，同时显示共享的 Internet 连接，如图 5-32 示。

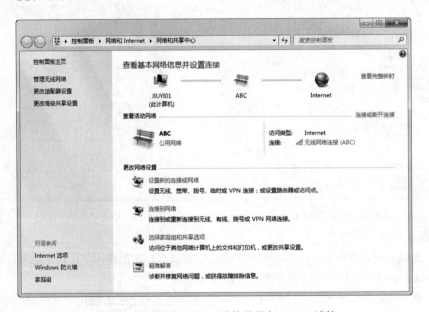

图 5-32　无线网络 ABC 已连接并共享 Internet 连接

下面通过一个具体实例来说明如何在 Windows 10 中使用第三方软件来实现 Internet 共享。

【实验 5-6】在 Windows 10 系统中设置 Internet 共享

具体操作步骤如下：

（1）下载 WIFI 共享大师，运行其安装程序，安装完成后，在弹出的"WIFI 共享大师"窗口中，单击"立即开启 WIFI"按钮，如图 5-33 所示。

（2）WIFI 共享大师将自动检测系统，并开启 WIFI 功能，成功开启 WIFI 功能后显示如图 5-34 所示的信息。

（3）在手机端搜索 WIFI 名称，然后输入 WIFI 密码，单击"连接"按钮即可实现上网。

图 5-33　单击"立即开启 WIFI"按钮

图 5-34　已成功开启 WIFI

5.2.2　使用路由器共享 Internet

目前，绝大部分用户都是采用路由器共享 Internet 的。路由器根据是否支持无线功能，分为有线路由器和无线路由器。下面分别介绍通过配置有线路由器和无线路由器来共享 Internet 的方法。

1．配置有线宽带路由器

下面以配置 TP-Link SOHO 宽带路由器为例，介绍有线宽带路由器的配置方法。在配置 TP-Link SOHO 宽带路由器之前，用户需要将局域网中的 DHCP 服务器或 ICS 服务关闭。TP-Link SOHO 宽带路由器默认的局域网端口 IP 地址为"192.168.1.1"（不同品牌的宽带路由器默认的 IP 是不同的，一般在产品说明书中会标注出来）。因此，若欲访问 TP-Link SOHO 宽带路由器就必须先将计算机的 IP 地址设置为 192.168.1.x（x 取值范围为 2～254），子网掩码为 255.255.255.0，或者将计算机设置为自动获取 IP 地址。

使用直通双绞线将计算机直接连接至 TP-Link SOHO 宽带路由器内置的以太网端口（WAN），或者将 TP-Link SOHO 宽带路由器与计算机连接至同一网络。

【实验 5-7】在 Windows 7 系统中配置 IP-Link SOHO 有线宽带路由器

具体操作步骤如下：

（1）在 Windows 7 系统中打开 IE 浏览器，在地址栏中输入"http://192.168.1.1"后按【Enter】键，弹出如图 5-35 所示的对话框。

（2）TP-Link SOHO 宽带路由器默认的用户名为 admin，密码为 admin。单击"确定"按钮，打开 TP-Link SOHO 宽带路由器配置主页面，如图 5-36 所示。

图 5-35　输入用户名和密码

图 5-36　TP-Link SOHO 宽带路由器配置主页面

（3）单击窗口左侧的"设置向导"超链接，运行设置向导，然后单击"下一步"按钮，如图 5-37 所示。

（4）在弹出的窗口中，根据实际情况选择相应的网络连接，在这里选中"ADSL 虚拟拨号（PPPoE）"单选按钮，如图 5-38 所示。

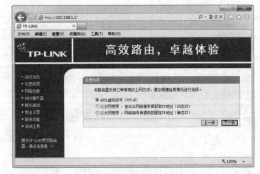

图 5-37　运行设置向导　　　　　图 5-38　选中"ADSL 虚拟拨号（PPPoE）"单选按钮

（5）单击"下一步"按钮，在弹出的窗口中，输入上网账号和口令，如图 5-39 所示。

（6）单击"下一步"按钮，在弹出的窗口中，显示网络参数设置完成，单击"完成"按钮即可，如图 5-40 所示。

图 5-39　输入上网账号及口令　　　　　图 5-40　设置完成

（7）单击"完成"按钮后，在 TP-Link SOHO 宽带路由器配置主页面中，单击"运行状态"超链接，即可看到 ADSL 已经连接，如图 5-41 所示。

图 5-41　查看运行状态

2．配置无线路由器

下面介绍在 Windows 7 系统中，以设置 TP-Link WR841N 无线路由器为例，介绍设置无线路由器来实现共享的方法。

【**实验 5-8**】在 Windows 7 系统中设置 IP-Link WR841N 无线路由器。

具体操作步骤如下：

（1）在设置无线路由器之前，本地连接的 IP 地址应设置为自动获取或为 192.168.1.x（x 取值范围为 2～254），子网掩码为 255.255.255.0。

（2）在 Windows 7 系统中，打开 IE 浏览器，在地址栏中输

图 5-42　输入用户名和密码

入 TP-Link WR841N 无线路由器的 IP 地址（默认是 192.168.1.1），然后按【Enter】键，弹出如图 5-42 所示的对话框，输入用户名和密码（默认用户名是 admin，密码是 admin）。

（3）单击"确定"按钮，打开 TP-Link WR841N 无线路由器设置窗口，然后单击"设置向导"超链接，如图 5-43 所示。

图 5-43　单击"设置向导"超链接

（4）在右侧的"设置向导"窗口中，单击"下一步"按钮，如图 5-44 所示。

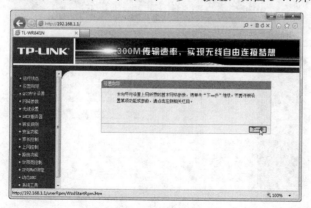

图 5-44　设置向导

（5）在右侧的"设置向导-上网方式"窗口中，根据实际情况选择相应的上网方式，在这里选中

"PPPoE（ADSL 虚拟拨号）"单选按钮，如图 5-45 所示。

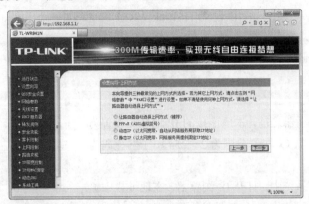

图 5-45　选中"PPPoE（ADSL 虚拟拨号）"单选按钮

（6）单击"下一步"按钮，在右侧的窗口中输入上网账号和密码，然后单击"下一步"按钮，如图 5-46 所示。

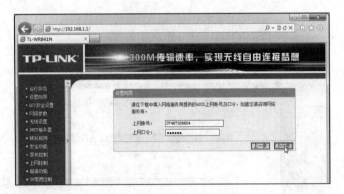

图 5-46　输入上网账号和密码

（7）在右侧的"设置向导-无线设置"窗口中，设置无线网络参数，如图 5-47 所示。

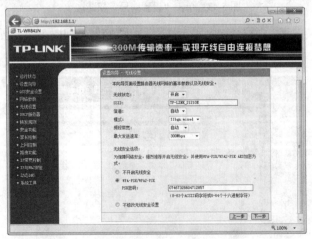

图 5-47　设置无线网络参数

（8）设置完成，在右侧的"设置向导"窗口中，单击"完成"按钮，如图 5-48 所示。

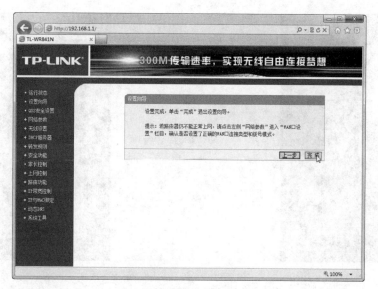

图 5-48　设置完成

（9）单击"运行状态"超链接，在窗口右侧中可以查看当前网络运行状态，如图 5-49 所示。

图 5-49　查看运行状态

3. 连接 Wi -Fi

下面通过一个具体实例来说明如何在 Windows 10 中连接 Wi-Fi。

【实验 5-9】在 Windows 10 系统中连接 Wi-Fi

具体操作步骤如下：

（1）在 Windows 10 系统中，单击桌面右下角的无线连接图标，在打开的信号列表中找到路由器的无线信号，选择信号名，选中"自动连接"复选框，然后单击"连接"按钮，如图 5-50 所示。

（2）单击"连接"按钮后，在弹出的列表框中输入网络安全密钥，然后单击"下一步"按钮，如图 5-51 所示。

图 5-50　单击"连接"按钮

图 5-51　输入网络安全密钥

（3）在弹出的界面中会询问用户电脑是否允许被此网络上的其他电脑或设备发现，在这里单击"是"按钮，如图 5-52 所示。

（4）确认密钥正确后，系统将自动连接到 Wi-Fi 中，并显示已经连接，如图 5-53 所示。

图 5-52　单击"是"按钮

图 5-53　Wi-Fi 已连接

5.3　文件/文件夹共享

文件/文件夹共享是局域网最基本的功能，也是用户使用最多的。通过文件/文件夹共享，用户可以快速复制文件、更容易地查找文件、进行文件的备份和保护文件的安全。

5.3.1　设置文件/文件夹共享

与以前的 Windows 操作系统一样，Windows Server 2008 R2 只能共享文件夹，而不能共享单独的文件。共享文件夹通常位于文件服务器上，但其实它们有可能位于网络中的任何一台计算机上。当文件夹被共享后，用户就可以通过网络远程连接到该文件夹上，并对该文件夹包含的文件进行访问。

在 Windows Server 2008 R2 中，用户可以通过以下三种方式建立共享文件夹。

- 通过"Windows 资源管理器"创建。
- 通过共享文件夹插件创建。
- 通过命令行创建。

通过 Windows 资源管理器，仅能管理本地计算机上的共享资源；通过共享文件夹插件，用户可以管理本地和远程计算机上的共享资源。

1. 通过"Windows 资源管理器"创建共享文件

在 Windows Server 2008 R2 中，"Windows 资源管理器"是创建共享文件夹最主要的方式，操作步骤如下：

（1）单击"开始"→"所有程序"→"附件"→"Windows 资源管理器"命令，如图 5-54 所示，打开"Windows 资源管理器"。

（2）选择要共享的文件夹并右击，在弹出的快捷菜单中选择"共享"命令，如图 5-55 所示。

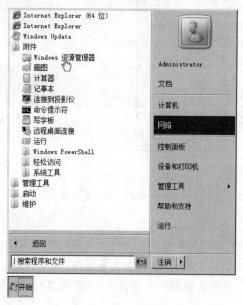

图 5-54　选择"Windows 资源管理器"命令

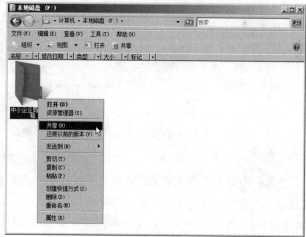

图 5-55　选择"共享"命令

（3）打开"文件夹共享"对话框，在文本框中选择要与其共享的用户，单击"添加"按钮，将其添加到用户列表中，然后单击"共享"按钮，如图 5-56 所示。

（4）在弹出的对话框中，显示文件夹已共享，然后单击"完成"按钮即可，如图 5-57 所示。

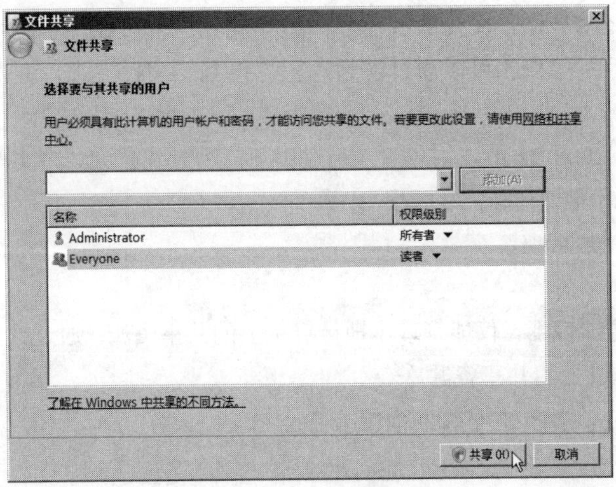

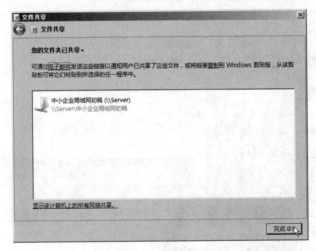

图 5-56　添加用户并共享

图 5-57　文件夹已共享

注意：读者、参与者和共有者，相当于读取、更改和完全控制权限。选择"删除"选项则可删除用户账户。

提示：有时出于安全考虑，有必要将一些重要的共享文件夹隐藏起来。要想使共享文件夹具有隐藏性，其设置非常简单：在共享名中填入共享文件夹的名称，然后在后面加上美元符 "$"，例如"共享文件$"即可。如果别人要访问隐藏的共享的文件，必须在地址栏中输入 "\\计算机名称（或者是 IP 地址）\共享文件$"，按【Enter】键，才能访问用户的文件夹。

下面以无共享标志共享 D 盘为例介绍去掉共享标志的方法：首先利用隐藏共享文件夹的方法设置 D 盘为隐藏共享，然后打开注册表编辑器，依次打开 "HKEY_LOCAL_MACHINE\SoftWare\Microsoft\Windows\CurrentVersion\ Network\LanMan\d$"（也可以利用注册表的查找功能直接查找主键 "d$"）。将 DWORD 值 Flags 的键值由 "192" 改为 "302"，重新启动 Windows 就能生效。如果要访问，只要在地址栏中输入 "\\计算机名\d$"，就可以看到 D 盘共享的内容了。

2．通过共享文件夹向导创建共享文件

通过"共享文件夹向导"创建共享文件夹是在"计算机管理"窗口中进行的，操作步骤如下：

（1）单击"开始"→"所有程序"→"管理工具"→"计算机管理"命令，打开"计算机管理"窗口。

（2）在该窗口中的控制目录树中，选择"系统工具"中的"共享文件夹"，单击"共享"子节点，在窗口右边空白区内打开该系统中的共享内容，如图 5-58 所示。

图 5-58 "计算机管理"窗口

（3）单击"操作"→"新建共享"命令，打开"创建共享文件夹向导"对话框，如图 5-59 所示。

（4）单击"下一步"按钮，在弹出的对话框中，设置文件夹路径，如图 5-60 所示。如果不确定文件夹的位置，则单击"浏览"按钮，在弹出的"浏览文件夹"对话框中，选择要共享的文件夹。

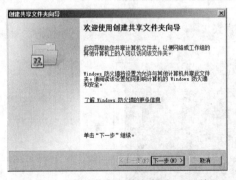

图 5-59 "创建共享文件夹向导"对话框

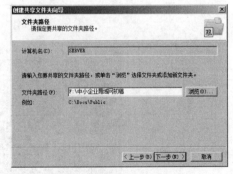

图 5-60 设置文件夹路径

（5）单击"下一步"按钮，在弹出的对话框中，设置共享名和描述信息，如图 5-61 所示。

（6）单击"下一步"按钮，在弹出的对话框中，设置共享文件夹权限，如图 5-62 所示。

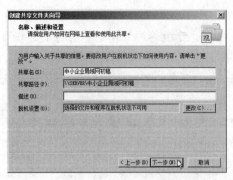
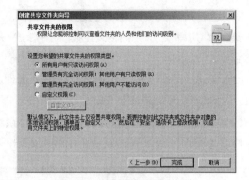

图 5-61 设置文件夹共享名   图 5-62 设置共享文件夹权限

（7）单击"完成"按钮，在弹出的对话框，提示用户创建共享文件夹成功，单击"关闭"按钮即可完成创建共享文件夹的操作。

在 Windows Server 2008 R2 中，也可以在命令提示符下使用 NET 命令来创建共享文件夹。

具体操作步骤如下：

（1）单击"开始"→"所有程序"→"附件"→"命令行提示符"命令，打开"命令行提示符"窗口。

（2）在命令行提示符下，输入格式为"net share 共享名=驱动器名：路径"，如 net share xisha=f:\xisha，如图 5-63 所示。按【Enter】键就可以将要共享的文件夹共享出去。如果只键入"net share"命令，系统将显示所有的共享资源，如图 5-64 所示。

图 5-63 设置文件夹共享

图 5-64 共享后的文件夹

提示：在 Windows Server 2008 R2 中，默认情况下是没有安装文件服务的，需要手动进行安装。

为了方便管理，充分发挥文件服务器的功能，通常应先将文件服务器加入域。

【实验 5-10】手动安装文件服务器

具体操作步骤如下：

（1）在"服务器管理器"窗口中，单击"添加角色"超链接，如图 5-65 所示。

（2）在弹出的"添加角色向导"对话框中，单击"下一步"按钮，打开"选择服务器角色"对话框，选中"文件服务"复选框，如图 5-66 所示。

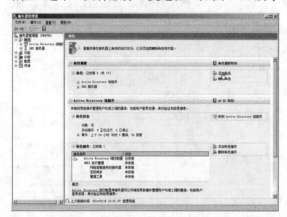

图 5-65 单击"添加角色"超链接

图 5-66 选中"文件服务"复选框

（3）单击"下一步"按钮，在弹出的"选择角色服务"对话框中，选择所要安装的服务组件，接下来连续单击"下一步"按钮，即可安装文件服务器。

提示：即使不安装文件服务器，当用户在 Windows Server 2008 R2 中设置文件共享以后，系统也会自动安装"文件服务器"，但不会安装其他相关组件。

5.3.2 设置共享权限

共享文件夹设置成功后，网络中的用户就可以通过"网络"来使用共享文件夹了，但是对于网络管理员来说，严格管理共享资源的使用是一件非常重要的事情，特别是共享文件夹。

1．共享文件夹的权限

在共享文件夹配置中，共享文件夹权限共有以下 4 种。

- 读取：该权限允许查看文件名和子文件夹名，查看文件中的数据，运行程序文件。所有新建的共享文件夹对所有用户开放读取的许可权限，其他许可权限需要另外赋予。
- 拒绝访问：如果用户或组对某文件夹只有拒绝访问权限，那么这个用户或组在网络上可以看到这个共享文件夹，但不能打开它，并且该权限使用或组对该文件的其他权限无效。
- 更改：该权限除允许所有的"读取"权限外，还允许添加文件和子文件夹，更改文件中的数据，删除子文件夹和文件。
- 完全控制：该权限除允许全部读取及更改权限外，还具有取得所有权（仅对 NTFS 文件的文件夹而言）的权限。

2．设置共享文件夹权限

如果文件夹位于 NTFS 分区中，一般使用 NTFS 权限来控制用户对资源的访问。在其他分区上或者需要额外安全的情况下，为了控制用户如何访问共享文件夹，也要指定共享文件夹权限。

用户可以根据需要为相应的用户分配相应权限，操作方法如下：

（1）在"Windows 资源管理器"窗口中，右击需要设置权限的共享文件夹，在弹出的快捷菜单中选择"共享和安全"命令，打开文件夹属性对话框。

（2）单击"权限"按钮，打开"权限"对话框，默认的共享权限为 Everyone 完全控制，如图 5-67 所示，这对共享文件来说是非常危险的，因为任何网络用户都可以对它进行删除、添加与更改。为了加强共享文件夹的安全性，有必要对它进行权限设置，即某些用户具有完全权限，而某些用户只有只读权限等。如果要对某些用户设置权限，可以单击"添加"按钮，打开"选择用户或组"对话框，在"名称"列表框中，选择要添加的用户或组，然后单击"确定"按钮，完成添加，同时选择好权限。

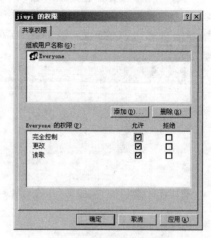

（3）如果要删除用户，在"名称"列表框中选择将要删除的组或用户，然后单击"删除"按钮即可。

（4）单击"确定"按钮，完成为新用户添加权限的设置。

图 5-67　默认的共享权限

5.3.3　访问共享文件夹

在局域网中，用户可以通过网络访问共享的文件夹。从客户机上访问共享文件夹有 3 种方式：通过"网络"访问、通过映射网络驱动器访问和通过命令快速访问。

1．通过"网络"访问共享文件夹

"网上邻居"是局域网用户访问其他工作站的一种途径，不少用户在访问共享资源时，总喜欢利用"网络"功能来移动或者复制共享计算机中的信息。通过"网络"访问共享文件夹的操作如下。

（1）登录 Windows Server 2008 R2 计算机之后，单击"开始"→"网络"命令，打开"网络"窗口。

（2）双击欲访问的计算机名称，将显示该计算机上的所有共享文件夹，如图 5-68 所示。

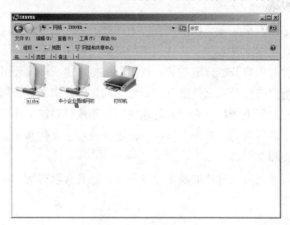

图 5-68　访问共享文件夹

提示：在局域网上通过网络查看共享的文件和文件夹十分方便，但如果两台机器不在同一网段，就不能直接在网络的窗口中查看。下面介绍两种快速查看方法。

- 方法一：在网络窗口的地址栏中输入：\\IP 地址或计算机名，输入该机器的名称，单击"完成"按钮即可。
- 方法二：单击"开始"→"运行"命令，在运行对话框的"打开"一栏中输入：\\对方计算机的 IP 或名称，单击"确定"按钮即可。

现在使用网络进行信息交流往往是许多局域网用户们的首选，但许多人常常感觉到自己在通过网络图标访问其他共享信息时，速度非常缓慢。

用户可以通过下面的方法来提升网络访问速度：打开注册表编辑窗口，依次访问 HKEY_LOCAL_MACHINE/Software/Microsoft/Windows/Currentersion/Explorer/Remote Computer/NameSpace 分支，并将对应 NameSpace 分支下面的{D6277990-4C6A-11CF- 8D87-00AA0060F5BF}子键删除掉，然后关闭注册表，重新启动计算机就可以了。

在 Windows 操作系统下，可以用被访问的网络中的共享计算机名字作为网络连接命令，来访问指定的共享计算机。例如，要访问网络中的共享计算机 jiuyi01 时，可以单击"开始"→"运行"命令，在随后弹出的运行对话框中，输入"\\jiuyi01"，单击"确定"按钮，就能访问网上邻居中指定计算机上的内容了。

2．通过映射网络驱动器访问共享文件夹

为了便于访问，用户还可以为共享文件夹映射一个本地的驱动器，这样远程计算机上的共享文件夹就可以以访问本地驱动器的方式来访问了，具体操作如下：

（1）在"网络"窗口中，选择已经共享的文件夹并右击，在弹出的快捷菜单中选择"映射网络驱动器"命令，如图 5-69 所示。

（2）在弹出的"映射网络驱动器"对话框，设置指定的驱动器号，如图 5-70 所示。

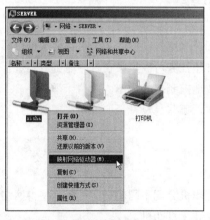
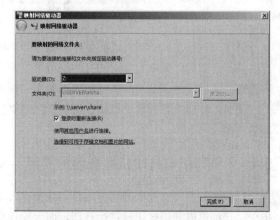

图 5-69 选择"映射网络驱动器"命令　　图 5-70 指定映射的网络驱动器号

（3）单击"完成"按钮，即设置了\\server\xisha 和本机 Z 盘之间的映射关系，表示将\\server\xisha 映射为本机的 Z 盘，对 Z 盘的操作就意味着对\\server\xisha 共享文件夹的操作。这样共享文件将以驱动器的形式出现在用户的本地计算机上，如图 5-71 所示，这将给用户操作带来许多方便。

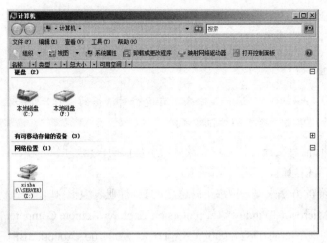

图 5-71　映射后的网络驱动器

3．通过命令快速访问共享文件夹

除了通过"网络"和映射网络驱动器方式访问共享文件夹外，用户还可以通过命令快速访问。在 DOS 下快速访问共享文件夹，其操作如下：

（1）单击"开始"→"运行"命令，打开"运行"对话框，并在"打开"文本框中，输入 cmd 命令。

（2）单击"确定"按钮，打开 DOS 命令提示符窗口，在命令行提示符下，输入"NET VIEW \\ 计算机名"，如 Net View \\jiuyi01，按【Enter】键，这是查看计算机上有哪些共享文件夹，如 h。

（3）输入"Net use Z:\\jiuyi01\h"，将计算机 jiuyi01 共享的文件夹 h 映射为本地 Z 盘。

（4）按【Enter】键，在命令提示符下键入"Z:"，即可访问共享的文件夹。

5.4　打印机共享

打印机共享是局域网提供的基本服务之一，网络中拥有本地打印机的用户可按要求提供不同位置的共享打印机。如果有专门的打印服务器，那么所有打印任务可以集中在打印服务器上进行打印和管理，这样既可以节约购买打印机的费用，也可以有效地控制打印成本，可谓一举两得。

同时，打印机管理员可以确定哪些文档是必须打印的，哪些是没有必要打印；哪些先打印，哪些后打印。

5.4.1　打印机与打印机服务器的安装

打印服务器可以管理网络中的打印任务，为不同的打印机分配不同的打印任务，使得网络中的每个用户都可以利用打印机进行打印，而无论他们是否安装了打印机。

1．安装打印服务器

Windows Server 2008 R2 系统自带了网络打印服务，可用来配置打印服务器，从而设置共享打印机，为不同客户端操作系统安装驱动程序。这样，网络客户端在安装共享打印机时，不再需要单独安装驱动程序即可使用。

【**实验 5-11**】在 Windows Server 2008 R2 系统中安装打印服务器

具体操作步骤如下：

（1）在"服务器管理器"窗口中，单击"添加角色"超链接，打开"选择服务器角色"对话框，选中"打印服务"复选框，如图 5-72 所示。

实操视频 即扫即看

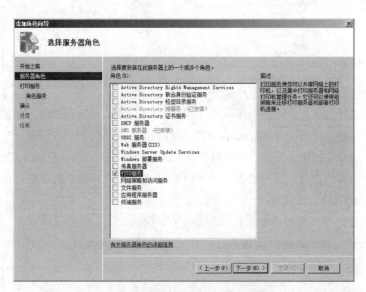

图 5-72　选中"打印服务"复选框

（2）单击"下一步"按钮，弹出"打印服务"对话框，显示了打印服务概述信息。

（3）单击"下一步"按钮，在弹出的如图 5-73 所示的"选择角色服务"对话框中，选择为打印服务所安装的角色服务。

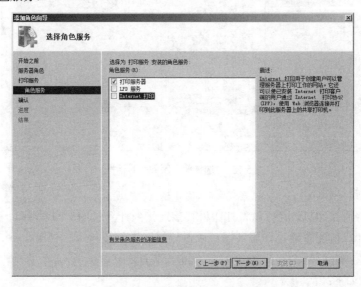

图 5-73　"选择角色服务"对话框

如果欲启用 Internet 打印功能，则选中"Internet 打印"复选框，弹出如图 5-74 所示的"是否添加 Internet 打印所需的角色服务和功能？"对话框，提示必须同时安装 IIS 服务和 Windows 进程激活服务，单击"添加必需的角色服务"按钮添加即可。

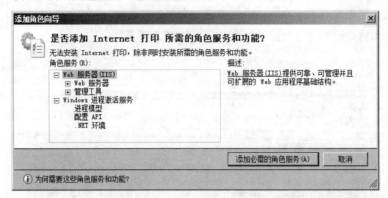

图 5-74 "是否添加 Internet 打印所需的角色服务和功能？"对话框

（4）单击"下一步"按钮，弹出"Web 服务器（IIS）"对话框，显示了 Web 服务器的简介信息。

（5）单击"下一步"按钮，弹出如图 5-75 所示的"选择角色服务"对话框，选择欲安装的 Web 服务器组件，一般使用默认设置即可。

（6）接下来的操作中，根据提示进行操作即可安装完成。

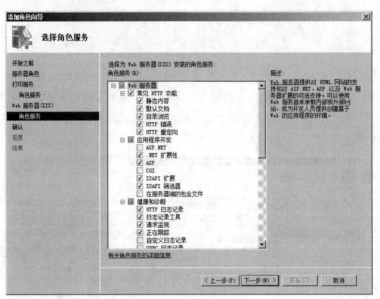

图 5-75 "选择角色服务"对话框

2. 安装直连打印机

如果网络有普通打印机，就可以将打印机直接连接到计算机的 LPT1 端口，安装驱动程序并设置为共享，将计算机配置成打印服务器，以供局域网中的授权用户使用。

【实验 5-12】在 Windows Server 2008 R2 系统中安装直连打印机

具体操作步骤如下：

（1）在"控制面板"窗口中，双击"打印机"图标，如图 5-76 所示。

图 5-76　双击"打印机"图标

（2）在弹出的"打印机"窗口中，单击"添加打印机"按钮，如图 5-77 所示

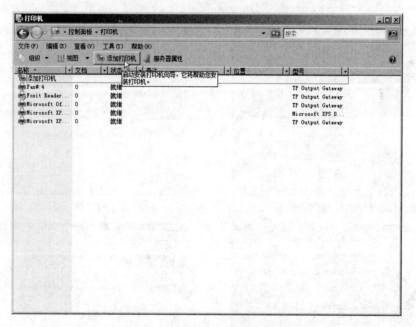

图 5-77　单击"添加打印机"按钮

（3）在弹出的"添加打印机"对话框中，单击"添加本地打印"选项，如图 5-78 所示。

（4）在弹出的"选择打印机端口"对话框中，选中"使用现有的端口"单选按钮，并选择"LPT1"端口，如图 5-79 所示。

 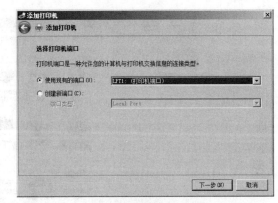

图 5-78　单击"添加本地打印"选项　　　　图 5-79　选择打印机端口

（5）单击"下一步"按钮，弹出"安装打印机驱动程序"对话框，选择打印机的厂商和驱动程序，如图 5-80 所示。

（6）单击"下一步"按钮，弹出"键入打印机名称"对话框，默认使用打印机的型号作为打印机名称，如图 5-81 所示。

（7）单击"下一步"按钮，开始安装打印机驱动程序。安装完成后，弹出"打印机共享"对话框，选中"共享此打印机以便网络中的其他用户可以找到并使用它"单选按钮，并在"共享名称"文本框中设置共享名，将打印机机设置为共享，如图 5-82 所示。

（8）单击"下一步"按钮，打印机添加成功，如图 5-83 所示，单击"完成"按钮即可。

图 5-80　安装打印机驱动程序　　　　图 5-81　键入打印机名称

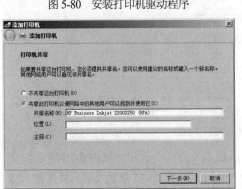 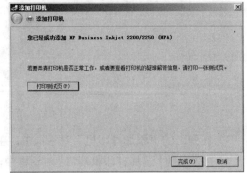

图 5-82　打印机共享　　　　图 5-83　添加成功

3．安装网络打印机

由于计算机的端口有限，因此在使用普通打印机时，打印服务器所能管理的打印机数量也就较少。网络打印机是一种具有独立 IP 地址、不依赖于其他计算机的打印设备，可以通过 EIO 插槽直接连接计算机的网卡，能够以网络的速度实现高速打印输出。一台打印服务器可以管理数量非常多的网络打印机，因此，其更适用于大型网络的打印服务。

【实验 5-13】在 Windows Server 2008 R2 系统中安装网络打印机

具体操作步骤如下：

（1）在"打印机"窗口中，单击"添加打印机"按钮，弹出"添加打印机"对话框，单击"添加网络、无线或 Bluetooth 打印机"选项，如图 5-84 所示。

（2）系统开始搜索网络中的打印机，如果没有搜索到所需要的打印机，则在如图 5-85 所示的对话框中，单击"我需要的打印机不在列表中"按钮。

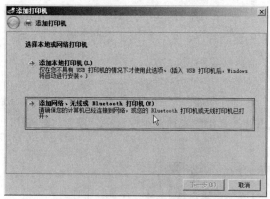
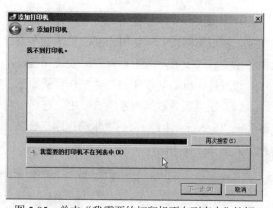

图 5-84　"添加打印机"对话框　　　　图 5-85　单击"我需要的打印机不在列表中"按钮

（3）在弹出的"按名称或 TCP/IP 地址查找打印机"对话框中，选中"按名称选择共享打印机"单选按钮，并输入网络打印机的地址，如图 5-86 所示。

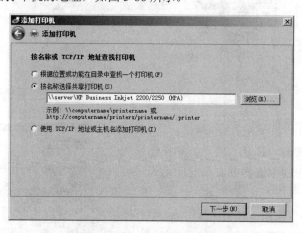

图 5-86　输入网络打印机的地址

（4）单击"下一步"按钮，弹出如图 5-87 所示的对话框，输入打印机名称。

（5）单击"下一步"按钮，弹出如图 5-88 所示的对话框，提示用户安装网络打印机完成，单击"完成"按钮即可。

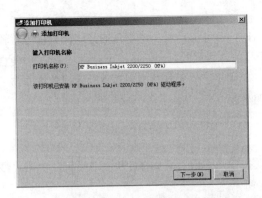

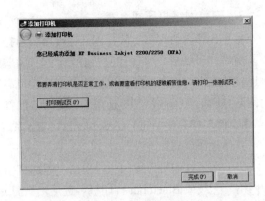

图 5-87　输入打印机名称　　　　　　　　图 5-88　添加打印成功

4．设置打印机驱动程序

打印机只有安装了驱动程序才能打印，而不同版本的操作系统所使用的打印机驱动程序也不同，因此，要根据网络中所使用的操作系统版本添加相应的驱动程序，使客户端计算机可以自动从打印服务器下载并安装，而不必再使用安装光盘。

设置打印机驱动程序的具体操作步骤如下：

（1）在"服务器管理器"窗口中，选择"角色"→"打印服务"→"打印管理"→"打印服务器"→"Server（本地）"→"驱动程序"选项，右击并在弹出的快捷菜单中选择"添加驱动程序"命令，如图 5-89 所示。

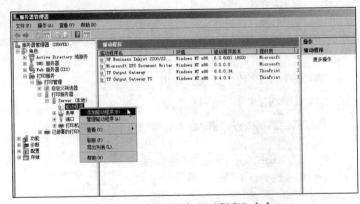

图 5-89　选择"添加驱动程序"命令

（2）弹出"添加打印机驱动程序向导"对话框，然后单击"下一步"按钮，打开"处理器和操作系统选择"对话框，在列表框中选择欲安装的驱动程序版本，如图 5-90 所示。

（3）单击"下一步"按钮，弹出"打印机驱动程序选项"对话框，选择欲安装驱动程序的打印机型号，如图 5-91 所示。

注意：如果欲安装的打印机型号没有显示在列表框中，可以单击"从磁盘安装"按钮，并插入打印机驱动

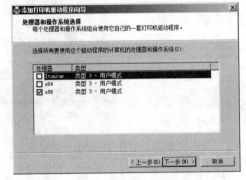

图 5-90　选择欲安装的驱动程序版本

盘进行安装。

（4）单击"下一步"按钮，弹出如图 5-92 所示的对话框，提示用户完成打印机驱动程序的添加，然后单击"完成"按钮即可。

图 5-91　选择欲安装驱动程序的打印机型号

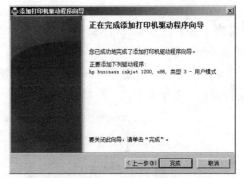

图 5-92　完成打印机驱动程序的添加

5.4.2　配置打印机客户端

打印服务器设置成功以后，客户端计算机即可添加共享打印机来打印文档，并自动从打印服务器上下载相应的驱动程序安装。如果网络中的某台计算连接有打印机，也可以将该打印机共享，供网络中的其他打印机使用。

1．将客户端所连打印机设置为共享

下面通过一个小实例介绍在Windows 7系统中，将客户端计算机所连接的打印机设置为共享的方法。

【实验 5-14】在 Windows 7 系统中将客户端打印机设置为共享

具体操作步骤如下：

（1）单击"开始"→"设备和打印机"命令，在弹出的"设备和打印机"窗口中选择要共享的打印机图标，单击鼠标右键，在弹出的快捷菜单中选择"打印机属性"命令，如图 5-93 所示。

（4）在弹出的"打印机属性"对话框中选择"共享"选项卡中，接着选中"共享这台打印机"复选框，然后在"共享名"文本框中输入打印机共享名称，如图 5-94 所示。

（5）单击"确定"按钮，设置客户端打印机共享完成。

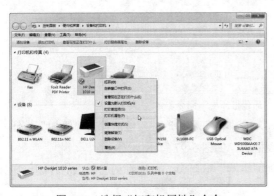

图 5-93　选择"打印机属性"命令

图 5-94　输入共享名

2．组策略部署网络打印机

客户端添加网络打印机时，可以单独添加，也可以利用组策略功能，为域中的所有用户自动添加。Windows Server 2008 R2 组策略管理中，提供了一个新类型的"已部署打印"策略，管理员可以使用该策略将网络打印机部署到客户端计算机。

【实验 5-15】在 Windows Server 2008 R2 系统中利用组策略部署网络打印机

具体操作步骤如下：

（1）单击"开始"→"管理工具"→"组策略管理"命令，打开"组策略管理"窗口，选择"Default Domain Policy"策略并右击，在弹出的快捷菜单中选择"编辑"命令，如图 5-95 所示。

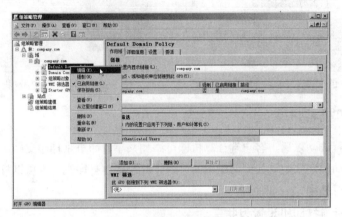

图 5-95　选择"编辑"命令

（2）打开"组策略管理编辑器"窗口，依次展开"用户配置"→"策略"→"Windows 设置"→"已部署的打印机"，右击并在弹出的快捷菜单中选择"部署打印机"命令，如图 5-96 所示。

图 5-96　选择"部署打印机"命令

（3）在弹出的"部署打印机"对话框中，输入共享打印机的地址，然后单击"添加"按钮，添加到"将这些打印机部署到此组策略对象"列表框中，如图 5-97 所示。

（4）单击"确定"按钮，返回"组策略管理编辑器"窗口中，可以看到已添加的打印机，如图 5-98 所示。

此时，使用域用户登录到客户端计算机，将会添加网络打印机。

图 5-97　"部署打印机"对话框　　　　　　　图 5-98　添加的打印机

3. 客户端手动安装共享打印机

在客户端计算机上，用户也可以手动安装共享网络打印机。不同操作系统中添加网络打印机的方式略有不同，这里以 Windows 7 系统为例说明客户端计算机安装共享打印机的方法。

【实验 5-16】在 Windows 7 系统中的客户端手动安装共享打印机

具体操作步骤如下：

（1）在"设备和打印机"窗口中，单击"添加打印机"按钮，如图 5-99 所示。

（2）在弹出的"添加打印机"对话框中，单击"添加网络、无线或 Bluetooth 打印机"选项，如图 5-100 所示。

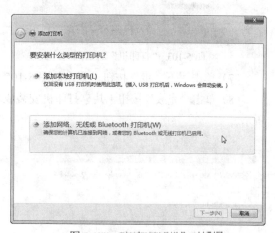

图 5-99　单击"添加打印机"按钮　　　　　　图 5-100　"添加打印机"对话框

（3）系统开始搜索局域网中的共享打印机，如果没有搜索到，则可以单击"我需要的打印机不在列表中"按钮，如图 5-101 所示。

（4）在弹出的"按名称或 TCP/IP 地址查找打印机"对话框中，选中"按名称选择共享打印机"单选按钮，并输入网络打印机的地址，如图 5-102 所示。

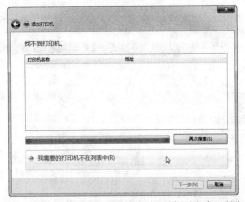

图 5-101　单击"我需要的打印机不在列表中"按钮

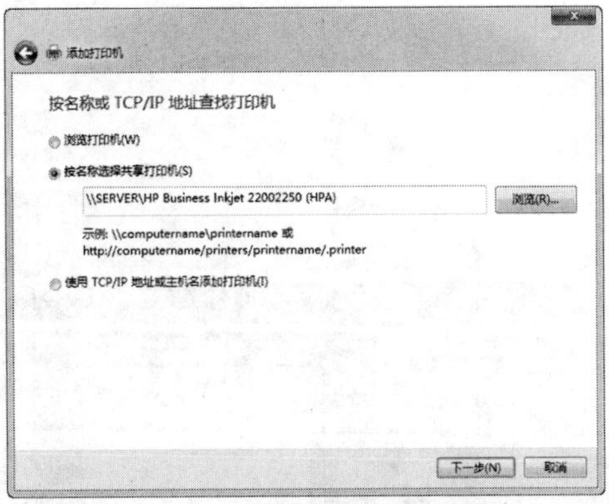

图 5-102　输入网络打印机的地址

（5）单击"下一步"按钮，在弹出的如图 5-103 所示的对话框中，提示用户是否需要从服务器上下载打印机驱动程序并安装。

（6）单击"安装驱动程序"按钮后，弹出如图 5-104 所示的对话框，提示用户输入打印机名称。

图 5-103　"打印机"对话框

图 5-104　输入打印机名称

（7）单击"下一步"按钮，弹出如图 5-105 所示的对话框，提示用户已成功添加网络打印机。

（8）单击"完成"按钮，共享打印机安装成功，并显示在"设备和打印机"窗口中，如图 5-106 所示。

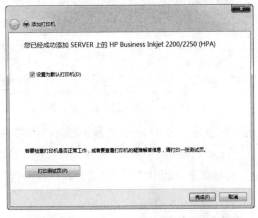

图 5-105　提示用户已成功添加网络打印机

图 5-106　共享打印机安装成功

提示：用户可以采用以下 3 种方法之一连接到所选的打印机：浏览打印机、输入打印机名称或者通过浏览找到它。单击"连接到这台打印机"单选按钮，使用如下格式输入打印机名称：\\server\printer。单击"连接到 Internet、家庭或办公网络上的打印机"按钮，使用如下格式输入打印机的 URL：http://server/printers/myprinter/.printer。

4．安装 Web 共享打印机

如果打印服务器上安装了"Internet 打印"功能，用户就可以借助"添加打印机"向导或者 Web 浏览器，通过 Internet 远程连接到打印服务器并使用网络打印机打印。

【实验 5-17】在 Windows 7 系统中安装 Web 共享打印机

具体操作步骤如下：

（1）单击"设备和打印机"窗口中的"添加打印机"按钮，打开"添加打印机"对话框，单击"添加网络、无线或 Bluetooth 打印机"选项。

（2）在弹出的对话框中，单击"我需要的打印机不在列表中"按钮，打开"按名称或 TCP/IP 地址查找打印机"对话框，选中"按名称选择共享打印机"单选按钮，输入 Web 共享打印机路径，格式为："http://打印服务器的 IP 地址"或"DNS 名称/Printers/打印机共享名/.Printer"，如图 5-107 所示。

图 5-107　输入 Web 共享打印机路径

（3）单击"下一步"按钮，按照向导提示即可成功添加该打印机。

（4）如果在 Web 浏览器中添加，则打开 IE 浏览器，在地址栏中输入打印服务器的 Web 地址，格式为"http://打印服务器的 IP 地址"或"DNS 名称/Printers"，按【Enter】键，弹出如图 5-108 所示的对话框。

（5）输入具有访问权限的用户账户和密码，单击"确定"按钮，连接到打印服务器，显示该打印服务器上连接的打印机，如图 5-109 所示。

图 5-108　输入用户名和密码　　　　　　图 5-109　显示服务器上的所有打印机

5.4.3 设置打印机的权限

在打印机属性对话框中，网络管理员可以为用户或组设置打印机权限。

有效权限包括以下内容：

● 打印：具有打印权限的用户可以连接到打印机，并将文档发送到打印机。默认情况下，打印权限将指派给 Everyone 组中的所有成员。

● 管理打印机：具有管理打印机权限的用户可以执行与打印权限相关联的任务，并且具有对打印机的完全管理控制权。用户可以暂停和重新启动打印机、更改后台打印程序设置、共享打印机、调整打印机权限，还可以更改打印机属性。在默认情况下，管理打印机权限指派给 Administrators 组和 Power Users 组的成员。

● 管理文档：具有管理文档权限的用户可以暂停、继续、重新开始和取消由其他所有用户提交的文档，还可以重新安排这些文档的顺序。但是，用户无法将文档发送到打印机或控制打印机状态。

提示： 默认情况下，管理文档权限指派给 Creator Owner 组的成员。当用户被指派管理文档权限时，用户将无法访问当前等待打印的文档，而只能管理在该权限被指派给用户之后发送到打印机的文档。

设置打印机权限的操作步骤如下：

（1）打开打印机的属性对话框，选择"安全"选项卡，在"名称"列表框列出了该打印机当前赋予各种不同权限的用户和组，如图 5-110 所示。如果要查看某用户或组的权限，单击该用户或该工作组，"权限"列表框中将显示其权限。如果要修改现有用户或组的权限，单击该用户或该组，然后在"权限"列表框中修改其权限。

（2）如果要添加用户或组，则单击"添加"按钮，在弹出的"选择用户、计算机或组"对话框中选择要添加的用户或组的名称后单击"确定"按钮即可。如果要删除用户或工作组，在"名称"列表框中单击该用户或组的名称，然后单击"删除"按钮即可。

（3）在"安全"选项卡中，单击"高级"按钮，则弹出打印机的高级安全设置对话框，如图 5-111 所示。在其中用户可以对打印机的特殊权限、审核、所有者及其有效权限等信息进行查看和设置。

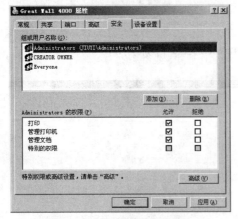

图 5-110　打印机默认的权限

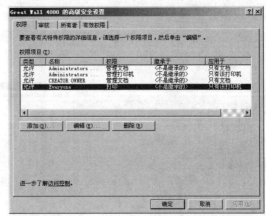

图 5-111　设置网络打印机的权限

第 6 章   组建 Web 服务器

随着宽带接入的普及，越来越多的用户已不满足上网仅仅就是游览网页和收发邮件，他们希望利用自己的计算机，建立一些应用对外提供服务，如 Web、FTP、邮件、论坛和远程控制等。

要实现这些目标，必须安装动态域解析服务客户端软件。这样，用户就可以拥有一个真正的属于自己的域名，而无需理会每次接入互联网后 IP 都会发生的变化。

6.1   动态域名解析

目前市面上动态域名解析服务客户端软件有许多，如花生壳、动态域名解析专家、域名解析直通车等。本节以花生壳软件为例，介绍使用动态域名解析的操作。

花生壳是一套完全免费的动态域名解析服务客户端软件。当用户安装并注册该项服务后，在任何地点、任何时间或使用任何线路，均可利用这一服务建立拥有固定域名和最大自主权的 Web 服务器。

1. 申请花生壳账号

安装花生壳前，用户需要首先申请花生壳账号，才能使花生壳客户端正常运行。申请花生壳账号的前提条件是用户计算机已经成功接入 Internet。

【实验 6-1】在 Windows 7 系统中申请花生壳账号

具体操作步骤如下：

（1）打开浏览器输入 https://hsk.oray.com/price，按回车键，打开花生壳页面，单击右上角的"注册"超链接，如图 6-1 所示。

（2）在打开的"账号注册"页面中，输入账号名称和密码，然后输入手机号码并获取验证码，接着选中"个人应用"选项，如图 6-2 所示。

（3）单击"同意以下协议并注册"按钮后，弹出"注册成功"页面，并提示用户注册成功，并免费获得一个域名，如图 6-3 所示。

提示：花生壳个人用户账号仅支持电信线路，不支持其他线路，如联通、移动和长城宽带等线路。建议在实际组建 Web 服务器时注册企业账号。

图 6-1　单击"注册"超链接

图 6-2　输入相应信息

图 6-3　提示用户注册成功

2. 安装花生壳客户端

花生壳客户软件可以在官方网站中下载获得。

【实验 6-2】在 Windows Server 2008 R2 系统中安装并登录花生壳客户端

具体操作步骤如下：

（1）双击"花生壳"客户端安装文件，打开"花生壳安装向导"对话框，单击"开始安装"按钮，如图 6-4 所示。

（2）安装完成后，弹出如图 6-5 所示的对话框，单击"安装完成"按钮。

图 6-4　开始安装

图 6-5　安装完成

（3）在弹出的"花生壳"对话框中，输入前面注册的账号和密码，然后单击"登录"按钮，如图 6-6 所示。

（4）登录成功后，弹出如图 6-7 所示的对话框，显示花生壳的版本。

图 6-6　输入注册账号和密码　　　　　　　　　　图 6-7　登录成功

3．测试域名

接下来用户还需要对域名进行测试，查看域名是否可用。测试域名的常用方法是使用 Ping 命令。下面以在 Windows Server 2008 R2 中测试 www.196386jx74.iok.la 域名为例，介绍测试域名的方法。

（1）单击"开始"→"运行"命令，打开"运行"对话框，在"打开"文本框中输入 cmd 命令。

（2）单击"确定"按钮，打开 MS-DOS 提示符窗口，在 MS-DOS 提示符行中输入"Ping www.196386jx74.iok.la"，按【Enter】键。

（3）如果域名可用，则显示如图 6-8 所示的信息。

图 6-8　测试域名成功

6.2 使用 IIS7.0 组建 Web 服务器

在 Windows Server 操作系统中,搭建 Web 服务器最简便的方法就是利用系统自带的 IIS 来实现,这不仅操作非常简单,而且还可以搭建各种动态网站。在 Windows Server 2008 R2 中,IIS7.0 与以前的 IIS 服务有本质的区别。IIS7.0 采用完全模块化的安装和管理方式,增强了安全性和自定义服务器,减少了攻击的可能,简化了诊断和排错功能。

在组建 Web 服务器之前,需要做好以下准备:

● 为 Web 服务器指定 IP 地址。

● 在网络中安装 DNS,并将 DNS 域名与 IP 地址注册到 DNS 服务器内。

如果 Web 服务器要为 Internet 提供服务,那么所使用的域名必须是在 Internet 中申请的合法域名,所使用的 IP 地址也应当是静态 IP 地址,并且已经在域名注册机构与域名注册到一起。在本地局域网中,需要配置 DNS 服务器,并添加主机记录,指向 Web 服务器,使 Internet 中的用户可以通过网址直接访问到 Web 网站。

本节以服务器名 Server、域名(www.196386jx74.iok.la)、Web 服务器 IP 地址(192.168.1.88)为例,介绍使用 IIS7.0 组建 Web 服务器的方法及技巧。

6.2.1 安装 IIS7.0

要组建 Web 服务器,必须先安装 IIS,具体操作步骤如下。

(1)在 Windows Server 2008 R2 系统中,单击"开始"→"管理器工具"→"服务器管理"命令,打开"服务器管理"窗口,选择"角色"选项卡,单击"添加角色"超链接,如图 6-9 所示。

实操视频 即扫即看

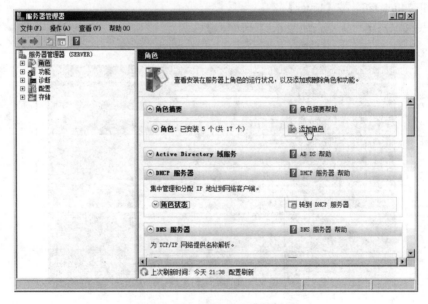

图 6-9 单击"添加角色"超链接

（2）在弹出的"开始之前"对话框中，单击"下一步"按钮，弹出"选择服务器角色"对话框，选中"Web 服务器（IIS）"复选框，弹出"是否添加 Web 服务器（IIS）所需要的功能？"对话框，提示在安装 IIS 时必须同时安装"Windows 进程激活服务"，单击"添加必需的功能"按钮，如图 6-10 所示。

图 6-10　单击"添加必需的功能"按钮

（3）单击"添加必需的功能"按钮后，返回"选择服务器角色"对话框，选中"Web 服务器（IIS）"复选框，如图 6-11 所示。

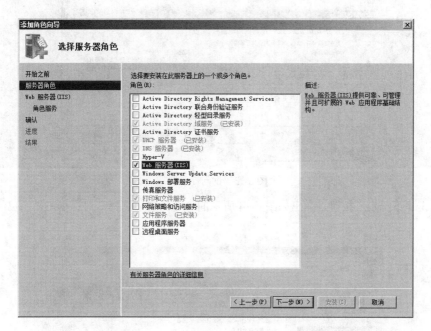

图 6-11　选中"Web 服务器（IIS）"复选框

（4）单击"下一步"按钮，弹出"Web 服务器简介"对话框，显示 Web 服务相关信息及注意事项。

（5）单击"下一步"按钮，弹出"选择角色服务"对话框，可以根据实际需要选择欲安装的组件，只需选中相应的复选框即可，如图 6-12 所示。

提示：当选中某个组件时，可能会提示需要安装相关组件。例如，选择 ASP.NET 功能时，会弹出"是否添加 ASP.NET 所需的角色服务功能？"提示框，提示需要安装的组件，如图 6-13 所示。

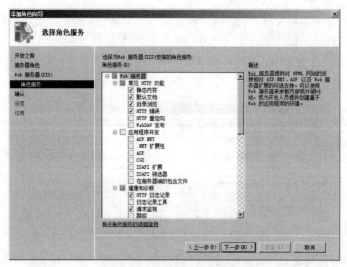

图 6-12　选择要安装的组件

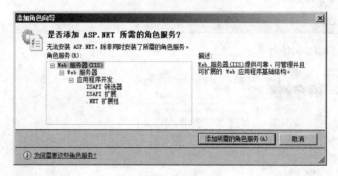

图 6-13　询问提示框

（6）单击"下一步"按钮，弹出如图 6-14 所示的"确认安装选择"对话框，显示已经选择的安装组件。

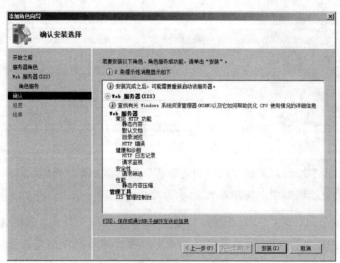

图 6-14　已经选择的安装组件

（7）单击"安装"按钮，系统开始安装；安装完成后，弹出"安装结果"对话框，单击"关闭"按钮，即可完成 IIS 7.0 的安装，如图 6-15 所示。

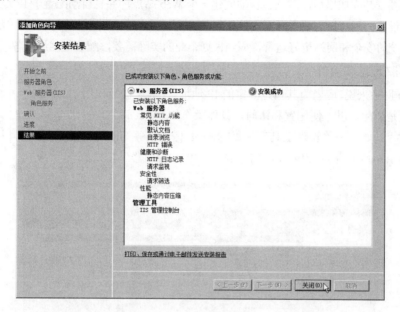

图 6-15　安装完成

为了检测 Web 服务器是否安装正常，通过 IE 浏览器来测试以下的网址：

- DNS 域名网址：http://www.196386jx74.iok.la
- IP 地址：http://192.168.1.88

如果测试结果显示如图 6-16 所示的页面，证明 Web 服务器安装正常，否则就需要检查服务状态或网络以排除故障。

图 6-16　测试结果

6.2.2 配置 IIS 7.0

Web 服务器安装完成以后，默认会自动创建一个 Web 站点，并且自动配置了 IP 地址、端口、默认文档等基本设置，用户只需要将网页文件放到 Web 站点的主目录中，即可实现简单的 Web 网站。不过，为了系统的安全和网站更好运行，应当根据企业的实际需要，配置好网站的各项基本设置。

1．配置 IP 地址和端口

对于 Web 网站来说，应当为其指定固定的 IP 地址，尤其是已经应用了 DNS 域名的网站更是如此，以方便配置和访问，具体操作如下。

（1）单击"开始"→"管理工具"→"Internet 信息服务（IIS）管理器"命令，打开如图 6-17 所示的"Internet 信息服务（IIS）管理器"窗口。

实操视频 即扫即看

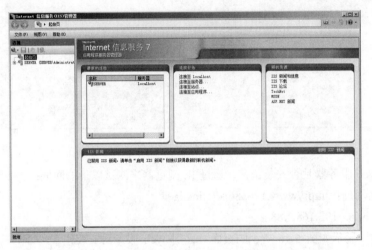

图 6-17 "Internet 信息服务（IIS）管理器"窗口

（2）选择默认站点，显示"Default Web Site 主页"窗口，可以选择默认 Web 站点各种配置，对 Web 站点进行操作，如图 6-18 所示。

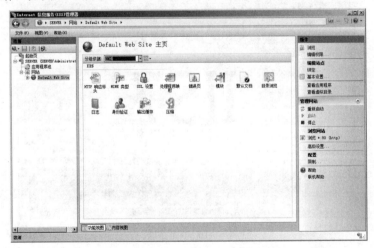

图 6-18 "Default Web Site 主页"窗口

（3）选择"Default Web Site"选项，右击并在弹出的快捷菜单中选择"编辑绑定"命令，如图 6-19 所示。

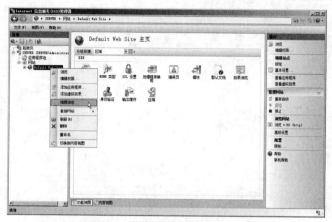

图 6-19 选择"编辑绑定"命令

（4）在弹出的"网站绑定"对话框中，显示默认端口为 80、IP 地址为"*"，表示绑定所有 IP 地址，选择该网站，单击"编辑"按钮，如图 6-20 所示。

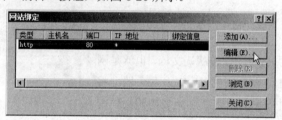

图 6-20 单击"编辑"按钮

（5）在弹出的"编辑网站绑定"对话框中，选择"IP 地址"下拉列表中欲指定的 IP 地址，在"端口"文本框中，可以设置 Web 站点的端口号，但不能为空，通常使用默认的 80 端口，如图 6-21 所示。

（6）单击"确定"按钮，保存设置即可。

图 6-21 "编辑网站绑定"对话框

提示：使用默认的 80 端口时，访问时无须输入端口号。但如果端口号不是 80，访问 Web 网站时就必须提供端口号，例如 http://192.168.1.88:8000 或 http://www.196386jx74.iok.la:8000。

2. 配置主目录

主目录是网站的根目录，在访问网站时，服务器会先从根目录调取相应的文件。默认路径为"C:\Intepub\wwwroot"文件夹。不过一般不建议使用这种默认路径，因为数据文件和操作系统放在同一磁盘分区中，可能造成磁盘空间不足等问题。最好将 Web 主目录保存在非系统分区中，具体操作步骤如下。

（1）在"Internet 信息服务（IIS）管理器"窗口中选择 Web 站点，在右侧的"操作"栏中单击"基本设置"超链接，如图 6-22 所示。

实操视频 即扫即看

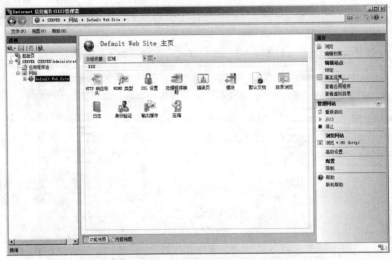

图 6-22　单击"基本设置"超级链接

（2）弹出"编辑网站"对话框，在"物理路径"文本框中输入 Web 网站的新主目录路径即可，如图 6-23 所示。

（3）单击"确定"按钮，完成主目录的配置。

3. 配置默认文档

通过 Web 网站的主页都会设置成默认文档，也就是网站的主页名称。当用户访问 Web 网站时，Web 服务器会将默认文档回应给浏览器并显示其内容。默认文档的文件中

图 6-23　"编辑网站"对话框

有 5 种，分别为 Default.htm、Default.asp、index.htm、index.html 和 iisstar.htm，这通常足够用户使用。如果用户使用其他名称，则需要添加默认文档，具体操作步骤如下。

（1）在"Internet 信息服务（IIS）管理器"窗口中，选择 Web 站点，在"Default Web Site 主页"窗口中，选择"IIS"选项区域的"默认文档"图标，双击打开"默认文档"窗口，如图 6-24 所示。

实操视频 即扫即看

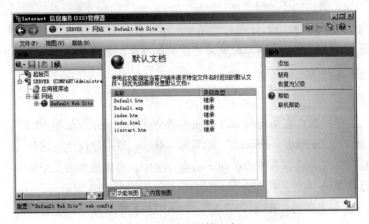

图 6-24　"默认文档"窗口

提示：如果在访问 Web 站点，没有找到默认文档，就会提示"Directory Listing Denied（目录列表被拒绝）"。

（2）要添加其他名称的默认文档，则单击右侧"操作"任务栏中的"添加"超级链接，弹出如图 6-25 所示的"添加默认文档"对话框，在"名称"文本框中输入要添加的文档名称，如 index.asp。

（3）单击"确定"按钮，即可添加该默认文档，新添加的默认文档自动排列在最上方。同时，用户也可以通过"上移"和"下移"超级链接来调整各个默认文档的顺序，如图 6-26 所示。

图 6-25　"添加默认文档"对话框

图 6-26　调整默认文档的顺序

提示：当用户访问 Web 站点时，IIS 会自动由上至下依次查找与之相对应的文件名。因此，应将需要设置为 Web 网站主页的默认文档移动到列表最上面。

6.3　使用 Apache 组建 Web 服务器

Apache 服务器是 Internet 上应用最为广泛的 Web 服务器软件之一。Apache 服务器源自美国国家超级技术计算应用中心（NCSA）的 Web 服务器项目中，目前已在互联网中占据了领导地位。

Apache 服务器经过精心配置之后，才能使它适应高负荷、大吞吐量的互联网工作。快速、可靠、通过简单的 API 扩展，Perl/Python 解释器可被编译到服务器中，并且完全免费，完全开放源代码。

6.3.1　配置 Apache

从 http://www.apachelounge.com/download/ 网站下载 httpd-2.4.29-Win64-VC15.zip，将其解压到 C:\web 文件夹中。如果没有安装 VS 2015，则需要下载和安装 vc_redist_x64。

由于 Apache 是采用文本文件方式进行配置的，所以，当需要修改 Apache 配置时，只需要修改配置文件，然后重新启动即可。具体操作步骤如下：

（1）利用 Windows 记事本，打开 httpd.conf 文件，找到 Define SRVROOT 并将其改为 Define SRVROOT "C:/Web/Apache24"，如图 6-27 所示。

实操视频 即扫即看

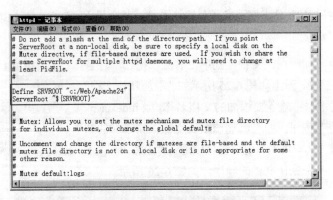

图 6-27　修改安装目录

（2）找到 DocumentRoot "${SRVROOT}/htdocs"和<Directory "${SRVROOT}/htdocs">，将其修改为 DocumentRoot "c:/web/htdocs"和<Directory "C:/web/htdocs">，如图 6-28 所示。

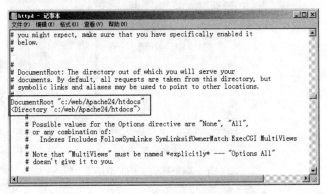

图 6-28　设置网站根目录

（3）找到 ScriptAlias /cgi-bin/ "${SRVROOT}/cgi-bin/"和<Directory "${SRVROOT}/cgi-bin">，将其修改为 ScriptAlias /cgi-bin/ "c:/web/Apache24/cgi-bin/"和<Directory "C:/web/Apache24/cgi-bin">，如图 6-29 所示。

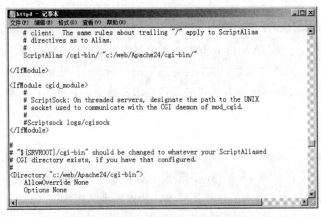

图 6-29　设置 Apache 服务器的关键文件目录

（4）使用管理员身份打开 CMD 窗口，输入：c:/web/apache24/bin/httpd.exe -k install -n apache，按回车键，安装 Apache 主服务，如图 6-30 所示。

图 6-30　安装 Apache 主服务

提示：用户还可以对 Apache 进一步的配置，如建立虚拟主机等。限于篇幅，在这里不再一一
讲述，用户可以参考相关的 Apache 书籍进行操作。

6.3.2　测试 Apache

配置 Apache 完成后，用户还需要对 Apache 进行测试操作以检验配置是否
正确。在进行 Apache 测试之前，用户首先应将 IIS 禁用。

测试 Apache 的具体操作步骤如下：

（1）打开"C:\web\Apache24\bin"文件夹，双击 ApacheMonitor.exe 文件，
弹出如图 6-31 所示的对话框，单击"Start"按钮运行服务器。

实操视频 即扫即看

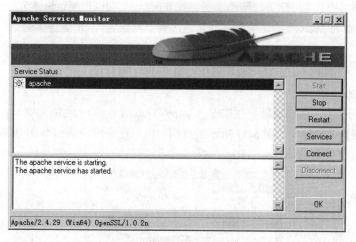

图 6-31　运行 Apache 服务器

（2）打开 IE 浏览器，在"地址"栏中输入 http://localhost，按【Enter】键。当显示如图 6-32 所
示的页面时，表明 Apache 已经正常工作

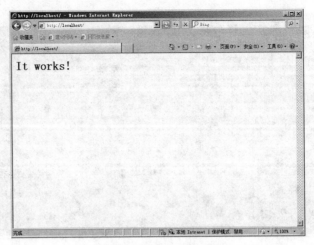

图 6-32　Apache 测试页面

提示： 测试成功后，用户就可以将要发布的 Web 文件存放在 "C:\web\Apache24\bin" 文件夹中，并将主页的文件名设置为 index.html 即可。

6.4　访问 Web 服务器

建立好 Web 服务器后，用户就可以进行访问了。访问 Web 服务器又分为通过局域网访问和通过 Internet 访问两种。

6.4.1　局域网访问 Web 服务器

在局域网中，网络中其他用户访问 Web 服务器比较简单。下面以在 Windows 7 系统下通过局域网访问 Web 服务器为例，介绍通过局域网访问 Web 服务器的方法。

实操视频 即扫即看

【实验 6-3】在 Windows 7 系统中通过局域网访问 Web 服务器

具体操作步骤如下：

（1）打开 IE 浏览器，在 "地址" 栏中输入 http:// Web 服务器 IP 地址，如 http://192.168.0.1。

（2）按【Enter】键，进入如图 6-33 所示的页面，用户已经成功访问 Web 服务器。

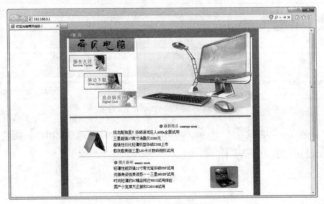

图 6-33　已成功访问

6.4.2　Internet 访问 Web 服务器

图 6-34　"ADSL 属性"对话框

除了局域网的用户外，其他用户也可以通过 Internet 来访问 Web 服务器。

提示：在 Internet 用户访问之前，用户需要在安装 Web 服务器的计算机上进行相应的设置。如果安装 Web 服务器的计算机，采用的是 ADSL 宽带拨号上网，则应在宽带连接属性对话框的"高级"选项卡中，取消选中"通过限制或阻止来 Internet 的对此计算机的访问来保护我的计算机和网络"复选框，如图 6-34 所示，否则 Internet 用户将无法访问 Web 服务器。

下面介绍通过 Internet 访问 Web 服务器的操作。

（1）打开 IE 浏览器，在"地址"栏中输入 http://域名。

（2）按【Enter】键，进入如图 6-35 所示的页面，此时用户已经成功访问 Web 服务器。

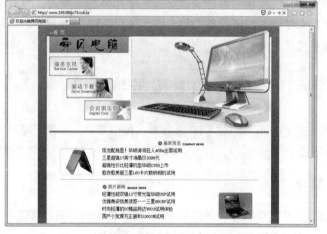

图 6-43　通过 Internet 访问 Web 服务器

第 **7** 章　组建 FTP 服务器

FTP（File Transfer Protocol，文件传输协议）是专门用来传输文件的协议。而 FTP 服务器，则是在互联网上提供存储空间的计算机，它们依照 FTP 协议提供服务。当它们运行时，用户就可以连接到服务器上下载文件，也可以将自己的文件上传到 FTP 服务器中。因此，FTP 的存在，大大方便了用户之间远程交换文件资料。

7.1　FTP 服务与应用

使用 Windows 集成的 FTP 服务组建 FTP 服务器，操作简单、方便，同时所组建的 FTP 服务器能够满足用户大部分需要。

7.1.1　FTP 服务简介

FTP 是 TCP/IP 协议组中的协议之一，是 Internet 文件传送的基础，协议产生的目标是提高文件的共享性。通俗的讲，FTP 完成了两台计算机之间的文件复制。

与大多数 Internet 服务一样，FTP 也是一个客户机/服务器系统。如果要使用 FTP 功能在两台计算机之间传输文件，那么，必须要有一台计算机是 FTP 客户端，而另一台则是 FTP 服务器。

在使用 FTP 时，经常遇到两个概念："下载"（Download）和"上传"（Upload）。"下载"就是将远程主机上的资料复制到自己的计算机上；"上传"就是将资料从自己的计算机中复制到远程主机上。

FTP 支持两种模式的工作方式，一种方式叫主动方式（也就是 Port 方式），而另一种方式叫被动方式（也就是 Pasv 方式）。

主动方式下，FTP 客户端首先和 FTP 服务器的 21 端口建立连接，通过 21 端口向 FTP 服务器发送 Port 命令。Port 命令包含了客户端将会用什么端口接收数据。FTP 服务器收到 Port 命令后，通过自己的 20 端口连接到 FTP 客户端的指定端口，进行数据的传输。

被动方式下，FTP 客户端首先和 FTP 服务器的 21 端口建立连接，通过 21 端口向 FTP 服务器发送 Pasv 命令。FTP 服务器收到 Pasv 命令后，随机打开一个端口号大于 1024 的高端端口，并通知客户端在这个端口上传送数据的请求，FTP 客户端与 FTP 服务器此端口建立连接，然后 FTP 服务通过这个端口进行数据的传送。

7.1.2　FTP 服务的应用

FTP 服务被广泛应用于提供软件下载服务、Web 网站更新服务以及不同类型计算机间的文件传输服务。虽然 Web 服务可以替代 FTP 提供软件下载服务，电子邮件可以替代不同类型计算机间的文件传输服务，但是 Web 网站的更新服务，仍然不得不借助 FTP 来完成。

1．软件下载服务

FTP 服务一般运行在 20 和 21 这两个端口上。端口 20 用于 FTP 客户端和 FTP 服务器之间传输数据流，而端口 21 用于传输控制流，FTP 客户端通常会发送命令到 FTP 服务器的端口 21 上。

对于 FTP 服务而言，当用户登录 FTP 服务器后，将直接显示所有的文件夹和文件列表，用户完全可以像在 Windows 资源管理器中那样浏览网站的所有文件，而且可以根据自己的需要直接进行复制。如果要向 FTP 站点添加软件时，只需将其复制到相应的下载目录下即可。

2．Web 网站更新

无论是什么网站，只有其内容不断更新，才能吸引更多的点击率。对于 Web 网站而言，其更新的最安全和最方便的解决方案当属 FTP 方式。

用 FTP 方式更新 Web 网站的步骤很简单，只需将 Web 网站的主目录设置为 FTP 网站的主目录，并设置访问权限，即可利用 FTP 客户端更新 Web 网站的内容了。

当一台 Web 服务器上拥有若干虚拟 Web 站点，这些虚拟 Web 站点分别由不同的管理员维护时，则可分别建立若干虚拟 FTP 服务器。将虚拟 FTP 服务器的主目录与虚拟 Web 服务器的主目录对应起来，然后分别为每个虚拟 FTP 站点指定相应的授权管理员，这样每个管理员就可以利用 FTP 客户端实现对自己的 Web 站点的管理和维护。

3．不同类型计算机间的文件传输

FTP 与平台无关，不管什么计算机、什么操作系统，只要安装了 TCP/IP 协议，这些计算机之间即可实现通信。虽然 Windows 用户之间可以通过资源共享的方式实现数据的交换，但不同操作系统的计算机之间无法通过类似的机制实现数据共享。所有的方式中，只有 FTP 文件传输的交互性最好。

7.2　使用 IIS 组建 FTP 服务器

Windows Server 2008 R2 支持 FTP 服务，提供普通 FTP 站点、隔离用户 FTP 站点以及域用户隔离站点的创建、发布以及维护功能，配置和管理都非常简单，但功能却很强大。

7.2.1　安装 FTP 服务器

FTP 服务器是 IIS 的一个组件，下面介绍安装 FTP 服务器的方法，具体操作步骤如下。

（1）单击"开始"→"管理工具"→"服务器管理器"命令，打开"服务器管理器"窗口，选择"角色"选项，在"角色服务"区域中，单击"添加角色"超级连接。

（2）在弹出的对话框中，单击"下一步"按钮，弹出"选择角色服务"对话框，选中"Web 服务器（IIS）"复选框，如图 7-1 所示。

（3）单击"下一步"按钮，在弹出的 Web 服务器（IIS）简介对话框中，单击"下一步"按钮。

（4）在弹出的对话框中，选中"IIS 管理控制台"和"FTP 服务器"复选框，如图 7-2 所示。

 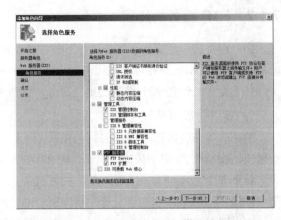

图 7-1　选中"Web 服务器（IIS）"复选框　　　　图 7-2　"选择角色服务"对话框

（5）单击"下一步"按钮，在弹出的对话框，单击"安装"按钮，如图 7-3 所示，系统将开始安装 FTP 发布组件。

（6）安装完成后，在弹出的"安装结果"对话框中，单击"关闭"按钮即可，如图 7-4 所示。

 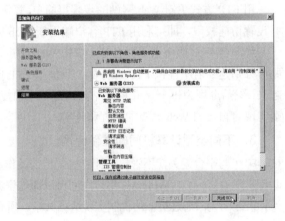

图 7-3　单击"安装"按钮　　　　　　　　　图 7-4　安装结果

7.2.2　FTP 服务的基本配置

FTP 服务安装完成后，需要用户自己创建一个 FTP 站点，并设置相应的 IP 地址及端口号等。

1．创建 FTP 站点

一般情况下，FTP 网站默认 TCP 端口为 21。FTP 客户端可以使用该 FTP 服务器中的任何 IP 地址及默认端口对其进行访问。为了安全起见，需要为 FTP 网站指定唯一的 IP 地址和端口。

【实验 7-1】创建 FTP 站点

具体操作步骤如下：

（1）单击"开始"→"管理工具"→"Internet 信息服务（IIS）管理器"命令，打开如图 7-5 所示的"Internet 信息服务（IIS）管理器"窗口。

（2）选择"Server（本地计算机）"→"网站"选项，单击右侧的"添加 FTP 站点"超链接，如图 7-6 所示。

实操视频 即扫即看

（3）在弹出的"添加 FTP 站点"对话框中，输入 FTP 站点名称和物理路径，如图 7-7 所示。

（4）单击"下一步"按钮，在弹出的对话框中，设置 FTP 服务器的 IP 地址及端口，如图 7-8 所示。如果 FTP 服务器绑定了多个 IP 地址，就应在"IP 地址"下拉列表中指定唯一的 IP 地址，使客户端只能通过这一个 IP 地址访问该 FTP 服务器。在这里绑定 IP 地址 192.168.1.88。FTP 服务的默认 TCP 端口为 21。如果服务器只有一个 IP 地址，却想实现多个不同 FTP 站点时，就可以通过修改端口来实现一个 IP 地址多站点的共存。

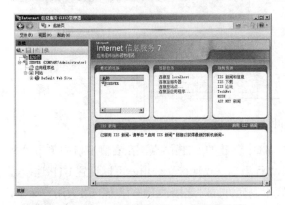

图 7-5 "Internet 信息服务（IIS）管理器"窗口

图 7-6 单击"添加 FTP 站点"超链接

提示： 如果 TCP 端口使用的是 21，客户端访问 FTP 服务器时只需要输入 ftp://IP 地址即可；如果使用的不是 21 号端口，客户端访问 FTP 服务器时就必须输入相应的端口号，例如：ftp://IP 地址：端口号。如果客户端不知道正确的端口号则无法访问。

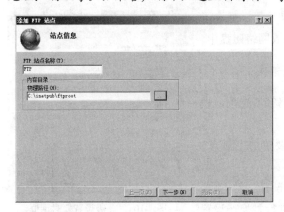

图 7-7 "站点信息"对话框

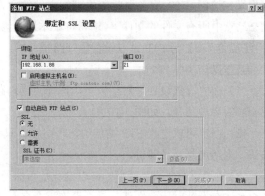

图 7-8 "绑定和 SSL 设置"对话框

（5）单击"下一步"按钮，在弹出的对话框中，设置身份验证方式、允许访问用户及权限，如图 7-9 所示。设置完成后，单击"完成"按钮，创建 FTP 站点完成。

2. 连接数量限制

FTP 服务器主要是用来提供文件的上传和下载服务。如果 FTP 服务器拥有非常有价值的文件资源，并且是在 Internet 环境中，那么可能会出现大量的用户并发访问的情况。如果 FTP 服务器的性能比较差或带宽比较小，就很容易造成 FTP 服务器反应迟缓或瘫痪，从而导致 FTP 服务器服务的中断或超时，所以必须对 FTP 连接数量进行一定的限制。

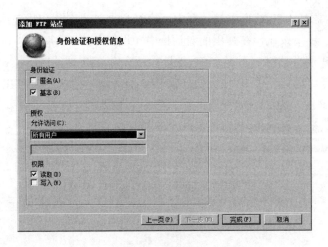

图 7-9 "身份验证和授权信息"对话框

在"Internet 信息服务（IIS）管理器"窗口中，选中创建的 FTP 站点，在右侧窗口中单击"高级设置"超链接，打开"高级设置"对话框，展开"行为"→"连接"选项，可以设置 FTP 连接数量。如果服务器配置和网络带宽都较低时，可以设置限制允许同时连接该 FTP 站点的最大用户数量，以及连接超时。连接超时是指如果用户多长时间内没有活动，就断开服务器连接，以及时释放系统性能和网络带宽，减少系统资源和网络资源浪费。

3．设置物理路径

FTP 服务器的物理路径就是 FTP 站点的根目录，也就是 FTP 客户端在访问 FTP 服务器时所看到的文件的所在目录。保存了 FTP 站点中所有文件的文件夹，通常位于本地磁盘或网络磁盘中。

【实验 7-2】为 FTP 站点设置物理路径

具体操作步骤如下：

（1）在"高级设置"对话框中，选择"物理路径"选项，设置相应的物理路径，如图 7-10 所示。

（2）用户可以更改 FTP 站点的物理路径，只要单击"浏览"按钮，重新选择路径即可。

（3）在"文件处理"区域，可以设置是否保留部分文件上传、是否允许在上载时读取文件，是否允许重命名时进行替换，设置 False 即禁止，设置 True 则是允许。

图 7-10 "高级设置"对话框

（4）设置完成以后，单击"确定"按钮保存即可。

注意：仅仅在 FTP 站点中设置访问权限是不够的，同时，还必须在 Windows 资源管理器中为 FTP 根目录设置 NTFS 文件夹权限，因为 NTFS 权限优先于 FTP 站点权限。

4．设置欢迎和退出消息

我们通常会为 FTP 网站设置欢迎消息和提示信息。当用户登录到 FTP 网站时，显示欢迎及说明信息，当用户退出 FTP 网站时，也会显示欢送消息。

【实验7-3】为 FTP 站点设置欢迎和退出消息

具体操作步骤如下：

（1）在"Internet 信息服务（IIS）管理器"窗口中，双击"FTP 消息"选项，打开"FTP 消息"区域，分别在"横幅"文本框、"欢迎"文本框、"退出"文本框和"最大连接数"文本框中输入相应的内容，如图7-11 所示。

图 7-11　设置欢迎和退出消息

- 横幅：用户连接到 FTP 服务器时所显示的消息，通常用于设置该 FTP 站点的名称和用途。

- 欢迎：当用户连接到 FTP 服务器后显示的消息，通常包含下列信息：使用该 FTP 站点时应注意的问题、站点管理者信息及联系方式、站点中各文件夹的简要描述或索引页的文件名、上载或下载文件的规则说明等。

- 退出：当用户从 FTP 服务器注销时显示的消息。通常为向用户表示感谢、欢迎再次光临等内容。

- 最大连接数：用户连接 FTP 服务器，由于 FTP 服务器已达到允许的最大客户端连接数而导致连接失败时，将显示此消息给用户。

（2）输入完成后，单击"确定"按钮即可。

5．站点测试

打开 IE 浏览器，输入 ftp://192.168.1.88，按【Enter】键，显示如图7-12 所示的窗口，说明 FTP 服务器安装成功，并且可以正常访问了。

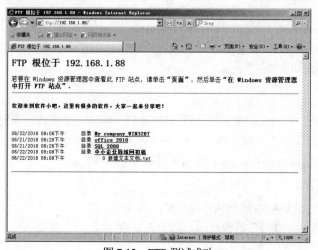

图 7-12　FTP 测试成功

7.2.3　管理 FTP 服务器

FTP 服务器刚刚才安装好时，对用户访问的限制非常宽松，任何用户都可访问且不需登录，而且只有一个FTP站点及主目录可供使用。因此，需要对FTP服务器用户进一步的设置和管理，以增强FTP服务器的功能和安全性。

为了保护FTP站点的安全，应禁用匿名访问，并利用NTFS权限为FTP目录设置严格的访问权限。

1．禁止匿名访问

默认状态下，FTP站点允许用户匿名连接，无需经过身份认证，即可读取FTP站点中的内容。当FTP站点中存储了重要或敏感的信息时，就需要禁用匿名访问。

【实验7-4】在FTP站点中设置禁止匿名访问

具体操作步骤如下：

（1）在"Internet信息服务（IIS）管理器"窗口中，双击"FTP身份验证"图标，如图7-13所示 。

（2）在打开的"FTP身份验证"窗口中，选择"匿名身份验证"，单击右侧的"操作"区域中的"禁用"超链接，如图7-14所示，即可禁止匿名用户访问FTP服务器站点。

图7-13　双击"FTP身份验证"图标　　　　图7-14　单击"禁用"超链接

注意：禁止匿名访问以后，只有FTP服务器或活动目录中有效的用户账户，才能通过身份认证，实现对该FTP站点的访问。

2．配置防火墙

在Windows Server 2008 R2中配置好FTP服务器后，可以在本机访问，但是无法从另一台电脑访问。原因就是在于防火墙没有配置好，下面介绍配置防火墙的方法。

【实验7-5】在Windows Server 2008 R2系统中配置防火墙

具体操作步骤如下：

（1）在"高级安全Windows防火墙"窗口中，选择"入站规则"选项，查看"FTP服务器（FTP流入量）"是否启动，如图7-15所示，如果没有启动，则启动该服务。

实操视频 即扫即看

（2）在"Windows防火墙"窗口中，单击"允许程序或功能通过Windows防火墙"超链接，如图7-16。

（3）在弹出的"允许程序"窗口，单击"允许运行另一程序"按钮，如图7-17所示。

（4）在弹出的"选择程序"对话框中，单击"浏览"按钮，如图7-18所示。

（5）在弹出的对话框中，选择 C:\Windows\System32\svchost.exe，单击"打开"按钮，如图 7-19 所示。

（6）返回"添加程序"对话框，选择刚添加的 Windows 服务主进程，单击"添加"按钮，添加到"允许的程序和功能"列表框中，选中"Windows 服务主进程"后面的复选框，如图 7-20 所示，单击"确定"按钮即可。

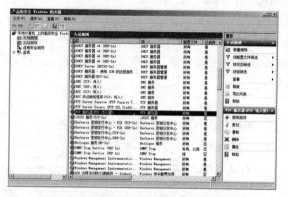

图 7-15　"高级安全 Windows 防火墙"窗口

图 7-16　"Windows 防火墙"窗口

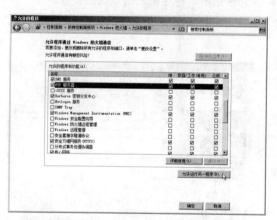

图 7-17　单击"允许运行另一程序"按钮

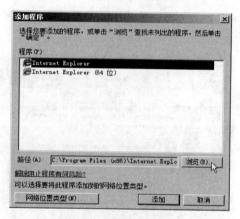

图 7-18　单击"浏览"按钮

图 7-19　单击"打开"按钮

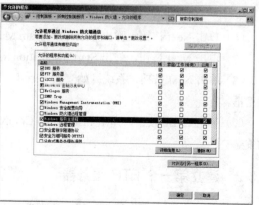

图 7-20　设置 Windows 服务主进程

7.3 使用 Serv-U 组建 FTP 服务器

在所有的 FTP 服务器端软件中，Serv-U 除了拥有其他同类软件所具备的几乎全部功能外，还支持断点续传、支持带宽限制、支持远程管理、支持远程打印、支持虚拟主机等；再加上良好的安全机制、友好的管理界面及稳定的性能，使它赢得了很高的赞誉，并被广泛使用。

7.3.1 安装 Serv-U 服务器

Serv-U 软件各大型网站都可以下载，在安装 Serv-U 服务器之前，用户需要将"Internet 信息服务（IIS）管理器"窗口中的"默认 FTP 网站"禁用。

安装 Serv-U 服务器的具体操作步骤如下：

（1）双击 Serv-U 服务器的安装文件 Setup.exe，弹出如图 7-21 所示的 Welcome 对话框。

（2）单击 Next 按钮，弹出 Read Me File 对话框，显示 Serv-U 相关信息。

（3）单击 Next 按钮，在弹出的 License Agreement 对话框中，选中"I have read and accept the above license agreement"复选框。

（4）单击 Next 按钮，弹出提示用户选择安装路径的对话框，在这里采用默认的设置。

（5）单击 Next 按钮，弹出如图 7-22 所示的 Select Components 对话框，在这里采用默认的设置。

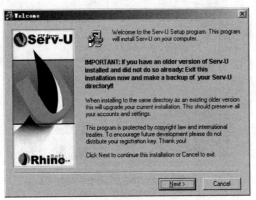

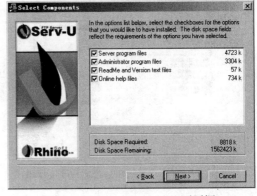

图 7-21　Welcome 对话框　　　　　　　　图 7-22　Select Components 对话框

（6）单击 Next 按钮，弹出 Select Program Manager Group 对话框，在这里采用默认的设置。

（7）单击 Next 按钮，弹出 Start Installation 对话框，系统准备安装 Serv-U。

（8）单击 Next 按钮，系统开始安装 Serv-U。安装完成后，弹出"Other RhinoSoft.com Products"对话框。

（9）单击 Close 按钮，弹出 Installation Complete 对话框，单击 Finish 按钮，完成 Serv-U 服务器的安装。

7.3.2 建立第一个 FTP 服务器

安装 Serv-U 服务器完成后，用户还需要建立第一个 FTP 服务器。

建立第一个 FTP 服务器的具体操作步骤如下：

（1）单击"开始"→"程序"→"Serv-U FTP Server"→"Serv-U Administrator"命令，打开
Setup Wizard 对话框，如图 7-23 所示。

（2）单击 Next 按钮，弹出如图 7-24 所示的 Show Menu images 对话框，这里采用默认的设
置即可。

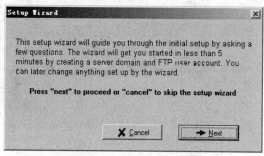

图 7-23　Setup Wizard 对话框　　　　　　　图 7-24　Show Menu images 对话框

（3）单击 Next 按钮，弹出如图 7-25 所示的 Start local Server 对话框，系统准备启动 Serv-U FTP
服务器并连接它。

（4）单击 Next 按钮，弹出如图 7-26 所示的 Your IP address 对话框，如果 IP 地址是动态的或未
知的则不用填写，在这里不填写内容。

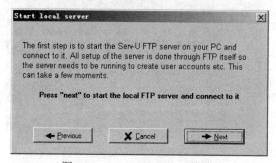
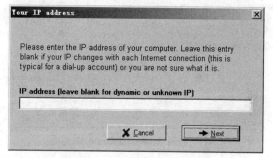

图 7-25　Start local Server 对话框　　　　　　图 7-26　Your IP address 对话框

（5）单击 Next 按钮，弹出如图 7-27 所示的 Domain name 对话框，在 Domain name 文本框中输
入相应的域名，如 xisha.xicp.net。

（6）单击 Next 按钮，弹出如图 7-28 所示的 System service 对话框，提示用户是否安装系统服务，
这里采用默认的设置。

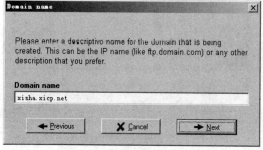
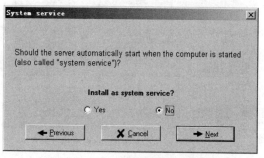

图 7-27　Domain name 对话框　　　　　　　图 7-28　System service 对话框

（7）单击 Next 按钮，弹出如图 7-29 所示的 Anonymous account 对话框，提示用户是否允许匿名用户访问，这里采用默认的设置。

（8）单击 Next 按钮，弹出如图 7-30 所示的 Home directory 对话框，设置匿名用户的主目录。

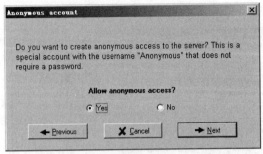

图 7-29　Anonymous account 对话框

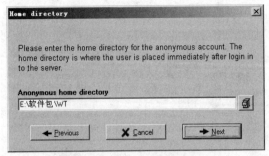

图 7-30　Home directory 对话框

（9）单击 Next 按钮，弹出如图 7-31 所示的 Lock in home directory 对话框，提示用户是否限制匿名用户只能访问其主目录及以下的目录树。在这里采用默认的设置。

（10）单击 Next 按钮，弹出如图 7-32 所示的 Named account 对话框，提示用户是否建立命名账户，在这里采用默认的设置。

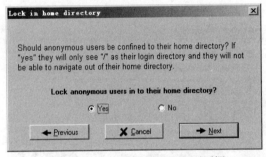

图 7-31　Lock in home directory 对话框

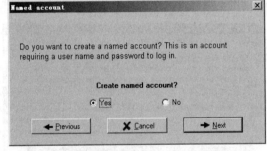

图 7-32　Named account 对话框

（11）单击 Next 按钮，弹出如图 7-33 所示的 Account name 对话框，在 Account login name 文本框中输入登录名，这里用"xisha"作登录名。

（12）单击 Next 按钮，弹出如图 7-34 所示的 Account password 对话框，在 Password 文本框中输入密码，此处举例以"xisha"为密码，实际操作中请读者根据情况设置合适的密码。

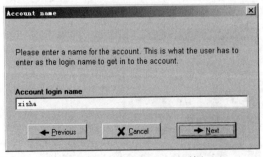

图 7-33　Account name 对话框

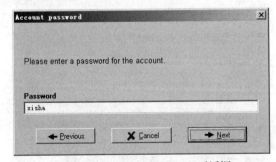

图 7-34　Account password 对话框

（13）单击 Next 按钮，弹出如图 7-35 所示的 Home directory 对话框，设置命名账户的主目录。

（14）单击 Next 按钮，弹出如图 7-36 所示的 Lock in home directory 对话框，在这里采用默认的设置。

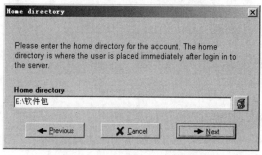

图 7-35　Home directory 对话框

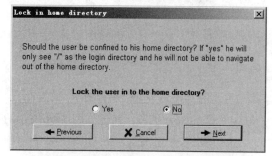

图 7-36　Lock in home directory 对话框

（15）单击 Next 按钮，弹出如图 7-37 所示的 Admin privilege 对话框，选择是否具有远程管理权限（包括 No Privilege、Group Administrator、Domain Administrator、System Administrator 和 Read-only Administrator 共 5 种选项），在这里采用默认的设置。

（16）单击 Next 按钮，弹出如图 7-38 所示的 "Done!" 对话框。

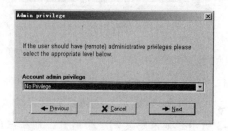

图 7-37　Admin privilege 对话框

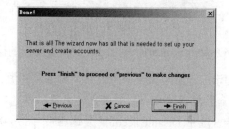

图 7-38　Done!对话框

（17）单击 Finish 按钮，结束安装向导，打开 Serv-U Administrator 窗口。

7.3.3　设置 FTP 服务器

根据安装向导建立好第一个 FTP 服务器后，只能实现 Serv-U 赋予的默认功能和权限，要真正让这个服务器发挥更好的功能，还需要对其进行相应的设置。

设置 FTP 服务器的操作主要包括对 FTP 用户的管理、对目录权限的管理和增加虚拟目录等。

1. 对 FTP 用户的管理

在 Serv-U Administrator 窗口中，用户可以很方便地增加或删除用户。

【实验 7-6】新增加一个 FTP 用户

具体操作步骤如下：

（1）在 Serv-U Administrator 窗口中，选中 User 并右击，在弹出的快捷菜单中选择 NewUser 命令。

（2）在弹出的 "Add new user-step1" 对话框中，在 UserName 文本框中输入用户名 sfh，如图 7-39 所示。

（3）单击 Next 按钮，弹出如图 7-40 所示的对话框，设置用户登录密码。

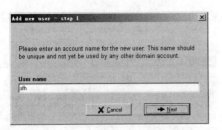

图 7-39 "Add new user-step1" 对话框

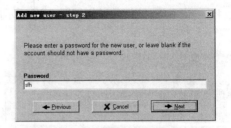

图 7-40 设置用户登录密码

（4）单击 Next 按钮，弹出如图 7-41 所示的对话框，设置用户的主目录。

（5）单击 Next 按钮，弹出如图 7-42 所示的对话框，选中 Yes 按钮，锁定用户访问范围。

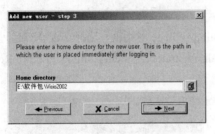

图 7-41 设置用户的主目录

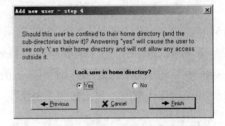

图 7-42 锁定用户访问范围

（6）单击 Finish 按钮，完成增加新用户的操作。

　　提示：如果想删除一个用户，则在该用户上右击，在弹出的快捷菜单中选择 Delete User 命令即可；如果想暂时禁止一个用户的登录权限，只需要选中该用户，然后在右边的框架中选择 Account 选项卡，选中 Disable account 复选框即可，如图 7-43 所示。如果想复制一个用户，则在该用户上右击，在弹出的快捷菜单中选择 Copy User 命令，则会多出一个名字如 "Copy for xxx" 格式的新用户，它除了用户名和原来的用户不同外，其他部分（包括密码、主目录和目录权限等）均与之完全一致。

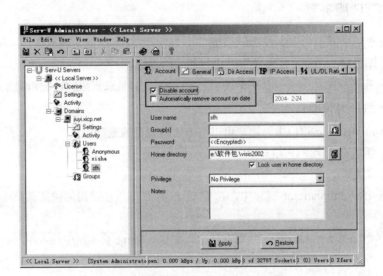

图 7-43 选中 Disable account 复选框

2．对目录权限的管理

在 Serv-U Administrator 窗口中，选中用户名，再在右边框架中选中 Dir Access（目录存取）选项卡，然后在列表框中选中相应目录后，在窗口的右侧就可以更改当前用户对它的访问权限了，如图 7-44 所示。

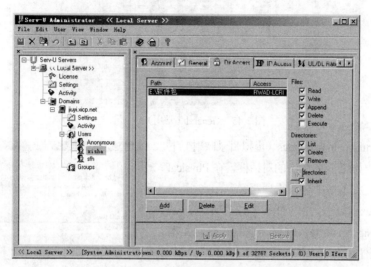

图 7-44　Dir Access（目录存取）选项卡

对目录存取的权限主要有以下几种类型，如表 7-1 所示。

表 7-1　权限名称及功能介绍

权限名称	功　　能
Read（读）	对文件进行读操作（复制、下载、不含查看）的权限
Write（写）	对文件进行写操作（上传）的权限
Append（附加）	对文件进行写操作和附加操作的权限
Delete（删除）	对文件进行删除（上传、更名、删除、移动）操作的权限
Execute（执行）	直接运行可执行文件的权限
List（列表）	对文件夹和目录的查看权限
Create（建立）	建立目录的权限
Remove（移动）	对目录进行移动的权限
Inherit（继承）	如选中此复选框，则以上设置的属性将对当前 Path（目录）及其下的整个目录树起作用；否则就只对其当前 Path（目录）有效

3．增加虚拟目录

在 Serv-U Administrator 窗口中，用户可以随时为某个用户增加或删除虚拟目录。

【实验 7-7】增加虚拟目录（E:\数码图片）

具体操作步骤如下：

（1）在 Serv-U Administrator 窗口中，选择 Domains（域名）下的 Settings（设置）项目，在其右边框架中选择 General（常用）选项卡，如图 7-45 所示。

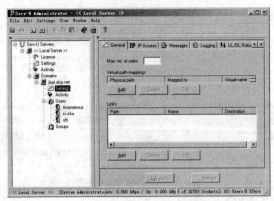

图 7-45　General（常用）选项卡

（2）单击 Virtual path mappings（虚拟目录映射）下的增加按钮，弹出如图 7-46 所示的对话框，在 Physical path（物理路径）文本框中输入物理路径。

（3）单击 Next 按钮，弹出如图 7-47 所示的对话框，在 Map Physical path to（映射物理路径到）文本框中输入"E:\软件包"。

（4）单击 Next 按钮，弹出如图 7-48 所示的对话框，在 Mapped path name 文本框中输入数码图片。

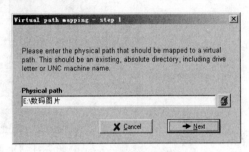

图 7-46　输入物理路径

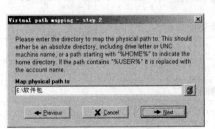

图 7-47　"Virtual path mapping-step 2"对话框

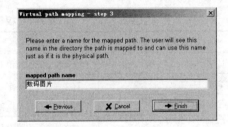

图 7-48　"Virtual path mapping-step 3"对话框

（5）单击 Finish 按钮，完成添加虚拟目录的映射记录，如图 7-49 所示。

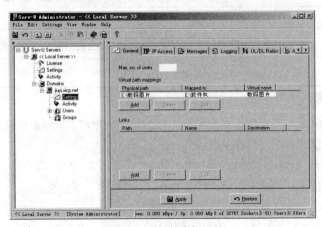

图 7-49　添加的虚拟目录

（6）在 Serv-U Administrator 窗口中，选中 sfh 用户，在右边框架中选择 Dir Access（目录存取）选项卡，单击增加按钮，将目录"E:\数码图片"增加到列表框中，如图 7-50 所示。

（7）单击 Apply 按钮，完成增加虚拟目录的操作。

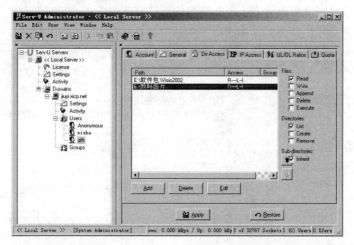

图 7-50　Dir Access（目录存取）选项卡

7.4　访问 FTP 服务器

通常情况下，可采用两种方式访问 FTP 服务器，一种是使用 IE 浏览器访问，另一种是利用专门的 FTP 客户端软件访问。

提示：在 Internet 用户访问之前，用户需要在安装 FTP 服务器的计算机上进行相应的设置。如果安装 FTP 服务器的计算机，采用的是 ADSL 宽带拨号上网，则应在宽带连接属性对话框的"高级"选项卡中，取消选中"通过限制或阻止来 Internet 的对此计算机的访问来保护我的计算机和网络"复选框。

本节主要介绍使用 IE 浏览器和 FTP 客户端两种方式访问 FTP 服务器的操作。

7.4.1　使用 IE 浏览器访问 FTP 服务器

由于创建 FTP 服务器时，已经设置服务器允许匿名用户访问，因此，在默认情况下，使用 IE 浏览器访问 FTP 服务器将以匿名用户的身份进行访问。下面分别介绍以匿名用户身份和以用户身份访问 FTP 服务器的方法。

1．使用匿名用户身份访问

下面以在 Windows 7 系统中，使用匿名用户身份访问 FTP 服务器为例，介绍使用匿名用户身份访问 FTP 服务器的操作。

【实验 7-8】在 Windows 7 系统中使用匿名用户身份访问 FTP 服务器

具体操作步骤如下：

（1）打开 IE 浏览器，单击"工具"→"Internet 选项"命令，打开"Internet 选项"对话框，选择"高级"选项卡，取消选中"使用被动 FTP（用于防火墙和 DSL 调制解调器的兼容）"复选框，如图 7-51 所示。

(2)单击"确定"按钮，关闭该对话框，在"地址"栏中输入 ftp:// FTP 服务器 IP 地址或域名，按【Enter】键将进入如图 7-52 所示的页面，页面中将显示匿名用户的主目录中所有的文件夹及文件。

(3)选择某个文件或文件夹并右击，在弹出的快捷菜单中选择"复制"命令，之后在本地硬盘保存位置上右击，在弹出的快捷菜单中选择"粘贴"命令即可实现文件下载。

图 7-51　选择"高级"选项卡

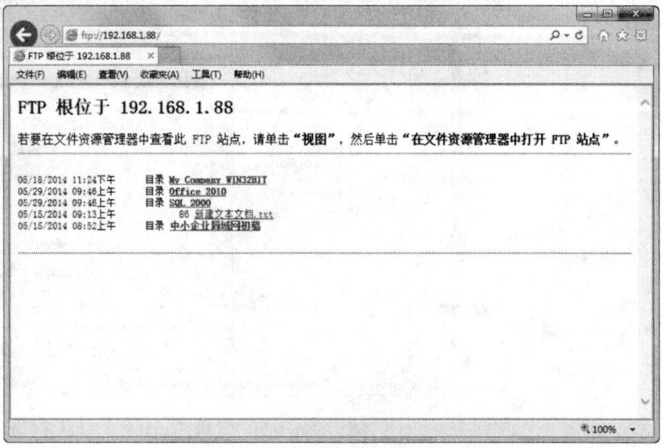

图 7-52　显示匿名用户的主目录

2．使用用户身份访问

下面以在 Windows 7 系统中，使用用户身份（xisha）访问 FTP 服务器为例，介绍使用用户身份访问 FTP 服务器的操作。

【实验 7-9】在 Windows 7 系统中使用用户身份（xisha）访问 FTP 服务器

具体操作步骤如下：

(1)打开 IE 浏览器，在"地址"栏中输入 ftp://用户名:密码@FTP 服务器 IP 地址或域名，如 ftp:/xishai:abc12345678@/xisha.xicp.net。

(2)按【Enter】键，进入如图 7-53 所示的页面，显示 xisha 用户的主目录中所有的文件夹及文件。

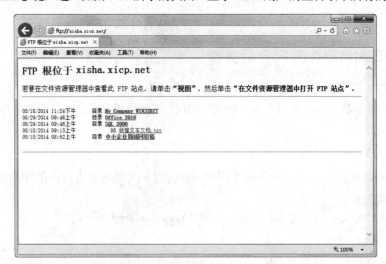

图 7-53　xisha 用户的主目录页面

（3）选择某个文件或文件夹，右击并在弹出的快捷菜单中选择"复制"命令，在本地硬盘保存位置处右击，在弹出的快捷菜单中选择"粘贴"命令即可实现文件下载。

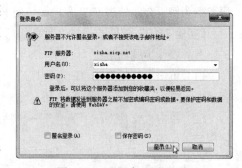

提示：用户输入的用户名或密码不对时，系统会弹出如图 7-54 所示的对话框，提示用户重新输入用户名和密码。

（4）用户也可以在"文件资源管理器"窗口中查看。在 IE 浏览器中选择"查看"→"在文件资源管理器中打开 FTP 站点"命令，如图 7-55 所示。

图 7-54　"登录身份"对话框

图 7-55　选择"在文件资源管理器中打开 FTP 站点"命令

（5）在文件资源管理器中，打开 FTP 站点，如图 7-56 所示。

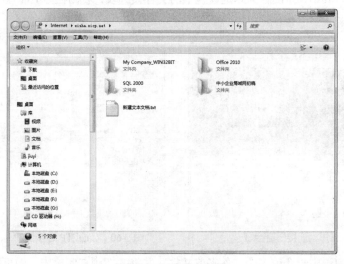

图 7-56　打开 FTP 站点

7.4.2　使用 FTP 客户端访问 FTP 服务器

目前市面上 FTP 客户端软件有很多，但最出名的是 CuteFTP。下面以使用 CuteFTP 来访问 FTP

服务器为例，介绍使用 FTP 客户端访问 FTP 服务器的方法。

【实验 7-10】使用 CuteFTP 软件访问 FTP 服务器

具体操作步骤如下：

（1）单击"开始"→"所有程序"→"GlobalSCAPE"→"CuteFTP"→"CuteFTP"命令，运行"CuteFTP"程序，如图 7-57 所示。

（2）单击"文件"→"新建"→"站点"命令，在弹出的对话框中，输入主机地址、用户名和密码等，如图 7-58 所示。

图 7-57　CuteFTP 主窗口　　　　　　　　图 7-58　输入主机地址和用户名及密码

（3）单击"确定"按钮，创建站点完成，在"站点管理器"选项卡中，选择创建的站点，然后右击，在弹出的快捷菜单中选择"连接"命令，如图 7-59 所示。

（4）单击"连接"按钮处，尝试实现与 FTP 服务器的连接。连接成功后，进入如图 7-60 所示的 CuteFTP 主窗口。其中，左侧栏为本地硬盘中的文件夹列表，右侧栏为 FTP 服务器中根目录下的文件列表。

图 7-59　选择"连接"命令　　　　　　　图 7-60　CuteFTP 连接 FTP 服务器后的主窗口

（5）在右侧栏中选中一个或多个文件夹或文件，并将之拖到左侧栏中，即可实现文件的下载。

（6）在左侧栏中选中一个或多个文件夹或文件，并将之拖到右侧栏中，即可实现文件的上传。当然，这需要用户拥有写操作的权力。

第**8**章 组建邮件服务器

电子邮件功能是局域网用户常用的功能之一。随着各大门户网站相继对电子邮件服务进行收费，免费的电子邮件服务越来越少，同时免费的电子邮件服务也存在着很大的安全隐患，且使用和管理不方便。其实，用户可以在局域网中建立自己的 E-mail 邮件服务器，为每个局域网成员分配一个电子邮箱，这样可以方便局域网内部人员的交流，从而提高工作效率。

用于组建局域网内部邮件服务器的软件很多，如 Exchange Server、CMailServer、IMail、Foxmail 等。组建后的邮件服务器，不仅支持通用的邮件客户端（Outlook Express、Foxmail）来收发电子邮件，更安全、有效地防止垃圾邮件发送者的入侵；还能支持 Web 页面收发邮件，通过完善的 Web Mail 功能，用户可以通过浏览器来申请电子信箱和修改信箱密码、资料等。

8.1 邮件服务器简介

邮件服务器主要利用 SMTP 协议和 POP 协议来进行收发电子邮件，其中，SMTP 协议用于发送电子邮件，POP 协议用于接收电子邮件。如果用户要编辑和收发自己的电子邮件，则需要使用电子邮件客户端来完成。

1. SMTP 协议

SMTP（Simple Mail Transfer Protocol）即简单邮件传输协议，它是一组用于从源地址到目的地址传送邮件的规则，用来控制信件的中转方式。SMTP 协议属于 TCP/IP 协议簇，可帮助计算机在发送或中转信件时找到下一个目的地。通过 SMTP 协议所指定的服务器，可以把 E-mail 寄到收信人的服务器上。SMTP 服务器则是遵循 SMTP 协议的发送邮件服务器，用来发送或中转发出的电子邮件。

2. POP3 协议

POP3（Post Office Protocol 3）即邮局协议的第 3 个版本，POP3 服务是一种检索电子邮件的电子邮件服务，管理员可以使用 POP3 服务存储以管理邮件服务器上的电子邮件账户。根据 POP3 协议，允许用户对自己账户的邮件进行管理，例如下载到本地计算机或从邮件服务器删除等。

在邮件服务器上安装 POP3 服务后，用户可以使用支持 POP3 协议的电子邮件客户端（如 Microsoft Outlook）连接到邮件服务器，并将电子邮件检索到本地计算机。

3．电子邮件地址

用户发送电子邮件时，必须先知道对方的邮件地址，如同现实生活中写信时，需要写上收信人姓名、收信人地址一样。电子邮件的格式为：用户名@邮件服务器。用户名就是在邮件服务器上使用的登录名，而邮件服务器则是邮件服务的域名，例如 abc@163.com。

8.2 使用 Microsoft Exchange 组建邮件服务器

Microsoft Exchange Server 2010 可让读者根据自己公司的独特需求灵活地进行部署，并通过一种简化方式帮助用户不间断地使用电子邮件。使用 Microsoft Exchange Server 2010，用户可以从几乎所有平台、Web 浏览器或设备安全自如地使用其所有通信工具（电子邮件、语音邮件、即时消息，等等），从而提升工作效率，完成更多工作。

8.2.1 安装 Exchange Server 2010

安装 Microsoft Exchange Server 2010 之前，用户需要做好相应的准备工作。只有做好了相应的准备工作后，才能安装 Microsoft Exchange Server 2010。

1．安装前的准备工作

- 安装了 Windows Server 2008 R2 Server Pack1；
- 安装了 Active Directory（活动目录）、DNS（Domain Name System，域名字系统）服务；
- 安装了 Web 服务器（IIS）、应用程序服务器；
- 安装了.NET Framework 3.5 SP1；
- 安装了 RSAT-ADDS（AD DS 管理单元和命令行工具）；
- 安装了 Microsoft Filter Pack（筛选包）；
- 设置 Net.TCP Port Share Service 服务为自启动模式并且已经启动。

2．安装 Microsoft Exchange Server 2010

安装前的准备工作完成后，以管理员身份登录 Windows Server 2008 R2，将 Microsoft Exchange 2010 Server 的安装光盘插入 CD-ROM 驱动器中，就可以正式开始安装 Microsoft Exchange Server 2010。

安装 Microsoft Exchange Server 2010 的具体操作步骤如下：

（1）将 Microsoft Exchange Server 2010 的安装光盘插入 DVD-ROM 驱动器中，弹出如图 8-1 所示的 Microsoft Exchange Server 2010 窗口，此时"安装"中的前 2 个步骤均显示"已安装"状态，单击"步骤 3：选择 Exchange 语言选项"超链接。

（2）在弹出的下拉列表中选择"仅从 DVD 安装语言"，然后单击"步骤 4：安装 Microsoft Exchange"超链接，如图 8-2 所示。

（3）在弹出的对话框中，单击"下一步"按钮，弹出"许可协议"对话框，选中"我接受许可协议中的条款"单选按钮，然后单击"下一步"按钮，如图 8-3 所示。

（4）在弹出的对话框中，提示是否启用错误报告，选中"否"单选按钮，如图 8-4 所示。

图 8-1 单击步骤 3　　　　　　　图 8-2 单击步骤 4

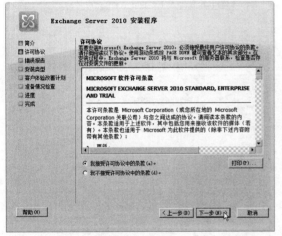

图 8-3 许可协议　　　　　　　图 8-4 不启用错误报告

（5）单击"下一步"按钮，在弹出的对话框中选择"Exchange Server 典型安装"选项，如图 8-5 所示。

（6）单击"下一步"按钮，弹出如图 8-6 所示的对话框，提示用户为该 Exchange 服务器指定组织名称。

（7）单击"下一步"按钮，弹出如图 8-7 所示的对话框，选中"是"单选按钮，设置客户端。

（8）单击"下一步"按钮，选中"客户端访问服务器角色将面向 Internet"复选框，并输入域名，如图 8-8 所示，单击"下一步"按钮。

（9）在弹出的对话框中，选中"我现在不想参加此计划"单选按钮，然后单击"下　步"按钮。

（10）安装程序开始检查准备情况，然后单击"安装"按钮，如图 8-9 所示。

（11）安装完成后，在弹出的如图 8-10 所示的对话框中，单击"完成"按钮关闭该对话框，Exchange Server 2010 安装完成。

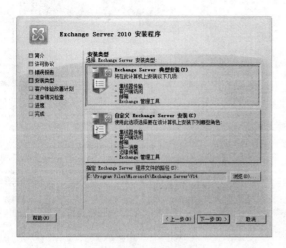

图 8-5　选择安装类型

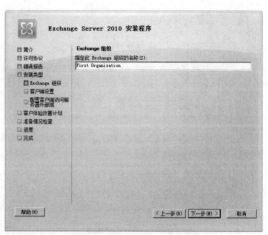

图 8-6　输入 Exchange 组织的名称

图 8-7　选中"是"单选按钮

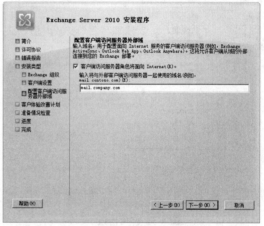

图 8-8　输入域名

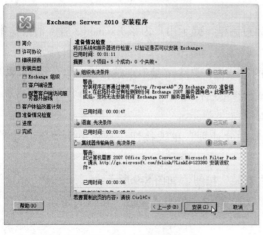

图 8-9　开始安装

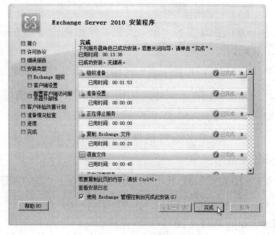

图 8-10　安装完成

8.2.2 设置 Exchange Server 2010

Exchange Server 2010 安装完成以后，会自动使用 Active Directory 中的域名，但其并不能立即投入使用，而必须先进行详细设置，包括公用文件夹的设置、用户邮箱大小等，以确保 Exchange 服务器能高效提供各项服务

1. 设置脱机通讯簿及公用文件夹分发

对于大部分用户来说，还是习惯于在 Web 页面中登录邮件并收发邮件，因此为方便用户的使用，必须启用 Exchange Server 2010 基于 Web 的分发和公用文件夹分发功能。

【实验 8-1】设置脱机通讯簿及公用文件夹分发

具体操作步骤如下：

（1）在"Exchange 管理控制台"窗口，单击"组织配置"→"邮箱"选项，在右侧窗口中选择"脱机通讯簿"选项卡，选择"默认脱机通讯簿"选项，右击并在弹出的快捷菜单中选择"属性"命令，如图 8-11 所示。

（2）在弹出的"默认脱机通讯簿属性"对话框中，选择"分发"选项卡，分别选中"启用基于 Web 的分发"和"启用公用文件夹分发"复选框，如图 8-12 所示。

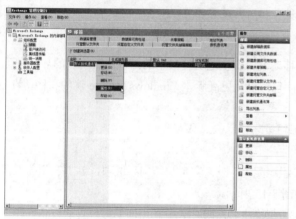

图 8-11 选择"属性"命令

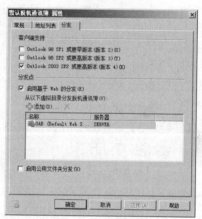

图 8-12 选择"分发"选项卡

（3）单击"应用"按钮，然后单击"确定"按钮即可。

2. 设置 SSL 访问

为了保护客户端与 Exchange 服务器之间的通道，需要在"客户端访问服务器"上使用 SSL 证书。默认情况下，IIS 会对脱机通讯簿虚拟目录之外的所有虚拟目录都要求 SSL，但是，可以为每项客户端访问功能配置其他虚拟目录。

Outlook Web Access 2010 虚拟目录为 Exchange 和 owa，WebDAV 虚拟目录为 public、ActiveSync 虚拟目录为 Microsoft-Server-ActiveSync、Outlook Anywhere 为 Rpc。

【实验 8-2】设置 SSL 访问

具体操作步骤如下：

在 IIS 管理器中，管理员可以设置所有将要使用的客户端访问虚拟目录。

（1）单击"开始"→"程序"→"管理工具"→"Internet 信息服务（IIS）管理器"命令，打

开"Internet 信息服务（IIS）管理器"控制台。

（2）在"默认网站"下选择 owa 虚拟目录，双击"SSL 设置"选项，如图 8-13 所示。

（3）打开"SSL 设置"窗口，选中"要求 SSL"复选框，如图 8-14 所示。

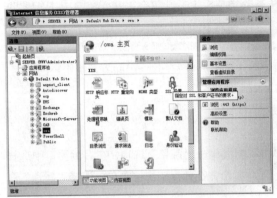

图 8-13　双击"SSL 设置"选项

图 8-14　设置 SSL

（4）单击"应用"按钮，保存设置即可。

提示：按照上述步骤对其他的虚拟目录进行相同的设置即可。

3. 设置 Exchange ActiveSync

通过 Exchange 2010 ActiveSync 可以从移动设备安全地访问最新的邮件。若用户的环境中配备了运行 Windows Mobile 5.0 和邮件安全及功能包，以及更高版本 Windows Mobile 软件和移动设备，需要设置 Exchange ActiveSync。

【实验 8-3】设置 Exchange ActiveSync 邮箱策略

具体操作步骤如下：

（1）在 Exchange 管理控制台中，单击"组织配置"→"客户端访问"选项，单击右侧的"新建 Exchange ActiveSync 邮箱策略"超链接，如图 8-15 所示。

（2）弹出如图 8-16 所示的对话框，输入邮箱策略名，同时选中"允许不可设置的设备"和"允许将附件下载到设备"复选框，然后单击"新建"按钮。

图 8-15　选择邮箱策略

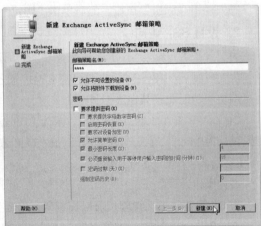

图 8-16　单击"新建"按钮

（3）在弹出的如图 8-17 所示的对话框中，提示用户创建 Exchange ActiveSync 邮箱策略完成，单击"完成"按钮即可。

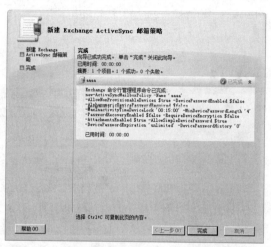

图 8-17　创建 Exchange ActiveSync 邮箱策略完成

4．创建发送连接器

Exchange 2010 默认安装后只有接收连接器，用户需要在该服务器上创建一个发送连接器，以便发送邮件。

【实验 8-4】Exchange 2010 默认安装后创建发送连接器

具体操作步骤如下：

（1）在"Exchange 管理器控制台"窗口中，单击"组织配置"→"集线器传输"选项，单击右侧的"新建发送连接器"超链接，如图 8-18 所示。

（2）在弹出的"新建 SMTP 发送连接器"对话框中，输入发送连接器的名称，如图 8-19 所示。

实操视频 即扫即看

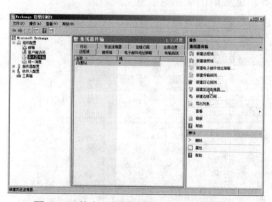

图 8-18　单击"新建发送连接器"超链接

图 8-19　输入发送连接器名称

（3）单击"下一步"按钮，弹出如图 8-20 所示的对话框，单击"添加"按钮。

（4）弹出"SMTP 地址空间"对话框，在"地址"文本框中输入"*"，如图 8-21 所示。

（5）单击"确定"按钮，返回到"地址空间"对话框，然后单击"下一步"按钮，弹出如图 8-22

所示的"网络设置"对话框，这里选择默认。

（6）单击"下一步"按钮，弹出如图 8-23 所示的对话框，选择源服务器，然后单击"下一步"按钮。如果希望添加其他源服务器，则单击"添加"按钮即可。

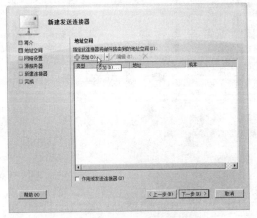

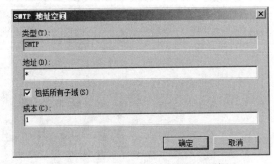

图 8-20　单击"添加"按钮　　　　　　　　　图 8-21　"SMTP 地址空间"对话框

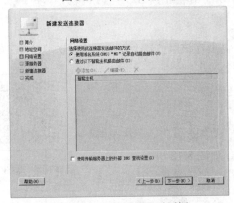

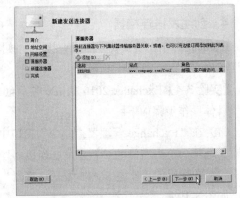

图 8-22　"网络设置"对话框　　　　　　　　　图 8-23　单击"下一步"按钮

（7）弹出如图 8-24 所示的对话框，显示配置摘要，然后单击"新建"按钮。

（8）弹出如图 8-25 所示的对话框，显示创建发送连接器完成，单击"完成"按钮。

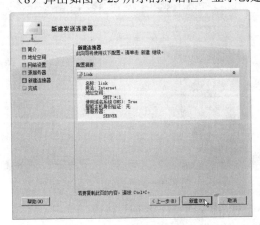

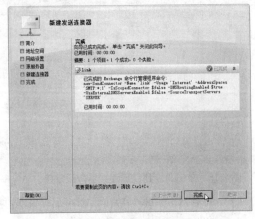

图 8-24　单击"新建"按钮　　　　　　　　　图 8-25　单击"完成"按钮

5．设置单个邮件大小

为了限制用户的使用，以免浪费空间，除了限制邮箱的大小以外，在 Exchange 邮件系统中还需要设置每个邮箱允许收到的单个邮件的大小。管理员应根据实际需求，并结合网络带宽，设置适当的允许值，以避免网络带宽和磁盘空间的占用。

【实验 8-5】设置单个邮件大小

具体操作步骤如下：

（1）在"Exchange 管理控制台"窗口中，单击"组织配置"→"集线器传输"选项，在右侧窗口中选择"全局设置"选项卡，选择"传输设置"选项，右击并在弹出的快捷菜单中选择"属性"命令，如图 8-26 所示。

（2）在弹出的"传输设置属性"对话框中，设置最大接收大小、最大发送邮件、最大收件人数，如图 8-27 所示，然后单击"确定"按钮。

（3）选择"发送连接器"选项卡，右击并在弹出的快捷菜单中选择"属性"命令，如图 8-28 所示。

（4）在弹出的"Link 属性"对话框中，选择"常规"选项卡，选中"最大邮件大小为"复选框，输入希望限制的具体数值，如图 8-29 所示。

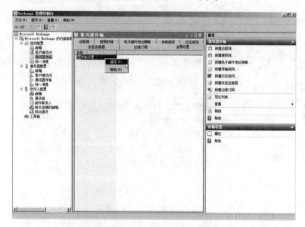

图 8-26　选择"属性"命令

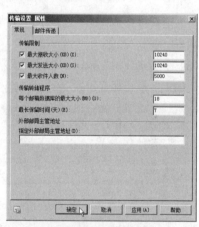

图 8-27　单击"确定"按钮

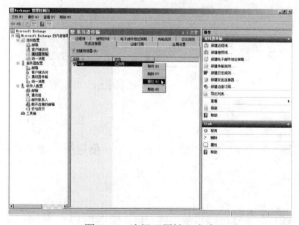

图 8-28　选择"属性"命令

图 8-29　单击"确定"按钮

（5）单击"确定"按钮，关闭该对话框。在"Exchange 管理控制台"窗口中，选择"服务器配置"→"集线器传输"选项，选择"Default Server"选项，右击并在弹出的快捷菜单中选择"属性"命令，如图 8-30 所示。

（6）在弹出的"Default SERVER 属性"对话框中，设置最大邮件大小，如图 8-31 所示。

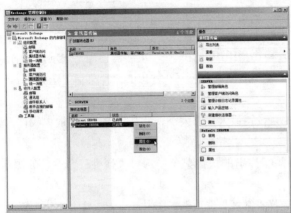
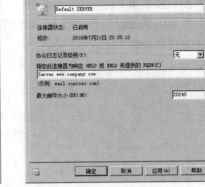

图 8-30　选择"属性"命令　　　　　　　　图 8-31　设置最大邮件大小

（7）选择"身份验证"选项卡，取消选中"仅在启动 TLS 之后提供基本身份验证"复选框，如图 8-32 所示。

（8）单击"应用"按钮，选择"权限组"选项卡，选中"匿名用户"复选框，如图 8-33 所示，单击"确定"按钮保存设置。Client Server 的设置方法与上述步骤相同，在此不再赘述。

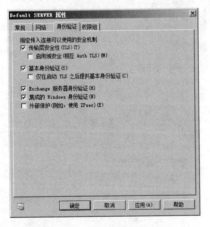
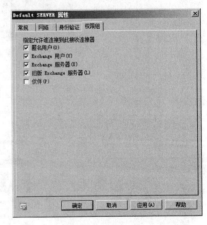

图 8-32　"身份验证"选项卡　　　　　　　图 8-33　"权限组"选项卡

8.2.3　创建 E-mail 邮箱

安装完成 Exchange 2010 后，就可为局域网中每个用户创建电子邮箱了。创建用户邮箱有两种方法，下面分别介绍。

1．创建用户和邮箱

管理员可以在创建用户以后再为用户指定邮箱，也可以在创建用户的同时，为用户创建邮箱。

【实验 8-6】新建用户和邮箱

具体操作步骤如下：

（1）在"Exchange 管理控制台"窗口中，单击"收件人配置"→"邮箱"
选项，在右侧的窗口中单击"新建邮件"超链接，如图 8-34 所示。

实操视频 即扫即看

（2）在弹出的"选择邮箱类型"对话框中，选中"用户邮箱"单选按钮，
如图 8-35 所示。

（3）单击"下一步"按钮，弹出"用户类型"对话框，选中"新建用户"单选按钮，然后单击
"下一步"按钮，如图 8-36 所示。

（4）在弹出的"用户信息"对话框中，输入用户登录名和密码，如图 8-37 所示。

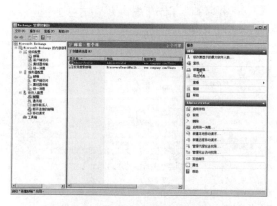

图 8-34　单击"新建邮件"超链接

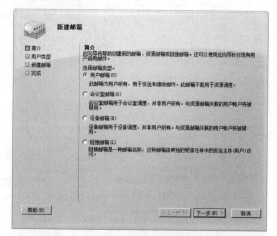

图 8-35　选择邮箱类型

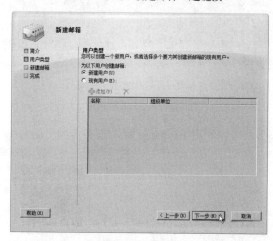

图 8-36　新建用户

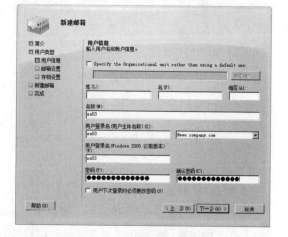

图 8-37　输入用户登录名和密码

（5）单击"下一步"按钮，弹出"邮箱设置"对话框，输入别名，设置邮箱数据库和
Exchange ActiveSync 策略，如图 8-38 所示。

（6）单击"下一步"按钮，在弹出的"存档设置"对话框中，直接单击"下一步"按钮，如图
8-39 所示。

（7）弹出"配置摘要"对话框，显示设置信息，确认无误右击"新建"按钮，如图 8-40 所示。

（8）单击"创建"按钮后，系统将开始创建用户邮箱，在弹出的如图 8-41 所示的对话框中，单击"完成"按钮即可。

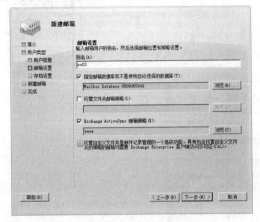

图 8-38　输入别名

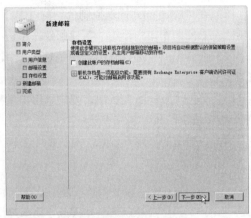

图 8-39　存档设置

图 8-40　单击"新建"按钮

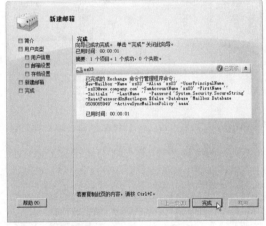

图 8-41　单击"完成"按钮

2．为已有用户创建邮箱

如果在安装 Exchange 之前已经创建了用户，那么就可以利用 Exchange 邮箱服务器的"新建邮箱"向导，为已有用户创建邮箱。

【实验 8-7】为已有用户创建邮箱

具体操作步骤如下：

（1）在"Exchange 管理控制台"窗口中，单击"收件人配置"→"邮箱"选项，在右侧的窗口中单击"新建邮件"超链接。

实操视频 即扫即看

（2）弹出"选择邮箱类型"对话框，选中"用户邮箱"单选按钮。

（3）单击"下一步"按钮，弹出"用户类型"对话框，选中"现有用户"单选按钮，然后单击"添加"按钮，如图 8-42 所示。

（4）弹出如图 8-43 所示的对话框，选择用户，然后单击"确定"按钮。

（5）单击"确定"按钮后，接下来的操作步骤与新建用户邮箱相同，此处不再赘述。

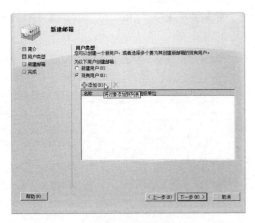

图 8-42　现有用户　　　　　　　　　　　　　图 8-43　选择用户

8.2.4　收发 E-mail

Exchange 除了支持传统的 POP3 邮件服务外，还提供 Web 邮件服务，只需通过 Internet Explorer 6.0 以上版本的浏览器即可实现邮件的收发等各操作。下面分别介绍这两种方式收发电子邮件的方法。

1. 使用 Outlook 收发邮件

Microsoft Exchange Server 2010 安装成功后，它所需的 SMTP 服务和 POP 服务便均已开启了，所以当为用户建立好了相应邮箱之后，就可以直接用 E-Mail 客户端软件来收发邮件了。

提示：在使用 Outlook Express 收发邮件之前，用户还需要对 Microsoft Exchange Server 2010 进行设置，才能正常使用 Outlook Express 收发邮件。

下面以 Outlook 2016 为例，来讲述使用 Outlook 收发邮件的方法。

【实验 8-8】在 Windows 7 系统中使用 Outlook 2016 收发邮件

具体操作步骤如下：

（1）第一次运行 Outlook 时，将弹出如图 8-44 所示的"欢迎使用 Microsoft Outlook 2013"对话框，然后单击"下一步"按钮。

（2）弹出"Microsoft Outlook 账户设置"对话框，选中"是"单选按钮，如图 8-45 所示。

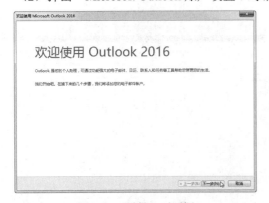

图 8-44　"欢迎"对话框　　　　　　　　　　　图 8-45　选中"是"单选按钮

（3）单击"下一步"按钮，弹出"添加账户"对话框，选中"手动设置或其他服务器类型"单选按钮，如图 8-46 所示。

（4）单击"下一步"按钮，弹出如图 8-47 所示的对话框，选中"Outlook_com 或 Exchange ActiveSync 兼容的服务"单选按钮。

图 8-46　"添加账户"对话框

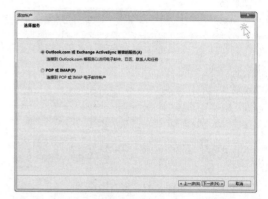

图 8-47　选择服务

（5）单击"下一步"按钮，在弹出的对话框中输入服务器地址和用户名，如图 8-48 所示。

（6）单击"下一步"按钮，弹出如图 8-49 所示的"安全警告"对话框，单击"是"按钮。

图 8-48　输入服务器地址和用户名

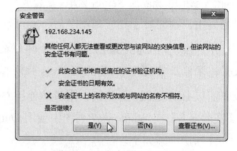

图 8-49　"安全警告"对话框

（7）弹出如图 8-50 所示的对话框，提示用户输入密码。

（8）单击"确定"按钮，启动 Microsoft Outlook 2016，用户就可以发送和接收邮箱，如图 8-51 所示。

图 8-50　输入密码

图 8-51　启动 Microsoft Outlook 2016

2．使用 IE 浏览器收发邮件

Microsoft Exchange Server 从 5.5 版开始支持 Exchange Outlook Web Access（Outlook 的 Web 方式的存取）功能了。它允许用户通过 IE 或 Netscape 等支持 Java 及 Frame（框架）的浏览器，利用和 Outlook 类似的 Web 界面来进行邮件的收发等操作。

【实验 8-9】在 Windows 7 系统中使用 IE 浏览器收发邮件

具体操作步骤如下：

（1）打开 IE 浏览器，在地址栏中输入"https://Exchange 服务器的 IP 地址/owa"，例如 https://192.168.234.145/owa，按【Enter】键，如果使用的是 IE 7.0 以上版本，则会显示"证书错误"窗口，单击"继续浏览此网站（不推荐）"超链接，如图 8-52 所示。

（2）弹出如图 8-53 所示的窗口，输入用户名和密码。

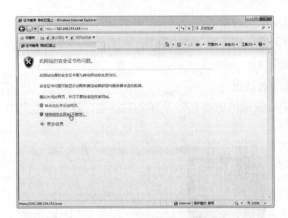

图 8-52　单击"继续浏览此网站（不推荐）"超链接

图 8-53　输入用户名和密码

（3）单击"登录"按钮，在弹出的如图 8-54 所示的窗口中，设置时区、界面语言等选项。

（4）单击"确定"按钮，即可以 OWA 方式登录邮箱，如图 8-55 所示，其使用方法和使用 Microsoft Outlook 2016 类似。

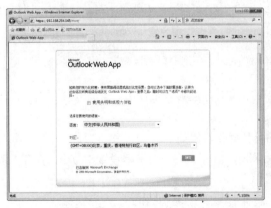

图 8-54　设置时区和语言

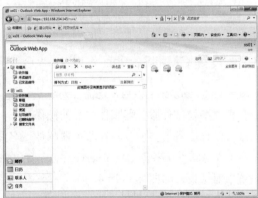

图 8-55　"Outlook Web Access"窗口

8.3　使用 CMailServer 组建邮件服务器

邮件服务器 CMailServer 是标准的互联网邮件服务器软件，支持 SMTP/POP3/ESMTP 等标准互联网邮件服务协议，支持互联网邮件收发，支持通用的邮件客户端软件 Outlook、Foxmail 等收发邮件。

8.3.1　安装 CMailServer

在安装 CMailServer 之前，用户需要安装 DNS 服务器和 Web 服务器，这是前提，请切记。

安装 CMailServer 的具体操作步骤如下：

（1）双击 CMailServer 的安装文件 CMailsetup.exe，弹出 Setup 对话框。

（2）单击"是"按钮，弹出如图 8-56 所示的对话框。

（3）单击 Next 按钮，在弹出的对话框中，采用默认的安装路径。

（4）单击 Next 按钮，在弹出的对话框中，采用默认的开始菜单文件夹。

（5）单击 Next 按钮，在弹出的对话框中，采用默认选项。

（6）单击 Next 按钮，弹出显示用户设置信息的对话框。

（7）单击 Install 按钮，系统开始安装。安装完成后弹出如图 8-57 所示的对话框，显示已经完成安装 CMailServe，单击 Finish 按钮完成即可。

图 8-56　"Setup-CMailServer"对话框　　　　　　图 8-57　安装完成

8.3.2　设置 CMailServer

安装好 CmailServe 以后，还需要对它进行适当的设置，才能够正常使用。下面分别介绍设置邮件服务器类型及邮件服务器邮件域名的操作。

设置邮件服务器类型及邮件服务器邮件域名的具体操作步骤如下：

（1）在"邮件服务器 CMailServer 5.0"窗口中，单击"工具"→"服务器设置"命令，打开"系统设置"对话框，如图 8-58 所示。

（2）在"服务"区域中，选中"作为 局域网 邮件服务器"单选按钮。

（3）在"邮件域名设置"区域中，选中"单域名"单选按钮，并在其后的文本框中输入域名，如"xisha.com"。如果是作为互联网邮件服务器，请务必填上真实的互联网邮件域名。

提示：用户可以根据服务器的互联网连接方式和具体需求，在"服务"区域中选择相应的服务类型。

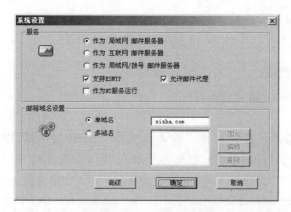

图 8-58　"系统设置"对话框

如果用户拥有一个互联网固定 IP 地址、一个有效的互联网域名和一台运行在互联网上的服务器，那么可以根据需要选中"作为 互联网 邮件服务器"单选按钮，实现互联网收发邮件。

如果用户拥有一台能够直接上网的服务器（如拨号、宽带连接），并拥有多个互联网邮箱，那么可以根据需要选中"作为 局域网/拨号 邮件服务器"单选按钮，实现互联网的收发邮件。

如果用户的服务器不能上网，那么只能选中"作为 局域网 邮件服务器"单选按钮，可以实现局域网内部收发邮件。

（4）设置完成后，单击"确定"按钮即可。

8.3.3　申请本地邮箱账号

创建邮箱有两种方法：一种是通过"邮件服务器 CMailServer"窗口；一种是通过 WebMail。下面分别介绍这两种创建邮箱的操作。

1. 通过"邮件服务器 CMailServer"窗口申请

【实验 8-10】通过"邮件服务器 CMailServer"窗口创建邮箱

具体操作步骤如下：

（1）在"邮件服务器 CMailServer 5.0"窗口中，单击"账号"→"新建账号"命令，如图 8-59 所示。

（2）在弹出的"新建账号"对话框中，分别输入账号、密码等信息，如图 8-60 所示。

图 8-59　"邮件服务器 CMailServer"窗口

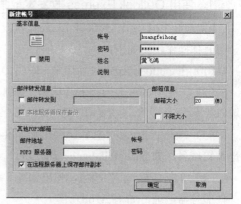

图 8-60　"新建账号"对话框

（3）单击"确定"按钮，即可完成创建邮箱的操作。

提示：在"邮箱设置"区域中，用户还可以设置该邮箱的大小，也可以选中"不限大小"复选框，不限该邮箱的大小。

2．通过 WebMail 创建

【实验 8-11】通过 WebMail 创建邮箱

具体操作步骤如下：

（1）打开 IE 浏览器，在地址栏中输入格式为"http://服务器 IP 地址/mail/命令"，如 http://192.168.0.1/mail，按【Enter】键，进入 WebMail 页面，如图 8-61 所示。

（2）在 WebMail 页面中，单击"马上注册"超链接，进入如图 8-62 所示的页面。

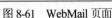

图 8-61　WebMail 页面

图 8-62　用户注册页面

（3）在用户注册页面中，分别输入账号、密码等信息后，单击"注册"按钮，即可完成新账号的注册。

8.3.4　收发 E-mail

CMailServer 既支持传统的 POP3 邮件服务，又支持 Web 邮件服务，只需通过 Internet Explorer 4.0 以上版本的浏览器即可实现邮件的收发等各种操作。下面分别介绍这两种方式收发电子邮件的方法。

1．使用 Outlook Express 收发本地邮件

【实验 8-12】使用 Outlook Express 收发本地邮件。

具体操作步骤如下：

（1）在 Outlook Express 窗口中，单击"工具"→"账户"命令，打开"Internet 账户"对话框。

（2）选中"邮件"选项卡，单击"添加"→"邮件"命令，打开"Internet 连接向导"对话框，输入姓名。

（3）单击"下一步"按钮，弹出如图 8-63 所示的对话框，输入电子邮件地址（申请的账号@本地邮箱域名，如 huangfeihong@xisha.com）。

（4）单击"下一步"按钮，弹出如图 8-64 所示的对话框，分别输入接收邮件服务器地址和发送邮件服务器地址，如 192.168.0.1。

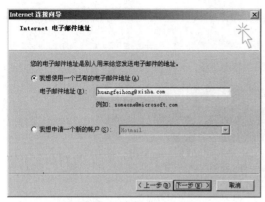

图 8-63　输入电子邮件地址

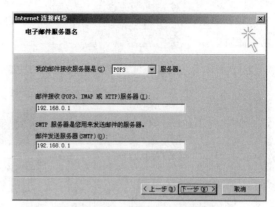

图 8-64　输入收发邮件服务器地址

（5）单击"下一步"按钮，在弹出的对话框中，输入账户名和密码。

（6）单击"下一步"按钮，弹出提示用户设置成功的对话框。

（7）单击"完成"按钮，返回到"Internet 账户"对话框，然后单击"关闭"按钮。

（8）在 Outlook Express 窗口中，单击"发送/接收"按钮，系统将接收来自 CMailServer 服务器的邮件，如图 8-65 所示。用户通过这个账号，就可以收发自己的邮件了。

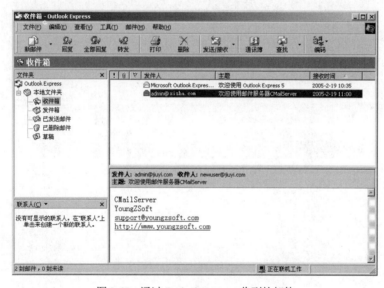

图 8-65　通过 Outlook Express 收到的邮件

2．使用浏览器收发邮件

【实验 8-13】使用浏览器收发邮件

具体操作步骤如下：

（1）打开 IE 浏览器，在地址栏输入格式为"http://服务器 IP 地址/mail"的命令，如 http://192.168. 0.1/mail，按【Enter】键，进入登录注册页面，在该页面中输入账号和密码。

（2）输入账号和密码后，单击"登录"按钮，弹出提示用户是否让 Windows 记住该密码的对话框。

（3）单击"否"按钮，进入如图 8-66 所示的邮箱页面，在该页面中，用户可以收发邮件，也可以写邮件。

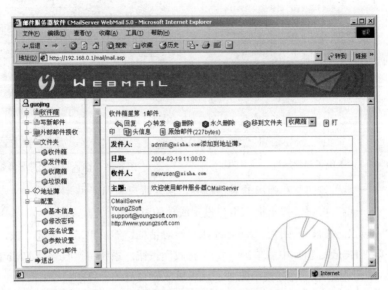

图 8-66 "账户 guojing"的邮箱页面

第 **9** 章　组建视频点播服务器

　　视频点播借助流式传输技术，将连续的音频和视频信息经过压缩后放到网络的服务器上，网络用户一边下载一边进行收听或收看，而不必等到整个文件下载完毕后才观看，并且可让用户随心所欲地选择节目播放。

　　通过流式传输技术提供直播或点播服务有多种不同的解决方案。目前，互联网或局域网所使用的流媒体技术，以 RealNeworks 公司的 Real Media、微软公司的 Windows Media 和 Apple 公司的 QuickTime 为主流，其中应用最为广泛的是 Real Media。

9.1　使用 Real Media 组建视频点播服务器

　　RealNetworks 公司在 20 世纪 90 年代中期首先推出了流媒体技术，并随着互联网的急速发展而壮大，在市场上处于主动地位，并拥有最多的用户数量。目前在编码方面主要技术是 Real Media Codec 9。由于 Real Media 发展的时间比较长，因此具有很多先进的设计，例如 Scalable Video Technology（可伸缩视频技术）可以根据用户计算机速度和连接质量而自动调整媒体的播放质量。Real Media 音频部分采用 Real Audio 编码，该编码在低带宽环境下的传输性能非常突出。Real Media 通过基于 SMIL 并结合自己的 RealPix 和 RealText 技术来达到一定的交互能力和媒体控制能力。

9.1.1　安装 Helix Universal Internet Server 服务器

　　Helix Universal Internet Server 服务器的安装过程比较简单，下面介绍安装 Helix Universal Internet Server 服务器的操作。

　　安装 Helix Universal Internet Server 服务器的具体操作步骤如下：

　　（1）双击 Helix Universal Internet Server 的安装文件 rs901-win32.exe，弹出如图 9-1 所示的 Setup of Helix Server 对话框。

　　（2）单击 Next 按钮，在弹出的提示用户输入证书文件的路径的对话框中，设置证书文件的路径，用户也可以单击 Brower 按钮，浏览证书文件的路径。

（3）单击 Next 按钮，在弹出的显示软件许可协议内容的对话框中，单击 Accept 按钮，打开如图 9-2 所示的对话框，选择相应的安装路径，在这里采用默认的设置。

图 9-1　Setup of Helix Server 对话框

图 9-2　选择相应的安装路径

（4）单击 Next 按钮，在弹出的对话框中，设置一个用于管理服务器的用户名和密码。

（5）单击 Next 按钮，在弹出的对话框中，设置用于监听 PNA 连接的端口号，在这里，采用默认的端口号，如图 9-3 所示。

（6）单击 Next 按钮，在弹出的对话框中，设置用于监听 RTSP 连接的端口号，在这里采用默认的端口号，如图 9-4 所示。

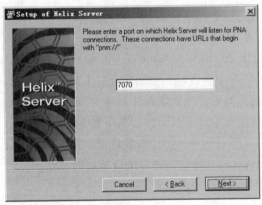

图 9-3　设置用于监听 PNA 连接的端口号

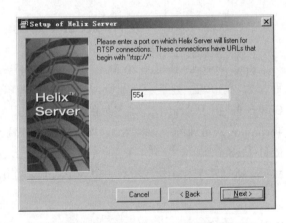

图 9-4　设置用于监听 RTSP 连接的端口号

（7）单击 Next 按钮，在弹出的对话框中，设置用于监听 HTTP 连接的端口号，在这里采用默认的端口号，如图 9-5 所示。

提示：如果系统中已经安装了一个 Web 服务器，则在图 9-5 所示的对话框中 HTTP 端口号选项的默认值 "80" 将与之冲突，应将其改为另外一个数值或将 Web 服务器禁用。

（8）单击 Next 按钮，在弹出的如图 9-6 所示的对话框中，设置用于监听 MMS 连接的端口号，在这里采用默认的端口号。

图 9-5 设置用于监听 HTTP 连接的端口号

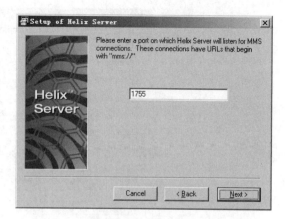

图 9-6 设置用于监听 MMS 连接的端口号

（9）单击 Next 按钮，在弹出的如图 9-7 所示的对话框，设置用于监听系统管理员请求的端口号，在这里采用默认的端口号。

（10）单击 Next 按钮，在弹出的如图 9-8 所示的对话框，选中 Install Helix Server as an NT service 复选框。

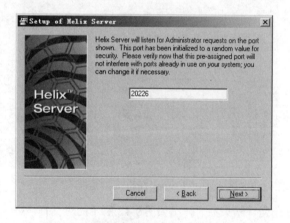

图 9-7 设置监听系统管理员请求的端口号

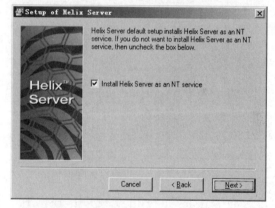

图 9-8 选中 Install Helix Server as an NT service 复选框

（11）单击 Next 按钮，弹出显示前面设置的各种选项值的对话框，单击 Finish 按钮，系统开始复制文件。

（12）复制文件结束后，弹出提示用户安装完成的对话框，单击 OK 按钮，退出安装程序，重新启动计算机。

9.1.2 安装 Helix Producer Plus 编码器

安装 Helix Producer Plus 编码器的具体操作步骤如下：

（1）双击 Helix Producer Plus 编码器的安装文件 HelixProducerPlus901.exe，弹出如图 9-9 所示的对话框，选中"I accept the terms in the license agreement"单选按钮。

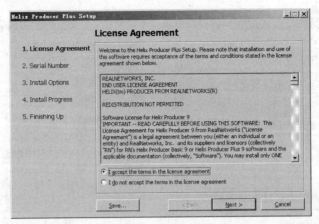

图 9-9　选中"I accept the terms in the license agreement"单选按钮

（2）单击 Next 按钮，弹出如图 9-10 所示的对话框，提示用户输入用户名和序列号。

（3）单击 Next 按钮，弹出如图 9-11 所示的对话框，设置安装文件夹路径和用于快速连接到 Helix Producer Plus 的可选项目，在这里采用默认的设置。

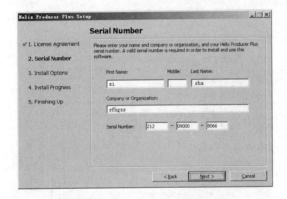

图 9-10　提示用户输入用户名和序列号

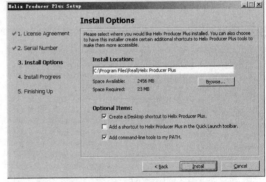

图 9-11　Install Options 对话框

（4）单击 Install 按钮，系统开始复制文件，复制文件结束后，弹出如图 9-12 所示的对话框，提示用户安装完成，单击 Finish 按钮关闭该对话框即可。

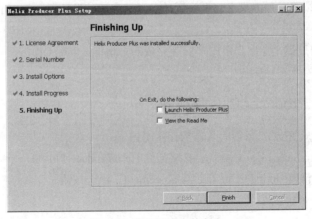

图 9-12　提示用户安装完成

9.1.3　服务器的设置

安装好 Helix Universal Internet Server 服务器后，用户还需要进行简单的设置。Helix Universal Internet Server 使用目前网络服务器最流行的 Web 管理方式，这种方式可以支持管理员远程管理。

在设置 Helix Universal Internet Server 服务器之前，用户需要查看 Helix Universal Internet Server 服务器是否启动。

设置服务器的具体操作步骤如下：

（1）单击"开始"→Helix Server→Helix Server 命令，打开如图 9-13 所示的对话框，提示用户输入在安装时定义的用户名和密码。

图 9-13　"连接到 server"对话框

提示：用户也可以在 IE 浏览器的"地址"栏中输入"http://计算机名称:管理端口号/admin/index.html"或"http://服务器的 IP 地址:管理端口号/admin/index.html"，打开"连接到 server"对话框。

（2）输入用户名和密码后，单击"确定"按钮，进入管理页面，如图 9-14 所示。在该页面左边显示了功能菜单，右边显示了具体设置。

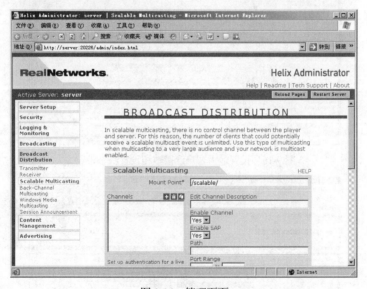

图 9-14　管理页面

（3）双击 Server Setup 根目录树，将其展开，选择 IP Binding，在其右边单击"添加"按钮，添加一个"0.0.0.0"的 IP 地址，绑定服务器上所有的 IP 地址，如图 9-15 所示。

（4）选择 Connecting Control，在其右边设置最大客户连接数和设置网络带宽，如图 9-16 所示。

（5）选择 Server 下的 Mount Points，在其右边的 Mount Point Descnption 列表框中选择 RealSystem Content，在 Base Path 文本框中输入实际路径，在 Base Path Location 下拉列表框中选择 Local，如图 9-17 所示。

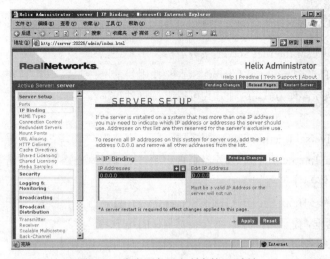

图 9-15　绑定服务器上所有的 IP 地址

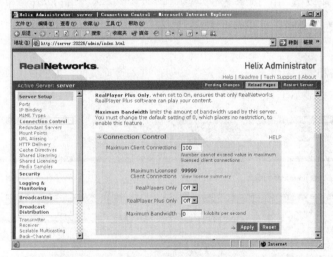

图 9-16　设置最大客户连接数和设置网络带宽

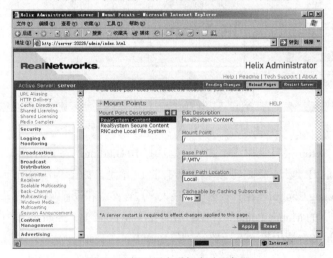

图 9-17　提示用户重新启动服务器

（6）单击 Apply 按钮，弹出如图 9-18 所示的对话框，提示用户重新启动服务器。

图 9-18　设置加载点

（7）单击"确定"按钮，在弹出的对话框中，单击 Close 按钮，返回到管理页面，然后再单击管理页面中的 Restart Server 按钮，重新启动服务器，以使改动生效。

提示： 以上是一些简单的设置，一般而言已经足以使一个流媒体服务器正常运作起来。其他的设置，用户请参考相关书籍或者帮助文件进行操作。

9.1.4　制作和收看视频文件

服务器设置好后，用户就可以将系统投入使用了，但是没有资源的服务器是没用的。下面介绍制作视频文件的方法。

【实验 9-1】制作视频文件（以视频"感恩的心"为例）

制作视频文件的具体操作步骤如下：

（1）单击"开始"→"程序"→"Helix Producer Plus 9"命令，打开 Helix Producer Plus 窗口，如图 9-19 所示，在该窗口中左边是输入（Input）部分，右边是输出（Output）部分，最下方是编码工作状态栏。

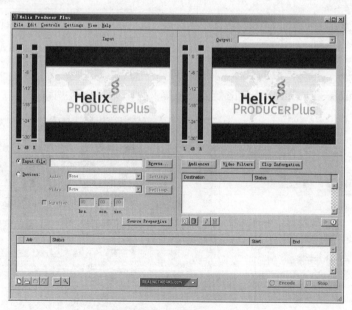

图 9-19　Helix Producer Plus"窗口

（2）单击 File→New Job 命令，创建新任务，如图 9-20 所示。

（3）单击 Input file 右侧的 Browse 按钮，在弹出的对话框中，选择要输入的对象，如图 9-21 所示。

图 9-20　创建后的新任务

（4）单击"确定"按钮，输入对象同时被添加到输出对象列表框中，单击 File→Add Server Dstination 命令，在弹出的对话框中，设置服务器相关信息，如图 9-22。

图 9-21　Select Input File 对话框

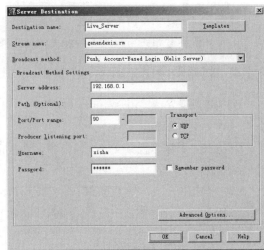

图 9-22　设置服务器相关信息

（5）在 Output 列表框中，选择输出对象，单击 Clip Information 按钮，在弹出的对话框中的 Title 和 Author 文本框中输入最终产品的名称、作者，如图 9-23 所示。

（6）单击 Controls→Encode 命令，系统开始压缩文件，如图 9-24 所示。

图 9-23　输入最终产品的名称、作者

图 9-24　系统开始压缩文件

9.1.5　收听和收看视频文件

制作好视频文件后，用户就可以将其在网络上发布，让网络中的用户收听和收看该视频文件。在局域网中收听和收看视频文件有两种方法：一种是通过 IE 浏览器收听和收看视频文件，另一种是通过播放软件直接收听和收看视频文件。

下面简单介绍两种实现收听和收看视频文件的方法。

1．通过 IE 浏览器收听和收看视频文件

【实验 9-2】通过 IE 浏览器收听和收看视频文件

具体操作步骤如下：

（1）在服务器端，用记本事制作一个名称为 xisha.txt 的文件，内容如图 9-25 所示。将该文件另存为 xisha.htm，并将 xisha.htm 文件发布到 Web 服务器上，这里的 Web 服务器的 IP 地址为 192.168.0.1，Web 服务器的端口号为 8080。

（2）在客户端的浏览器地址栏中输入"http://192.168.0.1:8080/xisha.htm"，进入该页面，如图 9-26 所示。

图 9-25　xisha.txt 文件

提示：如果用户的计算机上没有安装 RealPlay 或 RealOne 播放器，将无法打开该链接。

（3）单击"感恩的心"超链接，将弹出 RealOne 播放器，并开始播放"感恩的心"MTV，如图 9-27 所示。

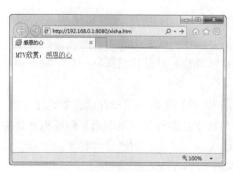

图 9-26　xisha.htm 页面

图 9-27　播放"感恩的心"MTV

2. 通过播放器直接收听和收看视频文件

除了通过 IE 浏览器收听和收看视频文件外，用户还可以通过播放器直接收听和收看视频文件。下面以使用 RealOne 播放器直接收听和收看视频文件为例，简单介绍通过播放器直接收听和收看视频文件的方法。

【实验 9-3】通过播放器直接收听和收看视频文件

具体操作步骤如下：

（1）运行 RealOne 播放器，单击"文件"→"打开"命令，弹出如图 9-28 所示的"打开"对话框，在"打开"文本框中输入"rtsp://192.168.0.1:554/ganendexin.rm"。

（2）单击"确定"按钮，RealOne 播放器将开始播放视频文件，如图 9-29 所示。

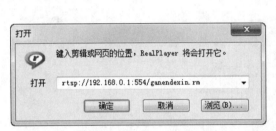

图 9-28　"打开"对话框　　　　　　　　　图 9-29　播放视频文件

9.2　使用 Windows Media 组建视频点播服务器

基于 Windows Media 技术的视频点播服务器通常由运行编码器的计算机、运行 Windows Media Services 的服务器和播放器组成。编码器允许将实况内容和预先录制的音频、视频和计算机屏幕图像转换为 Windows Media 格式。运行 Windows Media Services 的服务器叫作 Windows Media 服务器，它允许通过网络分发内容。网络中的用户通过使用播放器（如 Windows Media Player）接收分发的内容。

9.2.1　Windows Media 服务系统的原理

通常情况下，用户通过在网页上单击超链接来请求内容。Web 服务器将请求重新定向到 Windows Media 服务器，并在用户的计算机上打开播放器。此时，Web 服务器在流式播放媒体过程中不再充当角色，Windows Media 服务器与播放器建立直接连接，并开始直接向用户传输内容，如图 9-30 所示。

Windows Media 服务器可从多种不同的源接收内容。预先录制的内容可以存储在本地服务器上，也可以从联网的文件服务器上提取。实况事件则可以使用数字录制设备记录下来，经编码器处理后发送到 Windows Media 服务器进行广播。Windows Media Services 还可以重新广播从远程 Windows Media 服务器上的发布点传输过来的内容，如图 9-31 所示。

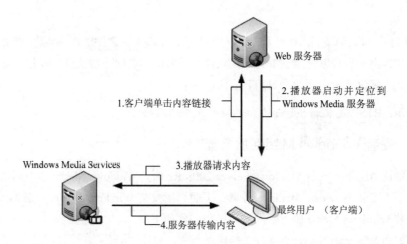

图 9-30 Windows Media 服务系统的网络结构

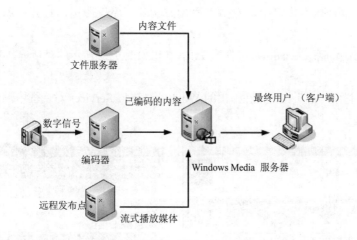

图 9-31 Windows Media 服务器多种不同的源接收内容

9.2.2 视频文件传输协议

Windows Media 服务支持的视频文件传输协议主要有两种：MMS 协议（微软媒体服务协议）和 HTTP 协议。

1. MMS 协议

MMS 是微软的专有视频文件传输协议，Windows Media 服务器使用该协议向客户端传输视频文件。使用 MMS 协议时，播放器可以实现视频文件的播放、暂停、停止、快进、倒退和索引数字媒体文件等功能。MMS 协议传输的文件可以使用 Windows Media Play 播放来播放。

MMS 协议支持微软的视频文件格式，也就是 Windows Media Player 所支持的文件格式，包括 AVI、MP3、WMA、WMV、ASF 等。

2. HTTP 协议

视频文件服务也可以使用 HTTP 协议实现。由于 HTTP 协议可以通过路由器和防火墙，因此无论用户处在局域网还是 Internet 中，都可以使用 HTTP 协议穿过防火墙连接到视频点播服务器。

HTTP 协议可以支持 MMS 和 RTSP 协议所支持的所有文件格式。但是，当使用 HTTP 协议传输文件时，客户端也可以使用迅雷等下载软件利用多线程直接下载文件。不过，这样会占用大量的带宽，因此不建议普通用户使用 HTTP 协议。

提示：RTSP 是 Real Server 专用的实时视频的点播协议。

9.2.3 安装 Windows Media 服务器

在默认情况下，安装 Windows Server 2008 R2 时，Windows Media 服务器没有被选择安装。用户需要手工安装 Windows Media 服务器。下面介绍安装 Windows Media 服务器的方法。

安装 Windows Media 服务器的具体操作步骤如下：

（1）在 Windows Server 2008 R2 操作系统中，单击"开始"→"控制面板"命令，打开"控制面板"窗口。

（2）在"控制面板"窗口中，双击"添加或删除程序"图标，打开"添加或删除程序"对话框。

（3）单击"添加/删除 Windows 组件"按钮，弹出如图 9-32 所示的对话框，选择 Windows Media Services 复选框。

（4）单击"详细信息"按钮，在弹出的 Windows Media Services 对话框中，选中所有的复选框，如图 9-33 所示。

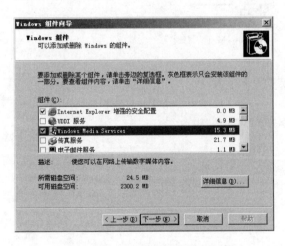

图 9-32 "Windows 组件向导"对话框

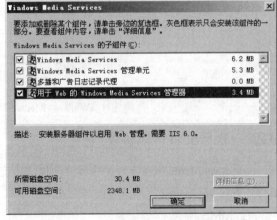

图 9-33 Windows Media Services 对话框

（5）依次单击"确定"按钮，返回"Windows 组件向导"对话框，然后单击"下一步"按钮，直到安装结束。

提示：在 Windows Server 2008 R2 系统中，没有集成 Windows Media 服务，用户需要从微软网站免费下载并安装 Windows Media 服务更新程序，或者在系统自动下载更新时选择安装，该 Windows 更新程序代码为 KB934518。

9.2.4　安装 Windows Media 编码器

从微软公司的网站下载 Windows Media 编码器，将其安装在 Windows Server 2008 R2 操作系统中。下面介绍安装 Windows Media 编码器的方法。

实操视频　即扫即看

安装 Windows Media 编码器的具体操作步骤如下：

（1）双击安装文件 WMEncoder.exe，弹出如图 9-34 所示的"欢迎使用安装向导"对话框。

（2）单击"下一步"按钮，弹出如图 9-35 所示的对话框，显示许可证协议，选中"我接受许可证协议中的条款"单选按钮。

图 9-34　"欢迎使用安装向导"对话框

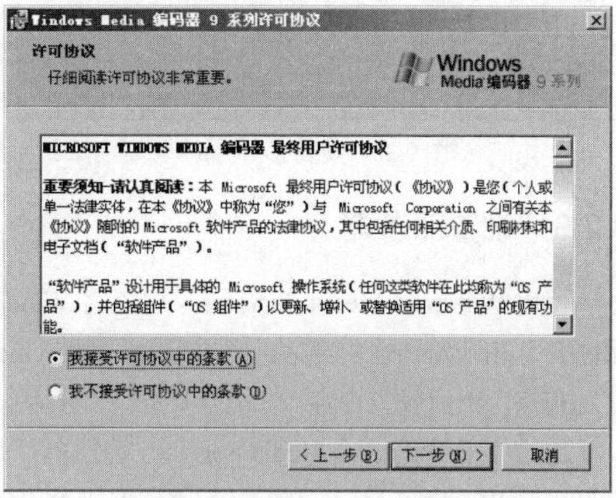

图 9-35　显示许可证协议

（3）单击"下一步"按钮，弹出如图 9-36 所示的对话框，在"安装文件夹"文本框中输入要安装的文件夹，一般采用默认的安装文件夹。

（4）单击"下一步"按钮，弹出如图 9-37 所示的对话框，提示用户准备安装。

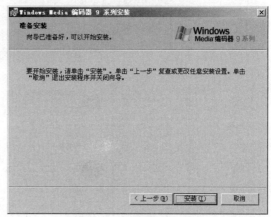

图 9-36　设置安装文件夹

图 9-37　提示用户准备安装

（5）单击"安装"按钮，系统开始安装 Windows Media 编码器，并显示安装进度，如图 9-38 所示。

（6）安装完成后，弹出如图 9-39 所示的对话框，提示用户安装完成。

（7）单击"完成"按钮，完成"Windows Media 编码器 9"的安装。

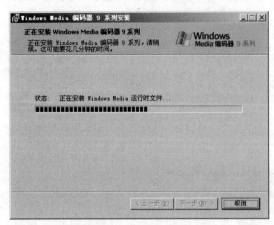

图 9-38　安装进度显示　　　　　　　　　　　　图 9-39　提示用户安装完成

9.2.5　设置服务器

使用 Windows Media Services，可以将 Windows Media 服务器配置为通过 Intranet 或 Internet 传输内容。在开始传输内容之前，必须为运行 Windows Media Services 的服务器配置设置，添加并配置发布点，然后设置内容。

通过使用 Windows Media Services 管理单元或用于 Web 的 Windows Media Services 管理器，用户可以对 Windows Media Services 服务器进行设置。

设置服务器的具体操作步骤如下：

（1）单击"开始"→"程序"→"管理工具"→Windows Media Services 命令，打开 Windows Media Services 窗口，如图 9-40 所示。Windows Media Services 窗口由控制台树和细节窗格两部分组成。

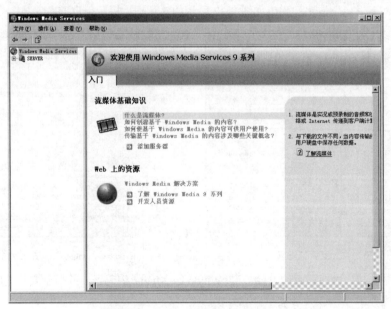

图 9-40　Windows Media Services 窗口

（2）选中左侧控制台树中的服务器 Server，右侧的窗格中将显示服务器 Server 的选项卡，在细节窗格的底部有一排可用于执行管理任务的按钮，如图 9-41 所示。

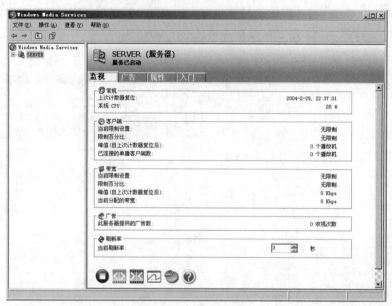

图 9-41　"监视"选项卡

（3）在"监视"选项卡中，显示当前服务器的状态和客户端的相关信息。单击 [图标] 或 [图标] 按钮，可以允许或拒绝与服务器的建立新的单播连接。一旦允许建立新连接，客户端即可以连接到服务器上的发布点并接收内容。

（4）单击"属性"选项卡，在"类别"列表框中，选择"限制"，在"属性"列表框中设置服务器限制参数，如图 9-42 所示。

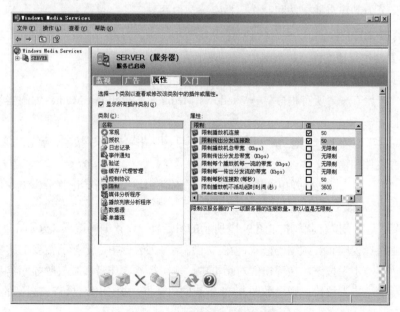

图 9-42　设置服务器限制参数

（5）在 Server 服务器下的"发布点"节点上右击，在弹出的快捷菜单中选择"添加发布点（高级）"命令，弹出如图 9-43 所示的"添加发布点"对话框。

（6）在"添加发布点"对话框中，对发布点进行设置，如名称、根目录和发布点类型等，设置完成后，单击"确定"按钮，添加的发布点将显示在 Windows Media Services 窗口中，如图 9-44 所示。

图 9-43 "添加发布点"对话框   图 9-44 添加的发布点

9.2.6 制作视频资源文件

设置好服务器后，用户接下来就可以制作视频文件，以供网络中的用户收听和收看视频文件。制作视频文件又分为制作点播文件和制作广播实况文件两种。

1. 制作点播文件

【实验 9-4】制作点播文件（以视频"千手观音"为例）

具体操作步骤如下：

（1）单击"开始"→"所有程序"→Windows Media→"Windows Media 编码器"命令，打开"新建会话"对话框。

（2）在"向导"选项卡中，选择"转换文件"项目，单击"确定"按钮，弹出如图 9-45 所示的对话框，设置源文件和输出文件。

（3）单击"下一步"按钮，弹出如图 9-46 所示的对话框，提示用户选择分发方法，在这里选择"Windows Media 服务器（流式处理）"。

（4）单击"下一步"按钮，弹出如图 9-47 所示的对话框，设置编码选项。分别在"视频"和"音频"下拉菜单中选择视频和音频编码格式，在"比特率"列表框中，选择所需要的比特率。

（5）单击"下一步"按钮，在弹出的对话框中，输入标题、作者和版权等显示信息。

（6）单击"下一步"按钮，弹出如图 9-48 所示的对话框，提示用户检查该会话的设置。

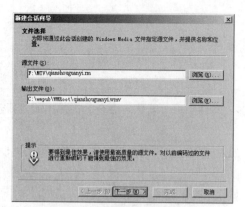

图 9-45　设置源文件和输出文件

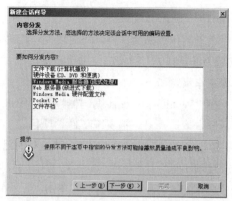

图 9-46　提示用户选择分发方法

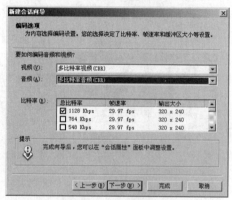

图 9-47　设置编码选项

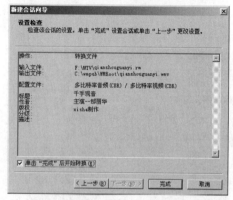

图 9-48　提示用户检查该会话的设置

（7）在图 9-48 对话框中，如果选中"单击'完成'后开始转换"复选框，单击"完成"按钮，将进入如 9-49 所示的转换画面；如果没有选中"单击'完成'后开始转换"复选框，以后单击"开始编码"按钮，也可以进入转换画面。

图 9-49　图转换画面

（8）转换结束后，将弹出显示编码结果的对话框，单击"关闭"按钮，退出压缩转换。这样，就生成了在 Windows Media 服务器上可以使用的视频文件，将其复制到 Windows Media 服务器上，也就是复制到点播发布点的实际目录中。

2. 制作广播实况文件

用户除了制作点播文件外，还可以制作广播实况文件。

【实验9-5】制作广播实况文件

具体操作步骤如下：

（1）在"Windows Media 编码器"窗口中，单击"文件"→"新建"命令，在弹出的"新建会话"对话框中，选择"广播实况事件"项目。

（2）单击"确定"按钮，弹出提示用户选择设备的对话框，在这里由于没有安装视频采集设备，所以视频选项不可用。

（3）选择配置好音、视设备后，单击"下一步"按钮，弹出如图 9-50 所示的对话框，提示用户选择广播方法，在这里选择"推传递到 Windows Media 服务器（编码器已初始化连接）"单选按钮。

（4）单击"下一步"按钮，弹出如图 9-51 所示的对话框，设置服务器名称、端口号和发布点名称。

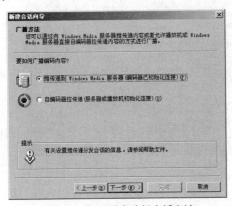 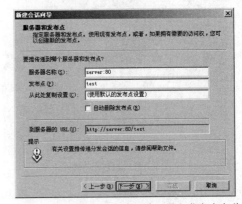

图 9-50　提示用户选择广播方法　　　　图 9-51　设置服务器名称、端口号和发布点名称

（5）单击"下一步"按钮，弹出提示用户设置编码选项的对话框，设置编码选项。

（6）单击"下一步"按钮，弹出如图 9-52 所示的"存档文件"对话框，设置存档文件目录和文件名。

（7）单击"下一步"按钮，弹出如图 9-53 所示的对话框，提示用户设置显示信息，如标题、作者和版权等。

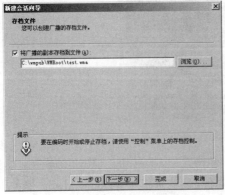 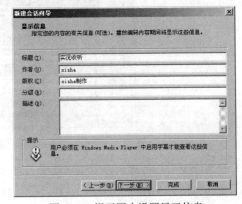

图 9-52　设置存档文件目录和文件名　　　　图 9-53　提示用户设置显示信息

（8）单击"下一步"按钮，弹出提示用户检查设置选项的对话框。

（9）单击"完成"按钮，弹出如图 9-54 所示的对话框，提示用户输入用户名和密码，在这里输入的用户名和密码是 Windows Server 2008 R2 系统管理员名称和密码。

（10）单击"确定"按钮，进入如图 9-55 所示的压缩画面，系统开始实况广播。这样，在客户端就可以收看或收听实况广播了。

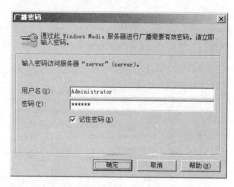

图 9-54　提示用户输入用户名和密码

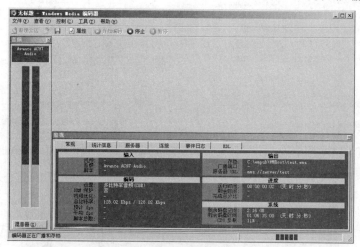

图 9-55　开始实况广播

9.2.7　收听和收看视频文件

制作好视频文件，并把服务器配置好以后，用户就能够收听或收看精彩的影视节目了。根据视频文件的不同，收听或收看视频文件又分为点播文件和实况播放文件两种方式。

在客户端收听或收看视频文件，建议用户使用 Windows Media Player 9 以上的系列，如果用户使用 Windows Media Player 9 以前的产品播放会出现播放不完整或无法播放等现象。

1．点播文件

在客户端播放制作好的点播文件有三种方法：Windows Media Player 中直接输入地址播放、通过简单的网页链接播放和通过嵌入网页的播放器播放。下面通三个实例来介绍这三种方法。

【实验 9-6】在 Windows Media Player 中直接播放

具体操作步骤如下：

（1）在客户端打开 Windows Media Player，单击"工具"→"选项"命令，打开"选项"对话框。

实操视频 即扫即看

（2）在"网络"选项卡中，全部选中"流协议"中的复选框，在"流代理服务器设置"列表框中，将 HTTP 协议设置为浏览器，RTSP 协议设置为自动检测，如图 9-56 所示。

（3）单击"确定"按钮，返回 Windows Media Player 窗口中，然后单击"文件"→"打开 URL"
命令，弹出如图 9-57 所示的"打开"对话框。

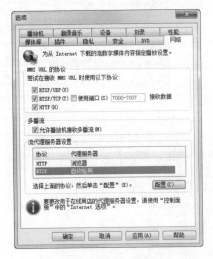

图 9-56　"网络"选项卡

图 9-57　"打开"对话框

（4）在"打开"文本框中输入多媒体文件的 URL，单击"确定"按钮，Windows Media Player
就开始播放指定的多媒体文件，如图 9-58 所示。

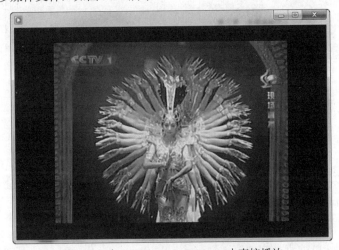

图 9-58　在 Windows Media Player 中直接播放

【实验 9-7】通过简单的网页链接播放

通过简单的网页链接播放是非常简单的方法，就是在网页上做一个链接，把它指向流文件就可
以了。

具体操作步骤如下：

（1）使用记事本或网页制作软件如 Microsoft FrontPage 2003 制作一个名字为 xisha.htm 的网页，
其内容如下：

```
<html>
<head>
```

```
<meta http-equiv="Content-Type" content="text/html; charset=gb2312">
<title>MTV——千手观音</title>
</head>
<body>
<p> <a herf="mms://192.68.0.1/xisha/qianshouguanyi.wmv">MTV——千手观音</a></p>
</body>
</html>
```

（2）将 xisha.htm 文件发布到 Web 服务器上，这里的 Web 服务器的 IP 地址为 192.168.0.1，端口号为 8080。

（3）在客户端中，打开 IE 浏览器，并在"地址"栏中输入"http://192.168.0.1:8080/ xisha.htm"，按【Enter】键，进入如图 9-59 所示的页面。

（4）单击"MTV——千手观音"超链接，客户端的计算机就会弹出 Windows Media Player 播放，开始播"千手观音"片断，如图 9-60 所示。

图 9-59　xisha.htm 页面

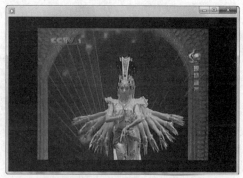

图 9-60　通过简单的网页链接播放

提示： 如果使用 RTSP 协议，用户需要将 xisha.htm 文件的"<a href="mms://192.168.0.1/xisha/qianshouguanyi.wmv">"语句中的"mms"改为"rtsp"；如果使用 HTTP 协议，则需要将该语句改为"<a href="http://192.168.0.1:8080/xisha/qianshouguanyi.wmv">"。

【**实验 9-8**】通过嵌入网页的播放器播放

具体操作步骤如下：

（1）如果想通过嵌入网页的播放器播放多媒体文件，需要使用 Microsoft FrontPage2002 等工具制作 xishagzs.htm 文件，内容如下：

实操视频 即扫即看

```
<html>
<head>
<meta http-equiv="Content-Language" content="zh-cn">
<meta http-equiv="Content-Type" content="text/html; charset=gb2312">
<meta name="GENERTOR" content="FrontPage.Editor.Document">
<title>MTV--千手观音</title>
</head>
<body>
<P>MTV--千手观音</p>
<p>
<object classid="clsid:6BF52A52-394A-11D3-B153-00C04F79FAA6" id="WindowsMediaPlayer1"
width="640" height="480">
<param name="URL" value="mms://192.168.0.1/xisha/qianshouguanyi.wmv">
<param name="rate" value="1">
<param name="balance" value="0">
```

```
<param name="CurrentPosition" value="0">
<param name="defaultFrame" value>
<param name="playCount" value="1">
<param name="autoStart" value="0">
<param name="currentMarker" value="0">
<param name="invokeURLs" value="-1">
<param name="baseURL" value>
<param name="volume" value="50">
<param name="mute" value="0">
<param name="uiMode" value="full">
<param name="stretchToFit" value="0">
<param name="windowlessVideo" value="0">
<param name="enableContextMenu" value="-1">
<param name="enabled" value="-1">
<param name="fullScreen" value="0">
<param name="SAMIStyle" value>
<param name="SAMILang" value>
<param name="SAMIFilename" value>
<param name="captioningID" value>
<param name="enableErrorDialogs" value="0">
<param name="_cx" value="16933">
<param name="_cy" value="12700">
</object>
</p>
<p>
</p>
</body>
</html>
```

（2）将这个文件 xishagzs.htm 发布到 Web 服务器上，这里的 Web 服务器的 IP 地址为 192.168.0.1，端口号为 8080。

（3）在客户端的浏览器的"地址"栏中，输入"http://192.168.0.1:8080/xishagzs.htm"，按【Enter】键，进入该页面，单击"播放"按钮，在网页中就会开始播放"千手观音"视频文件，如图 9-61 所示。

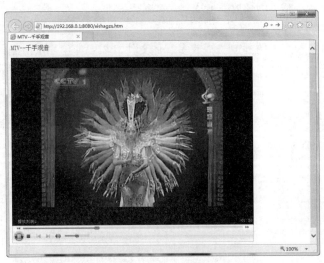

图 9-61　通过嵌入网页的播放器播放

提示：如果使用 RTSP 协议，只需将 "<param name="URL" value="mms://192.168.0.1/xisha/qianshouguanyi.wmv">" 语句中的 "mms" 改为 "rtsp" 即可；如果使用 HTTP 协议，则需要将该语句改为<param name="URL" value="http://192.168.0.1:8080/xisha/qianshouguanyi.wmv">"。

2．实况播放

在客户端收听或收看实况广播也有三种方法：Windows Media Player 中直接输入地址播放、通过简单的网页链接播放和通过嵌入网页的播放器播放。下面分别介绍这三种方法。

● 在 Windows Media Player 中直接输入地址播放。

在客户端打开 Windows Media Player，单击 "文件" → "打开 URL" 命令，即可打开 "打开 URL" 对话框。在 "打开" 文本框中输入 "mms://192.168.0.1/test"，单击 "确定" 按钮，Windows Media Player 就开始播放实况广播的视频文件。

● 通过简单的网页链接播放

与点播方式基本一样，就是在网页上做一个链接，把它指向广播发布点就可以了。将 xishagzs.htm 文件中的 "<ahref="mms://192.168.0.1/xisha/qianshouguanyi.wmv">" 语句修改为<a href="mms://192.168.0.1/test">即可。

● 通过嵌入网页的播放器播放

与点播方式基本一样，将 xishagzs.htm 文件中的 "<param name="URL" value="mms:// 192.168.0.1/xisha/qianshouguanyi.wmv">" 语句修改为<param name="URL" value="mms:// 192.168.0.1/test">" 即可。

第 **10** 章 组建 VPN 服务器

如果用户不在公司，但又要安全地访问公司的内部网络，那么 VPN（虚拟专用网络）方式无疑是最佳选择。VPN 是通过公用网络（Internet 或者其他专用网络）建立的一个临时、经过加密的安全通道访问目标网络（通常为企业内部网络）。VPN 是对企业内部网的扩展，它可以帮助异地用户、公司分支机构建立可信的安全连接，并保证数据的安全传输。

10.1   VPN 简介

VPN（Virtual Private Network，虚拟专用网络）是计算机（VPN 客户端）和企业服务器（VPN 服务器）之间的点对点的连接。用户可以通过 Internet 使用 VPN 连接技术对企业内部网络进行远程访问。利用网络访问保护（NAP），可以对远程接入的计算机进行健康检查，将影响网络安全的计算机隔离到一个受限网络中，直至计算机修复达到网络健康标准后才允许其接入。

10.1.1   VPN 优点

VPN 可以分为软件 VPN 和硬件 VPN，软件 VPN 可利用 Windows Server 2008/2012 系统集成 VPN 服务来实现。一些常规网络产品，如路由器、防火墙中也集成了 VPN 功能。

VPN 具有以下优点：

1. 费用低廉

只要远程用户可以接入 Internet，即可利用 Internet 作为通道，与企业内部专用网络相连，从而访问公司的局域网，而不必再花钱去购买和维护诸如调制解调器和专用模拟电话线等组件。而搭建 VPN 服务器只需利用现有的 Windows Server 2008 R2 服务器即可，不需要购置专门的设备。

2. 安全性高

VPN 使用了通信协议、身份验证和数据加密技术，保证了通信的安全性。当客户端向 VPN 服务器发出请求时，VPN 服务器响应请求并向客户机发出身份质询，然后，客户端将加密的响应信息发送到 VPN 服务端，VPN 服务器根据数据库检查该响应，如账户有效，VPN 服务器将检查该用户是否具有远程访问的权限，如果该用户拥有远程访问的权限，VPN 服务器接受此连接。

3．支持最常用的网络协议

VPN 支持最常用的网络协议，以太网、TCP/IP 和 IPX 等网络上的用户均可以使用 VPN。不仅如此，任何支持远程访问的网络协议在 VPN 中也同样被支持，这意味着可以远程运行依赖于特殊网络协议的程序，因此可以减少安装和维护 VPN 连接的费用。

4．有利于 IP 地址安全

VPN 在 Internet 中传输数据时是加密的，Internet 上的用户只能看到公共的 IP 地址，而看不到数据包内包含的专用网络地址，因此保护了 IP 地址的安全。

5．管理方便灵活

构架 VPN 只需较少的网络设备及物理线路即可，这使网络的管理变得较为轻松。不论分公司或远程访问用户，均只需通过一个公用网络端口或因特网的路径即可进入企业网络。公用网承担了网络管理的重要工作，关键任务可获得所必需的带宽。

10.1.2　VPN 技术

Windows Server 2008 R2 提供三种类型的远程访问 VPN 技术，分别为点对点隧道协议（PPTP）、第二层隧道协议（L2TP/IPsec）以及安全套接字隧道协议（SSTP）。

1．点对点隧道协议

PPTP 为用户级身份验证使用点对点协议的身份验证，为数据加密使用 Microsoft 点对点加密（MPPE）方法。PPTP 使用 PPP 用户身份验证和 MPPE 加密。当使用具有强密码的 MS-CHAPv2 或 PEAP-MS-CHAP v2 时，PPTP 是一种安全的 VPN 技术。PPTP 协议被广泛支持，其易于配置，可用于大部分网络地址转换（NAT）。

2．第二层隧道协议

L2TP/IPsec 为用户级身份验证使用 PPP 身份验方法、计算机级身份验证、数据身份验证、数据完整性和数据加密使用 IPsec 封装。L2TP 利用 PPP 用户身份验证和 IPsec 数据包保护。L2TP/IPsec 使用证书（默认）和 IPsec 计算机级的身份验证过程来协商受保护的 IPsec 会话，然后基于 PPP 的用户身份验证来认证 VPN 客户端计算机的用户。通过使用 IPsec，L2TP/IPsec 为每个数据包提供了数据机密性、数据完整性（证明数据没有在传输过程中被修改）和数据的原始认证（证明数据由授权用户发出）。但是 L2TP/IPsec 需要 PKI 为每个基于 L2TP/IPsec 的 VPN 客户端分配计算机证书。

3．安全套接字隧道协议

SSTP 为用户级身份验证使用 PPP 身份验证方法，数据身份验证、数据完整性和数据加密使用安全套接字层（SSL）通道。SSTP 使用 SSL 通信（TCP 端口 443），所以 SSTP 可用于多种不同的网络配置，如位于 NAT、防火墙或不支持 PPP 或 L2TP/IPsec 通信的代理服务器之后的 VPN 客户端或服务器。

10.1.3　VPN 组件

远程客户端通过 VPN 服务器创建一个到企业内部网络的远程访问 VPN 连接。VPN 服务器提供路由功能，使远程客户端计算机具备访问整个网络资源的能力。VPN 连接中发送的数据包由远程客户端计算机发起。在连接过程中，远程访问客户端（VPN 客户端）认证自己到远程访问服务器（VPN

服务器），使用支持互相身份验证的认证方法，服务器认证自己到客户端。一个完整的 VPN 构架包括以下组件：

1．VPN 客户端

VPN 客户端是发起者，提出到 VPN 服务器的远程访问 VPN 连接，一旦连接成功就可以访问企业内部网络资源。VPN 客户端可以是使用 MPPE 加密创建 PPTP 连接的计算机，也可以是使用 IPsec 加密创建 L2TP 连接的计算机，也可以是使用 SSL 加密创建 SSTP 连接的计算机。

2．VPN 服务器

VPN 服务器是运行 Windows Sever 2008 路由和远程访问的计算机。VPN 服务器监听远程访问 VPN 连接尝试，强制身份验证和连接请求，并在 VPN 客户端和内网资源间路由数据包。

3．活动目录域控制器

活动目录域控制器为身份验证检验用户资格，并授权用户账户远程访问的权限。

4．证书服务器（CA）

证书服务器是 PKI 的一部分，用来为 VPN 客户端发布计算机或用户证书，为 VPN 服务器和 RADIUS 服务器发布计算机证书，以便进行 VPN 连接的计算机级身份验证和用户级身份验证。

10.2 组建 VPN 服务器的准备

某公司需要为出差员工提供 VPN 接入，保证出差员工可以通过 VPN 隧道安全访问内网服务器资源。分析用户需求，可以通过 PPTP VPN 功能满足该需求，其逻辑拓扑结构如图 10-1 所示。

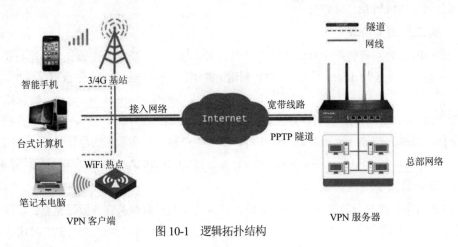

图 10-1 逻辑拓扑结构

1．域控制器网络参数

域控制器网络参数配置如下：

- 域控制器计算机名称：Server；
- IP 地址：192.168.0.1；
- 子网掩码：255.255.255.0；
- 默认网关：192.168.0.1；

- DNS 地址：192.168.0.1；
- 部署 DHCP 服务；
- 部署 WIN 服务；
- 部署 Active Directory 证书服务（企业根）；
- 网卡数量：1 片，连接内部网络。

2．VPN 服务器网络参数

VPN 服务器网络参数配置如下：

- VPN 服务器计算机名称：VPNServer；
- 内部网络 IP 地址：192.168.152.133；
- 内部网络子网掩码：255.255.255.0；
- 内部默认网关：192.168.0.1；
- 内部网络 DNS 地址：192.168.0.1；
- 部署"网络策略和访问服务"服务；
- 外部网络 IP 地址：100.0.0.1；
- 外部网络子网掩码：255.0.0.0；
- 外部网络默认网关：无；
- 外部网络 DNS 地址：无；
- 网卡数量：2 片。1 片连接内部网络，1 片连接外部网络。

3．客户端计算机网络参数

客户端计算机网络参数配置如下：

- IP 地址：100.0.0.2；
- 子网掩码：255.255.255.0；
- DNS 地址：无；
- 网卡数量：1 片。与 VPN 服务器的外部网卡连接。

10.3　设置 VPN 服务器

VPN 服务器用来提供拨入功能，以供远程计算机用户拨入内部网络。VPN 服务器上安装两块网卡，一块网卡连接内部网络，另一块连接 Internet，或者链接外部网络。

10.3.1　VPN 服务器部署流程

部署 VPN 服务器建议遵循以下流程：

（1）域控制器中部署 Active Directory Domain Services 服务、WINS 服务以及 DHCP 服务。

（2）域控制器中创建域用户，并赋予"允许远程访问"的权限。

（3）VPN 服务器加入域。

（4）VPN 服务器中部署"网络策略和访问服务"，配置"路由和远程访问"。

（5）客户端计算机创建 VPN 连接。

域控制器中需要部署 AD DS 服务、WINS 服务、DNCP 服务。部署过程在此不再赘述，用户可以参考前面第 5 章节的内容，这里不再赘述。

10.3.2 设置 VPN 用户权限

在 Active Directory 中，创建测试名称为 xisha01 的域用户，准备用来远程访问 VPN 服务器。

【实验 10-1】为域用户 xisha01 开启"允许访问"权限

具体操作步骤如下：

（1）在"Active Directory 用户和计算机"窗口中，选择 xisha01，右击并在弹出的快捷菜单中选择"属性"命令，如图 10-2 所示。

（2）在弹出的"xisha01 属性"对话框中，选择"拨入"选项卡，在"网络访问权限"区域，选中"允许访问"单选按钮，如图 10-3 所示。

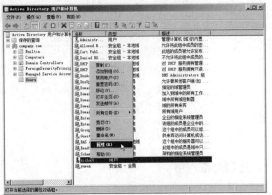

图 10-2 选择"属性"命令

图 10-3 选中"允许访问"单选按钮

（3）单击"确定"按钮，即可赋予域用户远程访问的权限。

10.3.3 安装"网络策略和访问服务"角色

下面详细说明安装"网络策略和访问服务"角色的方法。

具体操作步骤如下：

（1）在"服务器管理器"窗口中，选择"角色"选项，单击右侧的"添加角色"超链接，如图 10-4 所示。

（2）弹出"添加角色向导"对话框，然后单击"下一步"按钮，如图 10-5 所示。

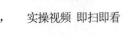

实操视频 即扫即看

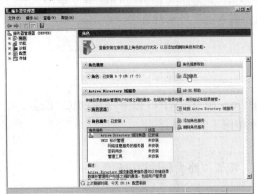

图 10-4 单击"添加角色"超链接

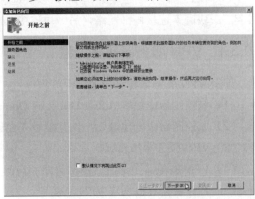

图 10-5 单击"下一步"按钮

（3）在弹出的"选择服务器角色"对话框中，选中"网络策略和访问服务"复选框，如图 10-6
所示。

（4）单击"下一步"按钮，弹出如图 10-7 所示的对话框，显示网络策略和访问服务简介。

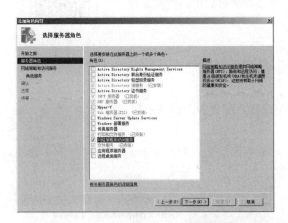

图 10-6　选中"网络策略和访问服务"复选框

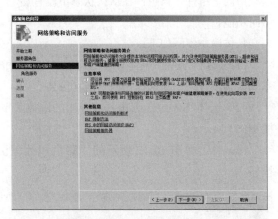

图 10-7　网络策略和访问服务简介

（5）单击"下一步"按钮，弹出如图 10-8 所示
的对话框，选中"路由和远程访问服务"复选框。

（6）单击"下一步"按钮，弹出如图 10-9 所示
的对话框，确认安装选择。

（7）单击"安装"按钮，系统将开始安装网络
策略和访问服务角色，安装完成后，在弹出的对话
框中，单击"关闭"按钮，如图 10-10 所示。

图 10-8　选中"路由和远程访问服务"复选框

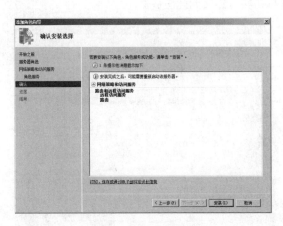

图 10-9　确认安装选择

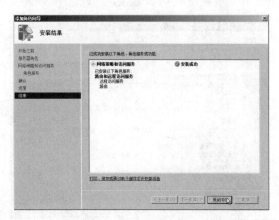

图 10-10　安装完成

10.3.4　启动"路由和远程访问"服务

"网络策略和访问服务"角色安装完成后，在 VPN 服务器中安装"路由和远程访问"组件，该组件在默认状态下没有启动，需要管理员启用路由和远程访问功能。

具体操作步骤如下：　　　　　　　　　　　　　　　　　　　　　　实操视频 即扫即看

（1）选择"开始"→"管理工具"→"路由和远程访问"，打开"路由和远程访问"控制台窗口。系统默认没有路由和远程访问功能，需要启用。

（2）选择 Server，右击并在弹出的快捷菜单中选择"配置并启用路由和远程访问"命令，如图 10-11 所示。

（3）弹出如图 10-12 所示的"路由和远程访问服务器安装向导"对话框，单击"下一步"按钮。

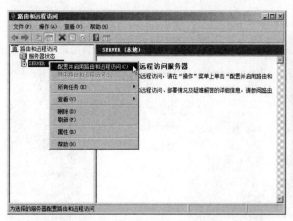
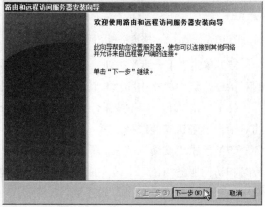

图 10-11　选择"配置并启用路由和远程访问"命令　　　　图 10-12　单击"下一步"按钮

（4）弹出如图 10-13 所示的"配置"对话框，提供了多方式来实现远程访问。这里选中"远程访问（拨号或 VPN）"单选按钮。单击"下一步"按钮，弹出如图 10-14 所示的"远程访问"对话框。由于现在使用 VPN 连接，因此选中 VPN 复选框，拨号连接到此服务器。

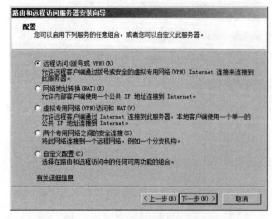
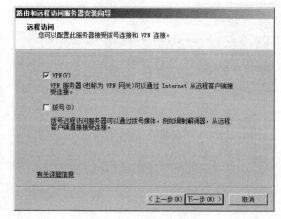

图 10-13　选中"远程访问（拨号或 VPN）"单选按钮　　　　图 10-14　选中 VPN 复选框

（5）单击"下一步"按钮，弹出如图 10-15 所示的"VPN 连接"对话框。配置 VPN 远程访问服务器至少需要两块网卡：一块连接 Internet，响应远程用户的访问；另一块用于连接内网。之后在"网络接口"列表中选择本地连接网卡。

（6）单击"下一步"按钮，弹出如图 10-16 所示的"IP 地址分配"对话框，指定远程客户端获得 IP 地址的方式。由于网络中已经配置 DHCP 服务器，选中"自动"复选框，为客户端分配 IP 地址，否则，选择"来自一个指定的地址范围"选项并设置打算分配的 IP 范围。

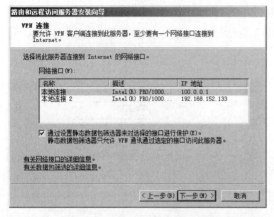

图 10-15　"VPN 连接"对话框

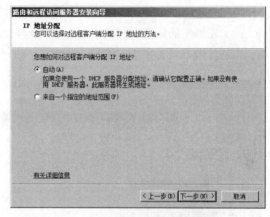

图 10-16　选中"自动"复选框

（7）单击"下一步"按钮，弹出如图 10-17 所示的"管理多个远程访问服务器"对话框。在这里选中"否，使用路由和远程访问来对连接请求进行身份验证"复选框。

（8）单击"下一步"按钮，弹出"正在完成路由和远程访问服务器安装向导"对话框，然后单击"完成"按钮。

（9）单击"确定"按钮，即可启动路由和远程访问功能，如图 10-18 所示。

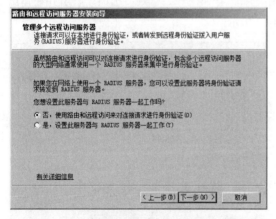

图 10-17　"管理多个远程访问服务器"对话框

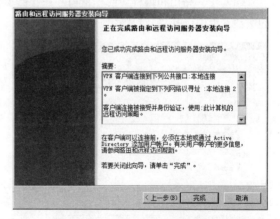

图 10-18　启动路由和远程访问功能

10.3.5　配置静态路由和 RIP 路由

VPN 远程连接目的是以安全方式访问内网资源，仅建立 VPN 客户端到 VPN 服务器的连接是不够的。管理员必须为远程拨入用户设置路由信息，以确保其可以访问内网服务器或网络设备。为了使 VPN 服务器能够在内网中正确访问，管理员必须完成如下工作之一：

- 添加内网使用的 IPv4 和 IPv6 地址空间的静态路由；
- 如果用户在内网使用 RIP IPv4 路由连接 VPN 服务器，添加 RIP 路由协议，保证 VPN 服务器可以与临近的 RIP 路由器交换路由，并且为内网子网自动添加路由到路由表中。

实操视频 即扫即看

配置静态路由和 RIP 路由的具体操作步骤如下：

（1）打开"路由和远程访问"窗口，在左侧的窗格中选择"IPv4"→"静态路由"选项，右击并在弹出的快捷菜单中选择"新建静态路由"命令，如图 10-19 所示。

（2）在弹出的如图 10-20 所示的"IPv4 静态路由"对话框中，为静态路由选择适当的接口、目标、网络掩码、网关和跃点数。

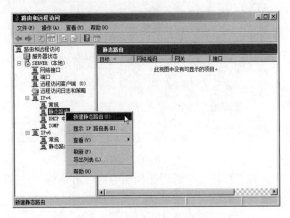

图 10-19　选择"新建静态路由"命令

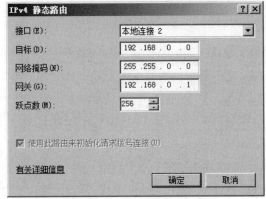

图 10-20　"IPv4 静态路由"对话框

（3）单击"确定"按钮，创建到内网的静态路由，如图 10-21 所示。

（4）在"路由和远程访问"窗口，在左侧窗格中选择"IPv4"→"常规"选项，右击并在弹出的快捷菜单中选择"新建路由协议"命令，如图 10-22 所示。

图 10-21　创建到内网的静态路由

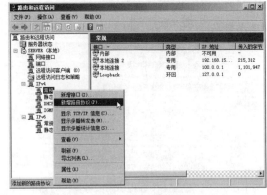

图 10-22　选择"新建路由协议"命令

（5）在弹出的如图 10-23 所示的"新路由协议"对话框，选中"用于 Internet 协议的 RIP 版本 2"路由协议。

（6）单击"确定"按钮，返回"路由和远程访问"窗口，选择"RIP"选项，单击"操作"→"新增接口"命令，如图 10-24 所示。

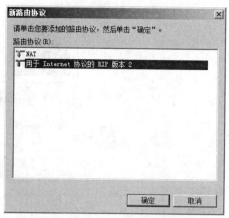 

图 10-23　"新路由协议"对话框　　　　图 10-24　单击"操作"→"新增接口"命令

（7）在弹出的如图 10-25 所示的"用于 Internet 协议的 RIP 版本 2 的新接口"对话框中，选择 VPN 服务器内网网卡即可。

（8）单击"确定"按钮，弹出如图 10-26 所示"RIP 属性-本地连接 2 属性"对话框，根据现有配置 RIP 路由协议参数，建议使用默认值即可。

（9）单击"确定"按钮，完成 RIP 路由协议的配置。

 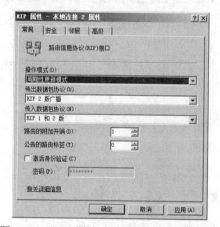

图 10-25　选择"本地连接 2"选项　　　　图 10-26　"RIP 属性-本地连接 2 属性"对话框

10.4　设置 VPN 客户端

在移动办公网络环境中，需要为出差人员提供 VPN 安全隧道以接入内网共享资源。VPN 服务器设置好之后，还需要进行 VPN 客户端的设置。

10.4.1　在 Windows 7 系统中设置 VPN 客户端

通过 VPN 进行移动办公已经被广泛应用，办公终端可以通过安全隧道接入内网，为出差人员提供便捷办公应用。下面介绍在 Windows 7 系统中设置 VPN 客户端的方法。

具体操作步骤如下：

（1）在"网络和共享中心"窗口中单击"设置新的连接或网络"超链接，如图 10-27 所示。

（2）在弹出的"设置新的连接或网络"对话框中，选择"连接到工作区"，单击"下一步"按钮，如图 10-28 所示。

实操视频 即扫即看

图 10-27　单击"设置新的连接或网络"超链接

图 10-28　单击"下一步"按钮

（3）在弹出的"连接到工作区"对话框中，选择"使用我的 Internet 连接"选项，如图 10-29 所示。

（4）在弹出的"连接到工作区"对话框中，提示用户 VPN 服务器地址和目标名称，如图 10-30 所示。

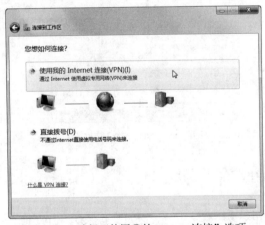
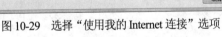

图 10-29　选择"使用我的 Internet 连接"选项

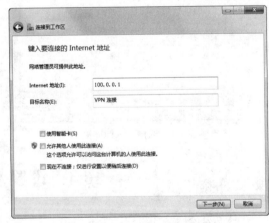

图 10-30　输入 VPN 服务器地址

（5）单击"下一步"按钮，在弹出的对话框中输入 VPN 账号和密码，如图 10-31 所示。

（6）单击"连接"按钮，系统将开始连接到 VPN 服务器，在这里单击"跳过"按钮，如图 10-32 所示。

（7）在"网络和共享中心"窗口中，单击"更改适配器设置"超链接，如图 10-33 所示。

（8）在弹出的""窗口中，选择创建的 VPN 客户端，右击并在弹出的快捷菜单中选择"属性"命令，如图 10-34 所示。

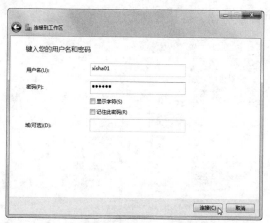

图 10-31　输入用户名和密码

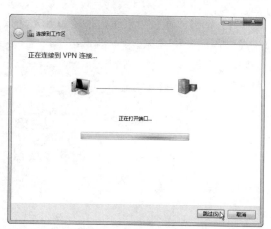

图 10-32　单击"跳过"

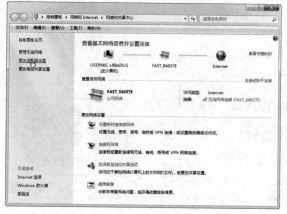

图 10-33　单击"更改适配器设置"超链接

图 10-34　选择"属性"命令

（9）在弹出的"VPN 连接 属性"对话框中，选择"安全"选项卡，在"VPN 类型"下拉列表框中选择"点对点隧道协议（PPTP）"选项，在"数据加密"下拉列表框中选择"需要加密（如果服务器拒绝将断开连接）"选项，如图 10-35 所示。

（10）单击"确定"按钮，关闭该对话框，返回窗口，双击 VPN 客户端，在弹出的对话框中输入 VPN 账号和密码，如图 10-36 所示。

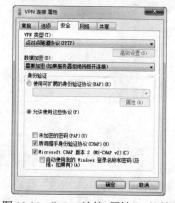

图 10-35　"VPN 连接 属性"对话框

图 10-36　输入用户名和密码

（11）单击"连接"按钮，系统将开始连接 VPN 服务器。连接成功后，VPN 客户端会变为蓝色，如图 10-37 所示。

图 10-37　VPN 连接成功

10.4.2　在 Windows 10 系统中设置 VPN 客户端

下面介绍在 Windows 10 系统中设置 VPN 客户端的方法。

设置之前，请确保计算机与 VPN 服务器已经连接到网络。

具体操作步骤如下：

（1）在"网络和共享中心"窗口中单击"设置新的连接或网络"超链接，
实操视频　即扫即看
如图 10-38 所示。

（2）弹出"设置新的连接或网络"对话框，选择"连接到工作区"选项，单击"下一步"按钮，如图 10-39 所示。

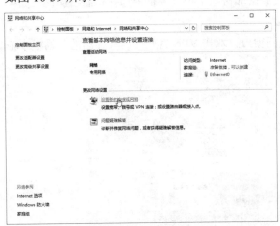

图 10-38　单击"设置新的连接或网络"超链接

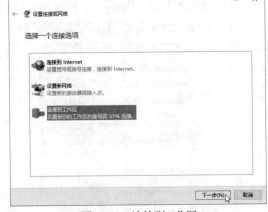

图 10-39　连接到工作区

（3）弹出"连接到工作区"对话框，选择"使用我的 Internet 连接（VPN）"选项，如图 10-40 所示。

（4）弹出"连接到工作区"对话框，提示用户输入 VPN 服务器地址和目标名称，单击"创建"按钮，如图 10-41 所示。

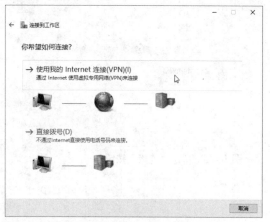

图 10-40　选择"使用我的 Internet 连接（VPN）"选项

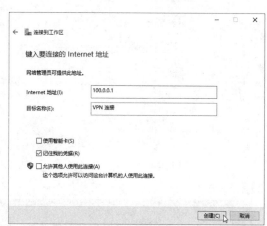

图 10-41　单击"创建"按钮

（5）VPN 客户端创建完成，在"网络和共享中心"窗口中，单击"更改适配器设置"超链接，如图 10-42 所示。

（6）弹出"网络连接"窗口，选择创建的 VPN 客户端，右击并在弹出的快捷菜单中选择"属性"命令，如图 10-43 所示。

图 10-42　单击"更改适配器设置"超链接　　　　图 10-43　选择"属性"命令

（7）在弹出的"VPN 连接属性"对话框中，选择"安全"选项卡，在"VPN 类型"下拉列表框中选择"点对点隧道协议（PPTP）"选项，在"数据加密"下拉列表框中选择"需要加密（如果服务器拒绝将断开连接）"选项，如图 10-44 所示。

（8）单击"确定"按钮，关闭该对话框，在侧边栏中选择 VPN 连接，单击"连接"按钮，如图 10-45 所示。

（9）在弹出的窗口中输入 VPN 账号和密码，如图 10-46 所示。

（10）单击"确定"按钮，系统将开始连接 VPN 服务器。连接成功后，侧边栏 VPN 会显示连接成功，如图 10-47 所示。

图 10-44 "安全"选项卡

图 10-45 单击"连接"按钮

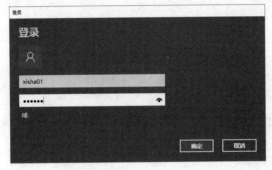

图 10-46 输入 VPN 账号和密码

图 10-47 VPN 连接成功

第 **11** 章 网络安全基础

随着计算机网络技术的突飞猛进，网络的安全问题已经日益突出地被摆在各类用户的面前。网络安全问题已经成为企业和个人面临的一个非常重要的问题。网络上的不安全因素主要包括黑客攻击、非法及越权操作等，其中最主要的威胁来自计算机被黑客和黑客程序攻击。

11.1 网络安全简介

网络安全是一门涉及计算机科学、网络技术、通信技术、密码技术、信息安全技术、应用数学、数论、信息论等多种学科的综合性学科。

11.1.1 网络安全的定义

网络安全是指网络系统的硬件、软件及其系统中的数据受到保护，不因偶然的或者恶意的原因而遭受破坏、更改、泄露，系统连续可靠正常地运行，网络服务不中断。网络安全包含网络设备安全、网络信息安全、网络软件安全。从广义来说，凡是涉及网络上信息的保密性、完整性、可用性、真实性和可控性的相关技术和理论都是网络安全的研究领域。

网络安全应具有以下五个方面的特征：

- 保密性：信息不泄露给非授权用户、实体或过程，或供其利用的特性。
- 完整性：数据未经授权不能进行改变的特性。即信息在存储或传输过程中保持不被修改、不被破坏和丢失的特性。
- 可用性：可被授权实体访问并按需求使用的特性。即当需要时能否存取所需网络安全解决措施的信息。例如网络环境下拒绝服务、破坏网络和有关系统的正常运行等都属于对可用性的攻击。
- 可控性：对信息的传播及内容具有控制能力。
- 可审查性：出现的安全问题时提供依据与手段。

对安全保密部门来说，他们希望对非法的、有害的或涉及国家机密的信息进行过滤和防堵，以避免机要信息泄露，避免对社会产生危害，对国家造成巨大损失。从社会教育和意识形态角度来讲，网络上不健康的内容，会对社会的稳定和人类的发展造成阻碍，也必须对其进行控制。

11.1.2 网络安全评价标准

网络安全评价标准主要有国内评价标和国际通用标准。

1. 我国评价标准

1999 年 10 月发布的《计算机信息系统安全保护等级划分准则》将计算机安全保护划分为以下 5 个级别。

- 第 1 级为用户自主保护级（GB1 安全级）：它的安全保护机制使用户具备自主安全保护的能力，保护用户的信息免受非法的读写破坏。
- 第 2 级为系统审计保护级（GB2 安全级）：除具备第一级所有的安全保护功能外，要求创建和维护访问的审计跟踪记录，使所有的用户对自己的行为的合法性负责。
- 第 3 级为安全标记保护级（GB3 安全级）：除继承前一个级别的安全功能外，还要求以访问对象标记的安全级别限制访问者的访问权限，实现对访问对象的强制保护。
- 第 4 级为结构化保护级（GB4 安全级）：在继承前面安全级别安全功能的基础上，将安全保护机制划分为关键部分和非关键部分，对关键部分直接控制访问者对访问对象的存取，从而加强系统的抗渗透能力。
- 第 5 级为访问验证保护级（GB5 安全级）：这一个级别特别增设了访问验证功能，负责仲裁访问者对访问对象的所有访问活动。

2. 国际评价标准

1993 年 6 月，美国、加拿大及欧洲四国经协商同意，起草单一的通用准则（CC），并将其推进为国际标准。1996 年发布正式文件，并逐渐形成国际标准 ISO15408。该标准定义了评价信息技术产品和系统安全性的基本准则，提出了目前国际上公认的表述信息技术安全性的结构，即把安全要求分为规范产品和系统安全行为的功能要求，以及解决如何正确有效地实施这些功能的保证要求。通用准则标准是第一个信息技术安全评估国际标准，它的发布对信息安全具有重要意义，是信息技术安全评估标准及信息安全技术发展的一个重要里程碑。

11.1.3 常见的安全威胁与攻击

迄今为止，网络上存在着无数的安全威胁和攻击，对于它们也存在着不同的分类方法。我们可以按照攻击的性质、手段、结果等暂且将其分为机密攻击、非法访问、恶意攻击、社交工程、计算机病毒、不良信息资源几类。

1. 窃取机密攻击

所谓窃取机密攻击是指未经授权的攻击者（黑客）非法访问网络、窃取信息的情况，一般可以通过在不安全的传输通道上截取正在传输的信息或利用协议或网络的弱点来实现的。常见的形式可以有以下几种：

- 网络踩点（Footprinting）

攻击者事先汇集目标的信息，通常采用 whois、Finger 等工具和 DNS、LDAP 等协议获取目标的一些信息，如域名、IP 地址、网络拓扑结构、相关的用户信息等，这往往是黑客入侵之前所做的第一步工作。

- 扫描攻击

扫描攻击包括地址扫描和端口扫描等，通常采用 ping 命令和各种端口扫描工具，可以获得目标计算机的一些有用信息，例如机器上打开了哪些端口，这样就知道开设了哪些服务，从而为进一步的入侵打下基础。

- 协议指纹

黑客对目标主机发出探测包，由于不同操作系统厂商的 IP 协议栈实现之间存在许多细微的差别（也就是说各个厂家在编写自己的 TCP/IP 协议栈时，通常对特定的 RFC 指南做出不同的解释），因此各个操作系统都有其独特的响应方法，黑客经常能确定出目标主机所运行的操作系统。常常被利用的一些协议栈指纹包括：TTL 值、TCP 窗口大小、DF 标志、TOS、IP 碎片处理、ICMP 处理、TCP 选项处理等。

- 信息流监视

这是一个在共享型局域网环境中最常采用的方法。由于在共享介质的网络上数据包会经过每个网络节点，网卡在一般情况下只会接受发往本机地址或本机所在广播（或多播）地址的数据包，但如果将网卡设置为混杂模式（Promiscuous），网卡就会接受所有经过的数据包。基于这样的原理，黑客使用一个叫 sniffer 的嗅探器装置（可以是软件，也可以是硬件）就可以对网络的信息流进行监视，从而获得他们感兴趣的内容，例如口令以及其他秘密的信息。

- 会话劫持（session hijacking）

利用 TCP 协议本身的不足，在合法的通信连接建立后攻击者可以通过阻塞或摧毁通信的一方来接管已经过认证建立起来的连接，从而假冒被接管方与对方通信。

2. 非法访问

非法访问包括口令破解、IP 欺骗、DNS 欺骗、重放攻击、非法使用、特洛伊木马等。

- 口令破解

可以采用字典破解和暴力破解来获得口令。

- IP 欺骗

攻击者可以通过伪装成被信任的 IP 地址等方式来获取目标的信任。这主要是针对防火墙的 IP 包过滤以及 LINUX/UNIX 下建立的 IP 地址信任关系的主机实施欺骗。

- DNS 欺骗

由于 DNS 服务器相互交换信息的时候并不建立身份验证，这就使得黑客可以使用错误的信息将用户引向错误主机。

- 重放攻击

攻击者利用身份认证机制中的漏洞先把别人有用的信息记录下来，过一段时间后再发送出去。

- 非法使用

系统资源被某个非法用户以未授权的方式使用

- 特洛伊木马

把一个能帮助黑客完成某个特定动作的程序依附在某一合法用户的正常程序中，这时合法用户的程序代码已经被改变，而一旦用户触发该程序，那么依附在内的黑客指令代码同时被激活。这些代码往往能完成黑客早已指定的任务。

3．恶意攻击

恶意攻击，在当今最为特出的就是拒绝服务攻击 DoS（Denial of Server）了。拒绝服务攻击通过使计算机功能或性能崩溃来组织提供服务，典型的拒绝服务攻击有如下 2 种形式：资源耗尽和资源过载。当一个对资源的合理请求大大超过资源的支付能力时，就会造成拒绝服务攻击。常见的攻击行为主要包括 Ping of death、泪滴(Teardrop)、UDP flood、SYN flood、Land 攻击、Smurf 攻击、Fraggle 攻击、电子邮件炸弹、畸形信息攻击等。

4．社交工程（Social Engineering）

采用说服或欺骗的手段，让网络内部的人来提供必要的信息，从而获得对信息系统的访问权限。

5．计算机病毒

病毒是对软件、计算机和网络系统的最大威胁之一。所谓病毒，是指一段可执行的程序代码，通过对其他程序进行修改，可以感染这些程序，使他们成为含有该病毒程序的一个拷贝。

6．不良信息资源

在互联网如此发达的今天，真可谓"林子大了，什么鸟都有"，网络上面充斥了各种各样的信息，其中不乏一些暴力、色情、反动等不良信息。

11.2　计算机病毒

本节从病毒的产生与分类入手，讲述计算机病毒的特征、病毒的攻击对象、病毒的传播途径和病毒的防范技术等内容，并介绍计算机病毒的相关内容。

11.2.1　计算机病毒的定义

计算机病毒是一种人为编写的、在计算机运行时对计算机信息系统起破坏作用的程序。它隐蔽在其他可执行程序之中，既有破坏性，又有传染性和潜伏性。轻则影响机器运行速度，使机器不能正常运行；重则使机器处于瘫痪，给用户带来不可估量的损失。

11.2.2　计算机病毒的特征

计算机病毒的特征有以下几点：

（1）破坏性：电脑系统一旦感染病毒，就会影响系统正常运行，浪费系统资源，破坏存储数据，导致系统瘫痪，给用户造成无法挽回的损失。

（2）传染性：病毒一旦侵入内存，就会不失时机地寻找适合其传染的文件或磁介质作为外壳，并将自己的全部代码复制到其中，从而达到传染的目的。

（3）顽固性：现在的病毒一般很难一次性根除，被病毒破坏的系统、文件和数据等更是难以恢复。

（4）藏匿性：编制者巧妙地把病毒藏匿起来，使用户很难发现病毒。在系统或数据被感染后，并不立即发作，而等待达到引发病毒条件时才发作。

（5）变异性：电脑病毒的变异性主要体现在两个方面，一方面，有些电脑病毒本身在传染过程中会通过一套变换机制，产生出许多与源代码不同的病毒；另一方面，有些恶作剧者人为地修改病毒程序的源代码。这两种方式的结果是产生不同于原病毒代码的病毒，即变种病毒。

11.2.3　常见计算机病毒的类型

到目前为止，计算机病毒还没有一个统一的分类标准，但一般将其分为两大类：即按传染对象分和按破坏程度分。

1. 按传染对象分类

计算机病毒按传染对象分，可以划分为以下几类：

- 引导型病毒

引导型病毒攻击的对象是磁盘的引导扇区，这样能使系统在启动时获得优先的执行权，从而达到控制整个系统的目的。这类病毒因为感染的是引导扇区，所以造成的损失比较大，一般来说会造成系统无法正常启动。但查杀这类病毒也比较容易，多数杀毒软件都能查杀这类病毒，如金山毒霸等。

- 文件型病毒

早期的文件型病毒一般是感染以 .exe、.com 等为扩展名的可执行文件，当执行某个可执行文件时病毒程序就会被激活。当前也有一些病毒感染以 .dll、.ovl、.sys 等为扩展名的文件，因为这些文件通常是某些程序的配置、链接文件，所以执行这些程序时病毒也自动被加载。它们加载的方法是通过将病毒代码整段落或分散插入到这些文件的空白字节中，如 CIH 病毒就是把自己拆分成 9 段嵌入到 PE 结构的可执行文件中，感染后通常文件的字节数并不增加，这是它隐蔽性的一面。

- 网络型病毒

随着网络技术的高速发展，出现了网络型病毒。这种病毒感染的对象不再局限于单一的模式和单一的可执行文件，而是更加综合、更加隐蔽。一些网络型病毒几乎可以对所有的 Office 文件进行感染，如 Word、Excel 和电子邮件。其攻击方式也从原始的删除、修改文件到现在对文件进行加密、窃取用户有用信息（如木马程序）等，传播的途径也发生了质的变化，不再局限于磁盘，而是通过更加隐蔽的网络进行传播，如通过电子邮件和短信息等。

- 复合型病毒

复合型病毒同时具备引导型和文件型病毒的某些特点，它们既可以感染磁盘的引导扇区，也可以感染某些类型的可执行文件。如果没有对这类病毒进行全面彻底的清除，病毒的残留部分就可自我恢复，还会再次感染引导扇区和可执行文件，所以这类病毒查杀的难度极大，所用的杀毒软件要同时具备查杀这两类病毒的功能，并且要反复查杀才能彻底消除。

2. 破坏程度分类

如果按病毒的破坏程度来分，又可以将病毒划分为如下两种：

- 良性病毒

良性病毒入侵计算机系统的目的不是破坏系统，而是消耗计算机的有效资源，使系统运行的速度减慢。这些病毒大多数是一些初级病毒发烧友的恶作剧，想检验自己编写病毒程序的水平。其目的并不想破坏用户的计算机系统，只是发出某种声音，或出现一些文字提示，除了占用一定的硬盘空间和 CPU 处理时间外并不造成更大的破坏。如一些木马病毒程序只是想窃取他人计算机中的一些通信密码和 IP 地址等。

● 灾难性病毒

计算机系统如果感染灾难性病毒，就会使系统彻底崩溃，根本无法正常启动，保留在硬盘中的重要数据也可能读不出来。这类病毒一般破坏磁盘的引导扇区文件、修改文件分配表和硬盘分区表，造成系统根本无法启动，有时甚至会格式化或锁死硬盘，使硬盘无法使用。如每年 4 月 26 日发作的 CIH 病毒就属于此类，因为它不仅对软件造成破坏，还直接对硬盘和主板的 BIOS 芯片等硬件造成破坏。如果一旦染上这类病毒，计算机系统就很难再恢复，保留在硬盘中的数据也很难获取，所造成的损失非常巨大。因此，广大计算机用户要有防范意识，对于自己的硬盘数据，一定要及时备份，否则，一旦遭到灾难性病毒的入侵，造成的损失将是不可估量的。

11.3　局域网安全防范措施

俗话说："知己知彼，百战不殆。"只有深入了解了局域网中各种安全隐患，我们才能有的放矢的采取相应的防范措施。

1. 加强人员的网络安全培训

安全是一个过程，它是一个汇集了硬件、软件、网络、人员以及它们之间互相关系和接口的系统。要确保信息安全工作的顺利进行，必须注重把每个环节落实到每个层次上，而进行这种具体操作的是人，人正是网络安全中最薄弱的环节，然后这个环节的加固又是见效最快的。所以必须加强对使用网络的人员的管理，加强工作人员的安全培训，增强安全意识和安全知识，养成良好的操作习惯。

如不要打开来自陌生人的电子邮件附件或打开及时通讯软件传来的文件，在使用移动存储设备之前进行病毒的扫描和查杀等等。

2. 采用防火墙技术

防火墙技术通常安装在单独的计算机上，与网络的其余部分隔开，它使内部网络与 Internet 或其他外部网络之间互相隔离，限制网络互相访问，用来保护内部网络资源免遭非法使用者的侵入，执行安全管制措施，记录所有可疑事件。

防火墙又分为硬件防火墙和软件防火墙。有条件的企业，可以安装硬件防火墙，如图 11-1 所示。如果没有条件安装硬件防火墙，则需要在操作系统中启用和设置防火墙，具体操作本书第 13 章将详细介绍。

图 11-1　硬件防火墙

3. 安装杀毒软件

安装杀毒软件是目前局域网安全防范的必要措施之一。对于有条件的企业，可以选择网络版杀毒软件。一般而言，查杀是否彻底，界面是否友好、方便，能否实现远程控制和集中管理是决定一个网络杀毒软件优劣的三大要素。目前市面上的网络版杀毒软件比较多，如瑞星杀毒软件、卡巴斯基、ESET NOD32、诺顿网络安全杀毒软件等。图 11-2 所示为瑞星安全云终端软件。

对于条件有限的企业，可以在每台电脑中安装免费的单机杀毒软件，如 360 杀毒、金山毒霸、Avast 免费版等。

4．定期升级系统补丁

除了安装杀毒软件外，用户还应定期升级系统补丁。众所周知，Windows 因先天不足，时不时会暴露出一些漏洞，而这些漏洞恰恰是 Windows 的要害，一旦被黑客、病毒利用，后果将不堪设想。

图 11-2　瑞星安全云终端软件

同时，除了升级操作系统补丁外，用户还应定期升级各种应用程序的补丁，如微软的 Office 办公软件等。

5．定期查杀病毒和升级病毒库数据

作为局域网网络管理员，应养成定期对服务器及各客户端进行病毒查杀的习惯；同时，还要对定期对病毒库数据进行升级操作。

6．提高无线网络安全等级

目前，绝大部分企业都配置了无线网络，但是由于无线网络在默认情况下的安全等级并不高。很容易被 WIFI 万能钥匙之类的破解软件破解，更不用说阻止黑客的入侵。如果无线网络不安全，则网络中的数据就会面临很大的风险。

提高无线网络的安全等级包括以下几个方面：

（1）设置合适的 WIFI 名称。默认情况下，无线路由器会将路由器的品牌名称或型号作为其 WIFI 名称，那样的话，黑客很容易找出无线路由器可能存在的安全漏洞。同样，如果把自己的姓名、住址、公司名称或项目团队等作为无线 WIFI 的名字，这无异于帮助黑客猜出你的网络密码。

用户可以通过以下办法来确保路由器名字的安全：名字完全由随机字母和数字或者不会透露路由器型号或你身份的其他任何字符串组成，如图 11-3 所示。

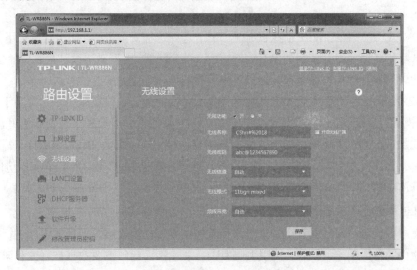

图 11-3　设置合适的 WIFI 名称

（2）定制无线路由器管理员密码

应当尽快更改无线路由器出厂设置的默认密码，如图 11-4 所示。如果让黑客知道了所用无线路由器的型号，他们就会知道路由器的默认密码。而如果配置软件提供了允许远程管理的选项，就要禁用这项功能，以便没有人能够通过互联网控制路由器设置。

图 11-4　更改无线路由器管理员密码

（3）设置复杂的 WIFI 密码

在设置 WIFI 密码时，应该设置比较复杂的密码，不要只是简单的字母或数字，应该采用字母加数字或其他特殊字符。

（4）选择安全的加密方式

无线路由器主要提供了三种无线安全类型：WPA-PSK/WPA2-PSK、WPA/WPA2 和 WEP。

- WEP 是 Wired Equivalent Privacy 的缩写，它是一种基本的加密方法，其安全性不如另外两种安全类型高。
- WPA/WPA2 是一种比 WEP 强大的加密算法，选择这种安全类型，路由器将采用 Radius 服务器进行身份认证并得到密钥的 WPA 或 WPA2 安全模式。由于要架设一台专用的认证服务器，代价比较昂贵且维护也很复杂，所以不推荐普通用户使用此安全类型。
- WPA-PSK/WPA2-PSK 安全类型其实是 WPA/WPA2 的一种简化版本，它是基于共享密钥的 WPA 模式，安全性很高，设置也比较简单，适合普通家庭用户和小型企业使用。

三种无线加密方式对无线网络传输速率的影响也不尽相同。由于 IEEE 802.11n 标准不支持以 WEP 加密或 TKIP 加密算法的高吞吐率，所以如果用户选择了 WEP 加密方式或 WPA-PSK/WPA2-PSK 加密方式的 TKIP 算法，无线传输速率将会自动限制在 11g 水平。

7．定制对系统、数据进行备份

一些突发事件仍会给局域网安全带来无法估量的灾难，作为网络管理员要定期进行各种系统、数据、应用软件的备份工作，以防止因受到病毒的恶意攻击而导致重要数据被篡改和窃取，要经常查看故障情况、入侵检测的日志及维修记录等。

8．加强局域网中资源的安全管理

在局域网中要防止用户对资源的误删除、修改、拷贝、隐藏等操作，可以通过组策略编辑器进行相关的设置。

【**实验 11-1**】锁定客户端浏览器主页

锁定客户端浏览器主页的具体操作步骤如下：

（1）在 Windows Server 2008 R2 服务器中，单击"开始"→"管理工具"→"组策略管理"命令，打开"组策略管理"窗口，选择"人事部"，单击鼠标右键，在弹出的快捷菜单中选择"在这个域中创建 GPO 并在此处链接"命令，如图 11-5 所示。

（2）在弹出的"新建 GPO"对话框中，输入名称，然后单击"确定"按钮，如图 11-6 所示。

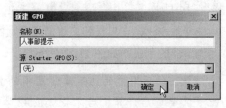

图 11-5　选择"在这个域中创建 GPO 并在此处链接"命令　　　　图 11-6　单击"确定"按钮

（3）在"组策略管理"窗口中，选择新建的人事部提示，单击鼠标右键，在弹出的快捷菜单中选择"编辑"命令，如图 11-7 所示。

（4）在弹出的"组策略管理编辑器"窗口中，展开"用户配置"→"策略"→"管理模板"→"Windows 组件"→"Internet Explorer"选项，在右侧窗口中选择"禁用更改主页设置"选项，如图 11-8 所示。

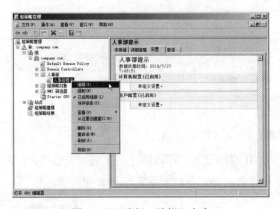
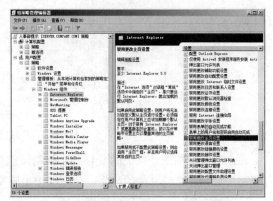

图 11-7　选择"编辑"命令　　　　图 11-8　选择"禁用更改主页设置"选项

（5）双击该选项，在弹出的"禁用更改主页设置"对话框，选中"已启用"单选按钮，在"主页"文本框中输入网址，如图 11-9 所示。

（6）单击"确定"按钮，返回"组策略管理编辑器"窗口，单击"关闭"按钮，将该窗口关闭。

（7）单击"开始"→"运行"命令，打开"运行"对话框，输入 gpupdate /force，如图 11-10 所示。

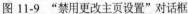

图 11-9　"禁用更改主页设置"对话框　　　　　　　　图 11-10　"运行"对话框

（8）单击"确定"按钮，更新用户策略，客户端的浏览器主页将被锁定为百度网址，客户不能修改浏览器的主页，如图 11-11 所示。

注意：对于用户的组策略配置项的更新，只要用户注销后再登录就可以应用，对于计算机的配置需要重启计算机后才会被应用。

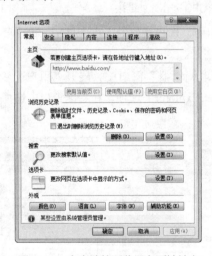

图 11-11　客户端的浏览器主页被锁定

在企业局域网中，禁止使用 U 盘、移动硬盘等 USB 存储设备，可以防止员工通过 USB 存储设备复制局域网中电脑文件的行为，全面保护电脑文件安全，保护企业无形资产和商业机密。

【实验 11-2】禁止客户端使用 U 盘

禁止客户端使用 U 盘的具体操作步骤如下：

（1）在 Windows Server 2008 R2 服务器中，单击"开始"→"管理工具"→"组策略管理"命令，打开"组策略管理"窗口，选择人事部提示，单击鼠标右键，在弹出的快捷菜单中选择"编辑"

命令。

（2）在弹出的"组策略管理编辑器"窗口中，展开"计算机配置"→"策略"→"管理模板"→"系统"选项，选择"可移动存储访问"选项，如图 11-12 所示。

（3）在右侧的窗口中，双击"可移动磁盘：拒绝读取权限"选项，打开"可移动磁盘：拒绝读取权限"对话框，选中"已启用"单选按钮，如图 11-13 所示。

图 11-12 选择"可移动存储访问"选项

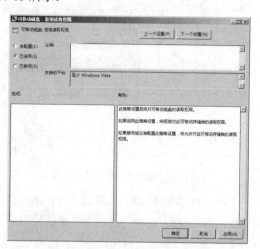

图 11-13 选中"已启用"单选按钮

（4）单击"确定"按钮，返回"组策略管理编辑器"窗口，双击"可移动磁盘：拒绝写入权限"选项，打开"可移动磁盘：拒绝写入权限"对话框，选中"已启用"单选按钮，如图 11-14 所示。

（5）单击"确定"按钮，返回"组策略管理编辑器"窗口，展开"计算机配置"→"策略"→"管理模板"→"系统"→"设备安装"选项，选择"设备安装限制"选项，如图 11-15 所示。

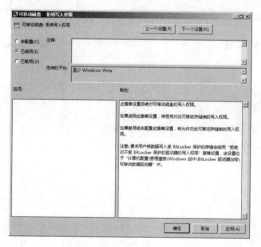

图 11-14 选中"已启用"单选按钮

图 11-15 选择"设备安装限制"选项

（6）在右侧窗口中，双击"禁止安装可移动设备"选项，在弹出的"禁止安装可移动设备"对话框中，选中"已启用"单选按钮，如图 11-16 所示。

（7）单击"确定"按钮，返回"组策略管理编辑器"窗口，展开"用户配置"→"策略"

→ "管理模板" → "系统"选项，选择"可移动存储访问"选项，如图 11-17 所示。

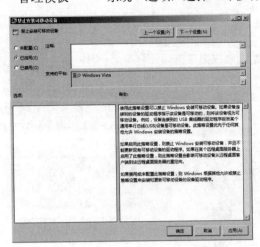

图 11-16 选中"已启用"单选按钮　　　　图 11-17 选择"可移动存储访问"选项

（8）在右侧的窗口中，双击"可移动磁盘：拒绝读取权限"选项，打开"可移动磁盘：拒绝读取权限"对话框，选中"已启用"单选按钮。

（9）单击"确定"按钮，返回"组策略管理编辑器"窗口，双击"可移动磁盘：拒绝写入权限"选项，打开"可移动磁盘：拒绝写入权限"对话框，选中"已启用"单选按钮。

（10）单击"确定"按钮，返回"组策略管理编辑器"窗口，关闭该窗口。

（11）单击"开始" → "运行"命令，打开"运行"对话框，输入 gpupdate /force，单击"确定"按钮，更新策略配置。

（12）在客户端计算机中，所有可移动设备均不能使用。

第**12**章　防范网络攻击

　　计算机系统或信息会由于多种方式而发生不利的事情，这些不利的事情通常是人们有意（甚至是恶意的）进行的，也有的是偶然原因导致。但无论是什么原因，最后都会造成一定的损失，因此无论这些事情是否出于恶意，都会被称为"攻击"。

　　黑客及其工作方式是关于防范网络攻击最重要的部分；因此，对网络与计算机安全的研究不能仅局限于防范，还要从非法获取目标计算机的系统信息、非法挖掘系统弱点等技术进行研究。对症下药，只有充分了解攻击者（黑客）的手段，才能够更好地采取措施来保护网络和计算机系统的正常运行。

12.1　黑　客　简　介

　　黑客，也称为骇客，是英文 Hacker 的音译，从信息安全角度来说，"黑客"的普遍含义是特指对电脑系统的非法侵入者。

12.1.1　黑客的由来

　　黑客是 Hacker 的音译，源于英文动词 Hack，其引申意义是指"干了一件非常漂亮的事情"。在牛津字典中，Hacker 这个词是用来形容那些热衷解决问题、克服限制的人，并不单单指（限制于）电子、计算机或网络 Hacker，Hacker 的通性不是处于某个环境中的人所特有的，它的本质可以发挥在其他任何领域，如艺术等方面。事实上，在任何一种科学或艺术的最高境界，都可以看到 Hacker 的特质。

　　黑客最早始于 20 世纪 50 年代，他们一般都是一些高级的技术人员，热衷于挑战、崇尚自由并且主张信息的共享。

　　1994 年以来，互联网在全球的迅速发展为人们带来了方便、自由和无限的访问，政治、军事、经济、科技、教育、文化等各个方面内容都越来越网络化，并且逐渐成为人们生活、娱乐的一部分。可以说，信息时代已经到来，且随着计算机和网络技术的发展，黑客也就随之出现了。

　　黑客不干涉政治，不受政治利用，他们的出现推动了计算机和网络的发展与完善。黑客所做的不是恶意破坏，他们追求共享、免费、提倡自由、平等。黑客的存在是由于计算机技术的不健全，从某种意义上讲，计算机的安全需要更多的黑客去维护。

黑客大致可以分为两类：一类黑客时刻都在钻研计算机、计算机网络、各种操作系统的各个方面的知识，同时对各种操作系统进行编制、修改和完善，能够积极探寻出系统所存在的漏洞及其原因，找到解决方法。这类黑客也为网络安全作出了很大的贡献，被称为"红客"。

另一类黑客是危害网络安全的罪魁祸首，他们一般被称为"破坏者"。这类黑客凭借自己精通计算机知识，强行进入自己没有使用权限的系统或网络，恶意干扰对方工作，并对这些系统内的数据进行篡改和增删，使得对方的系统或网络无法正常进行，甚至瘫痪。

12.1.2 常见的网络攻击

黑客攻击是针对软件进行的，其通常采用的攻击手段有端口扫描、后门程序、网络监听、炸弹攻击和 DoS 攻击等。下面介绍网络黑客常用的攻击手段。

（1）端口扫描

端口扫描就是利用 Socket 编程与目标主机的某些端口建立 TCP 连接、进行协议验证等，以侦知主机是否存在该端口进行监听（该端口是否是"活"的）、主机提供什么样的服务、该服务是否有缺陷等。

（2）后门程序

后门程序的存在是为了便于测试、更改和增强模块的功能。当一个训练有素的程序员设计一个功能较复杂的软件时，都习惯于先将整个软件分割为若干模块，然后再对各模块单独设计、调试，而后门则是一个模块的秘密入口。按照正常操作程序，在软件交付用户之前，程序应该去掉软件模块中的后门，但是由于程序员的疏忽，或者故意将其留在程序中以便日后可以对此程序进行隐蔽的访问，方便测试或维护已完成的程序等种种原因，实际上并未去掉。这样，后门就可能被程序的作者所秘密使用，也可能被少数别有用心的人用穷举搜索法发现并利用。

（3）网络监听

网络监听是主机的一种工作模式，在这种模式下，主机可以接收到本网段在同一条物理信道上传输的所有信息，而不管这些信息的发送方、接收方是谁。网络监听可以截获通信的内容，如果两台主机进行通信的信息没有加密，则包含账号、口令在内的信息都可以被轻易获取。

（4）炸弹攻击

炸弹攻击的基本原理是利用特殊工具软件，在短时间内向目标机集中发送大量超出系统接收范围的信息或者垃圾信息，目的在于使对方目标机出现超负荷、网络堵塞等状况，从而造成目标机的系统崩溃。常见的炸弹攻击有邮件炸弹、逻辑炸弹、聊天室炸弹等。

（5）DoS 攻击

DoS 攻击（Distributed Denial of Service）就是用超出被攻击目标处理能力的海量数据包消耗可用系统，带宽资源，致使网络服务瘫痪的一种攻击手段。

（6）特洛伊木马攻击

"特洛伊木马程序"技术是黑客常用的攻击手段之一。它通过在用户的电脑系统隐藏一个会在 Windows 启动时运行的程序，采用服务器/客户机的运行方式，从而达到在上网时控制用户电脑的目的。黑客利用它窃取用户的口令、浏览用户的驱动器、修改用户的文件、登录注册表等，如影响极恶劣的"冰河木马"。现在流行的很多病毒也都带有黑客性质，如 Nimda、"求职信"和"红色代码"

及"红色代码 II"等。

（7）诱入法

黑客编写一些看起来"合法"的程序，上传到一些 FTP 站点或是提供给某些个人主页，诱导用户下载。当用户下载软件时，将黑客的软件一起下载到用户的机器上。该软件会跟踪用户的电脑操作，静静地记录用户输入的每个口令，然后把它们发送到黑客指定的 Internet 邮箱。

（8）寻找系统漏洞

许多系统都有这样那样的安全漏洞（Bugs），其中某些是操作系统或应用软件本身具有的，如 Sendmail 漏洞等，这些漏洞在补丁未被开发出来之前一般很难防御黑客的破坏，除非用户不上网。还有一些漏洞是由于系统管理员配置错误引起的，如在网络文件系统中将目录和文件设为可写，将未加 Shadow 的用户密码文件以明码方式存放在某一目录下，这都会给黑客带来可乘之机，应及时加以修正。

（9）利用账号进行攻击

有的黑客会利用操作系统提供的默认账户和密码进行攻击，例如许多 Unix 主机都有 FTP 和 Guest 等默认账户（其密码和账户名同名），有的甚至没有密码。黑客利用 Unix 操作系统提供的命令如 Finger 和 Ruser 等收集信息，不断提高自己的攻击能力。这类攻击只要系统管理员提高警惕，将系统提供的默认账户关掉或提醒无口令用户增加口令，一般都能克服。

提示：黑客常用的软件大致可分为四类，炸弹、木马、破解器、扫描器。

12.1.3 留后门与清痕迹的防范方法

网络后门是保持对目标主机长久控制的关键策略，通常可以通过建立服务端口和克隆管理员账号来实现。只要能不通过正常登录进入系统的途径都被称为网络后门。

1. 留后门的防范方法

通常，入侵者在第一次入侵成功后会在远程主机/服务器内部建立一个备用的管理员账号，以便于更加长久地控制该主机/服务器，这种账号就是最简单的"后门账号"。

另外，还有一种克隆账号，克隆账号就是攻击者（黑客）可以通过将管理员权限复制给一个普通账户。简单来说就是将系统内原有的账号（如 Guest 账号）变成具有管理员权限的账号。克隆账号与直接赋予管理员权限的账号的主要区别在于直接赋予管理权限的账户，可以使用"命令"或"账号管理"来看出该账号的真实权限，而克隆出来的账号却无法被上述方法直接查出。因此，克隆账号常被入侵者用来当做后门账号。

为了杜绝 Guest 账号的入侵。管理员可以禁用或者彻底删除 Guest 账户。但在某些必须使用到 Guest 账号的情况下，就需要通过其他途径来做好防范工作。首先需要给 Guest 账号设置一个强大的密码，然后再详细设置 Guest 账号对物理路径的访问权限（注意磁盘必须是 NTFS 分区）。

下面通过两个实例介绍在 Windows 7/10 系统中禁用 Guest 账号的方法。

【实验 12-1】在 Windows 7 系统中禁用 Guest 账号

具体操作步骤如下：

（1）以系统管理员身份登录 Windows 7 操作系统，打开"控制面板"窗口，单击"用户账户和家庭安全"超链接，如图 12-1 所示。

（2）弹出"用户账户和家庭安全"窗口，单击"用户账户"超链接，如图 12-2 所示。

图 12-1　单击"用户账户和家庭安全"超链接　　　　图 12-2　单击"用户账户"超链接

（3）弹出"用户账户"窗口，单击"管理其他账户"超链接，如图 12-3 所示。

（4）弹出"管理账户"窗口，选择"Guest 来宾账户"选项，如图 12-4 所示。

图 12-3　单击"管理其他账户"超链接　　　　　　图 12-4　选择 Guest 来宾账户

（5）弹出"更改来宾选项"窗口，单击"关闭来宾账户"超链接，如图 12-5 所示。

（6）单击"关闭来宾账户"超链接后，返回"管理账户"窗口，显示 Guest 来宾账户没有启用，如图 12-6 所示。

图 12-5　单击"关闭来宾账户"超链接　　　　　　图 12-6　显示 Guest 来宾账户没有启用

【实验 12-2】在 Windows 10 系统中禁用 Guest 账号

具体操作步骤如下：

（1）以系统管理员身份登录 Windows 10 操作系统，右击左下角的 Windows 徽标，在弹出的列表框中选择"计算机管理"选项，如图 12-7 所示。

（2）在弹出的"计算机管理"窗口中，展开"计算机管理（本地）"→"本地用户和组"→"用户"选项，在右侧的窗口中选择"Guest"并单击鼠标右键，在弹出的快捷菜单中选择"属性"命令，如图 12-8 所示。

图 12-7　选择"计算机管理"选项

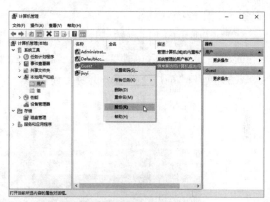

图 12-8　选择"属性"命令

（3）弹出"Guest 属性"对话框，选中"账户已禁用"复选框，如图 12-9 所示。

（4）单击"确定"按钮，返回"计算机管理"窗口，关闭该窗口即可。

图 12-9　选中"账户已禁用"复选框

2．清除痕迹

为了方便用户对计算机的使用，Windows 自带了一些功能（如自动记录功能），但是这些功能在给用户带来方便的同时，也给攻击者（黑客）的入侵带来了方便，他们往往能够通过用户曾经执行过的操作痕迹来找到入侵系统的方法及所需的信息。

为了避免这些使用痕迹带来的安全隐患，建议用户在使用计算机的过程中注意清理痕迹，通常情况下有以下 5 种方法。

方法一：彻底删除文件

首先，应从系统中清除那些肯定不用的文件（丢弃到回收站中的所有垃圾文件）。当然，用户也可以在任何想起的时候将回收站清空。但是更好的方法是关闭回收站的回收功能。

【实验 12-3】在 Windows 7 系统中关闭回收站的回收功能

具体操作步骤如下：

（1）在操作系统界面中，选择"回收站"快捷图标，右击并在弹出的快捷菜单中选择"属性"命令，如图 12-10 所示。

（2）在弹出的"回收站 属性"对话框中，选择"本地磁盘（C:）"选项，并选中"不将文件移到回收站中。移除文件后立即将其删除"单选按钮，如图 12-11 所示。

（3）单击"应用"按钮，重复上述步骤，将其他磁盘中的回收站的回收功能关闭即可。

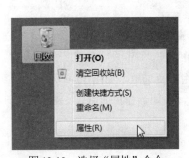

图 12-10　选择"属性"命令

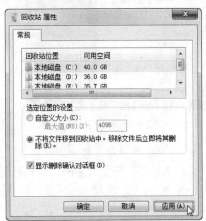

图 12-11　单击"应用"按钮

方法二：删除文件记录

即使窥探者无法直接浏览文档内容，他们也能够通过在 Microsoft Word 或 Excel 的"文件"→"打开"→"最近使用的文档"命令中来查看到用户最近使用过哪些文件来了解用户的工作情况。在该列表中甚至列出了最近被删除的文件，因此最好关闭该功能。

【实验 12-4】在 Word 2013 中删除文件记录

具体操作步骤如下：

（1）在 Word 2013 中，单击"文件"→"选项"命令，如图 12-12 所示。

（2）在弹出的"Word 选项"对话框中，选择"高级"选项，并在右侧"显示"窗格中，在显示此数目的"最近使用的文档"文本框中输入 0，如图 12-13 所示，然后单击"确定"按钮即可。

图 12-12　单击"文件"→"选项"命令

图 12-13　"Word 选项"对话框

方法三：清除浏览文件的蛛丝马迹

由于 Windows 7 操作系统加入了智能的跳转列表功能，如果是经常使用 Word 程序，也会在"开始"菜单中显示最近使用的文件，如图 12-14 所示。

【实验 12-5】在 Windows 7 系统中清除浏览文件的蛛丝马迹

具体操作步骤如下：

（1）在操作系统界面中，在开始菜单按钮处，右击并在弹出的快捷菜单中选择"属性"命令，如图 12-15 所示。

图 12-14　显示最近使用的文档

图 12-15　选择"属性"命令

（2）在弹出的"任务栏和「开始」菜单属性"对话框中，选择"「开始」菜单"选项卡，分别取消选中"隐私"选项区域中的"存储并显示最近在「开始」菜单中打开的程序"复选框、"存储并显示最近在「开始」菜单和任务栏中打开的项目"复选框，如图 12-16 所示。

（3）单击"应用"按钮，然后单击"确定"按钮即可。

方法四：清除临时文件

Microsoft Word 和其他应用程序通常会临时保存用户的工作结果，以防止意外情况造成损失。即使用户没有保存正在处理的文件，许多程序也会保存已被删除、移动和复制的文本。用户应当定期删除各种应用程序在"Windows\Temp"文件夹中存储的临时文件，以清除上述这些零散的文本。另外，还应删除其子目录（如 FAX 和 Wordxx 目录）中相应的所有文档。虽然很多文件的扩展名为 TMP，但它们其实是完整的 DOC 文件、HTML 文件，甚至是图像文件。

方法五：清除网页访问历史记录

浏览器也是需要保护的另一重要部分。目前，大多数用户都使用 Windows 系列操作系统，Windows 自带 Internet Explorer 浏览器，它会把用户访问过的所有对象都列出清单保存下来，其中包括浏览过的网页、进行过的查询以及曾输入的数据等内容。通常，Internet Explorer 将网页访问历史记录保存在按周划分或按网址划分的文件夹中。用户可以逐个删除各个"地址（URL）"，但最快的方法是删除整个文件夹，清除全部历史记录。

其方法是在 Internet Explorer 浏览器中，单击"工具"→"Internet 选项"命令，在弹出的"Internet 选项"对话框中，选中"退出时删除浏览历史记录"复选框，然后单击"删除"按钮即可，如图 12-17 所示。

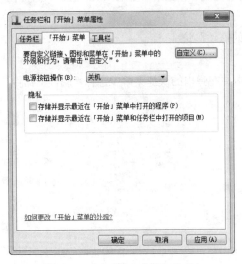
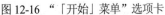
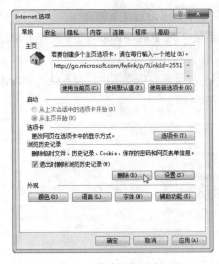

图 12-16 "「开始」菜单"选项卡 　　　　　图 12-17　清除浏览历史记录

除了手工清除系统中的使用痕迹、浏览文件记录等，还可以使用优化工具对操作系统进行清理。下面以电脑管家为例来说明使用优化工具清理系统垃圾的方法。

【**实验 12-6**】在 Windows 7 系统中利用电脑管家清除系统垃圾

具体操作步骤如下：

（1）运行电脑管家，选择"清理垃圾"选项卡，单击"扫描垃圾"复按钮，如图 12-18 所示。

图 12-18　单击"扫描垃圾"按钮

（2）电脑管家将自动扫描系统垃圾、使用痕迹、上网垃圾等 9 类垃圾；扫描完成后，在弹出的窗口中单击"立即清理"按钮，如图 12-19 所示。

图 12-19　单击"立即清理"按钮

（3）单击"立即清理"按钮后，电脑管家将自动清理系统垃圾、使用痕迹和上网垃圾，在弹出的窗口中，单击"好的"按钮即可。

12.2　木马攻击

木马攻击是黑客最常用的攻击方法。木马的危害性在于它对计算机系统强大的控制和破坏能力（如窃取密码、控制操作系统、进行文件操作等）。计算机一旦被一个功能强大的木马入侵，攻击者就可以像操作自己的计算机一样控制该计算机，并远程监控这台计算机上的所有操作。

木马是一种可以驻留在对方服务器系统中的程序。木马程序一般由服务器端程序和客户端程序两部分构成。驻留在对方服务器的程序被称为木马的服务器端，远程的可以连接到木马服务器的程序则被称为木马客户端。木马的功能是通过客户端可以操作服务器，进而操纵对方的计算机。

12.2.1　木马的分类

木马程序诞生至今，已经产生了多种类型，且大多数木马的功能不是单一的，而多种功能的集合，甚至有些功能从未公开。因此，给木马程序进行分类、了解木马的危害对于计算机使用者来说是很必要的。

1. 远程控制型

远程控制木马是数量最多、危害最大，同时也是知名度最高的一种木马，它可以让攻击者完全控制被感染的计算机，攻击者可以利用它完成一些甚至连计算机使用者本身都不能顺利进行的操作，其危害之大实在不容小觑。由于要达到远程控制的目的，该类型木马往往集成了其他木马的功能。使其在被感染的计算机上为所欲为，可以任意访问文件，得到用户的私人信息甚至信用卡、银行账号等至关重要的信息。

2. 密码发送型

在信息安全日益重要的今天，密码无疑是通向重要信息的一把极其有用的钥匙，只要掌握了对方的密码，从很大程度上说，就可以无所顾忌地得到对方的很多信息。而密码发送型木马正是专门为了盗取被感染计算机上的密码而编写的，木马一旦被执行，就会自动搜索内存、缓存（Cache）、临时文件夹以及各种敏感密码文件，一旦搜索到有用的密码，木马就会利用免费的电子邮件服务器将密码发送到指定的邮箱，从而达到获取密码的目的。

这类木马大多使用 25 号端口发送 E-Mail。大多数这类的特洛伊木马不会在每次 Windows 重启时启动。这种特洛伊木马的目的是找到所有的隐藏密码并且在受害者不知道的情况下把它们发送到指定的信箱。

3. 键盘记录型

这种特洛伊木马非常简单。它们只做一件事情，就是记录受害者计算机的键盘敲击动作并且在 LOG 文件里查找密码。

另外，这种特洛伊木马会随着 Windows 的启动而启动。它们有在线和离线记录选项，顾名思义，它们分别记录用户在线和离线状态下敲击键盘时的按键情况。也就是说用户按过什么键，都会通过电子邮件将记录下的信息发送给相应的攻击者，从而造成用户信息的泄露。

4. DoS 攻击型

随着 DoS 攻击越来越广泛的应用，被用作 DoS 攻击的木马也越来越流行。当攻击者入侵了一台计算机，给它种上 DoS 攻击木马，那么日后这台计算机就会成为攻击者进行 DoS 攻击最得力的助手了。攻击者控制的傀儡主机数量越多，它所发动 DoS 攻击取得成功的几率就越大。所以，这种木马的危害不是体现在被感染计算机上，而是体现在攻击者可以利用它来攻击一台又一台的计算机，进而给网络带来很大的伤害和损失。

还有一种类似 DoS 的木马叫做邮件炸弹木马，一旦计算机被感染，木马就会随机生成各种各样主题的信件，对特定的邮箱不停地发送邮件，一直到对方计算机瘫痪不能接收邮件为止。

5. 代理木马

黑客一般会在入侵的同时掩盖自己的足迹，以防被人发现自己的身份，因此，给被控制的傀儡主机种上代理木马，让其变成攻击者发动攻击的跳板，就是代理木马最重要的任务。通过代理木马，攻击者可以在匿名的情况下使用 Telnet、QQ 等程序，从而隐藏自己的踪迹。

6．FTP 木马

这种木马可能是简单和最古老的木马了，它的唯一功能就是打开 FTP 端口（21），等用户连接。现在新的 FTP 木马还增加了密码功能，这样，只有攻击者本人才知道正确的密码。

7．程序杀手木马

程序杀手木马的功能就是关闭对方计算机上运行的防木马软件，让其植入的木马更好地发挥作用。

8．反弹端口型木马

反弹端口型木马的服务器（被控制端）使用主动端口，客户端（控制端）使用被动端口。木马定时监测控制端的存在，发现控制端即弹出端口主动连接控制端打开的主动端口。

9．破坏性质的木马

这种木马唯一的功能就是破坏被感染计算机的文件系统，使其遭受系统崩溃或者重要数据丢失的巨大损失。从这一点上来说，它和病毒很相像。不过，这种木马的激活是由攻击者控制的，并且传播能力也比病毒逊色很多。

木马专家是一款木马查杀软件，软件除采用传统病毒库查杀木马以外，还能智能查杀未知木马，自动监控内存非法程序，实时查杀内存和硬盘木马。

【实验 12-7】在 Windows 7 系统中使用木马专家清除木马

具体操作步骤如下：

（1）运行木马专家，在"系统监控"选项卡中，单击"扫描内存"按钮，如图 12-20 所示。

（2）在弹出的"扫描内存"对话框中，提示用户是否使用云鉴定全面分析系统，在这里单击"取消"按钮，如图 12-21 所示。

图 12-20　单击"扫描内存"按钮

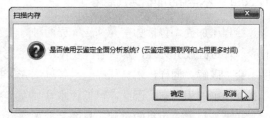

图 12-21　单击"取消"按钮

（3）单击"取消"按钮后，木马专家将自动扫描内存，扫描完成后，将显示扫描结果，如图 12-22 所示。

（4）单击"扫描硬盘"按钮，在右侧的扫描模式选项区域中，单击"开始全面扫描"超链接，如图 12-23 所示。

（5）单击"开始全面扫描"超链接后，木马专家将自动扫描全部硬盘分区，显示结果如图 12-24 所示。

图 12-22　扫描内存结果　　　　　　　　　　　图 12-23　单击"开始全面扫描"超链接

图 12-24　扫描硬盘结果

12.2.2　木马的加壳与脱壳

　　给程序加壳，包括加密壳和压缩壳两种方法。程序一旦被加壳保护后，如果不使用与此相应的脱壳软件进行脱壳处理，那么一些反汇编程序是不能正确读取到其真正的代码的。这样就能保护程序不会被破解。同样，木马程序一旦经过加壳保护，反病毒软件如果不具备使该程序脱壳的功能，那么就不可能识别它。因此，可以说木马加壳容易达到隐藏自身的目的。

　　脱壳是与加壳相反的过程，目的是把加壳后的程序恢复成毫无包装的可执行代码，这样未授权者便可对其进行修改。脱壳的过程与加壳的操作类似，但是对于不同的加壳软件，需要对应使用不同的脱壳软件。入侵者只要知道目标程序使用的是由哪种加壳软件进行加壳的，然后，在使用对应的脱壳软件进行脱壳处理即可。简单来说加壳与脱壳就相当于加密和解密。

　　程序加壳只是对木马的程序文件进行了保护而已，且有时加壳会损坏木马的一些功能，而且，使用加壳保护木马是达不到理想的保护效果的。因此，攻击者在对木马加壳保护之前，还会对它进行如程序加密之类的处理工作。

由于对木马进行加壳保护只对木马文件有效，因此，对于已经加载到内存中的木马程序段，木马在运行时已经自动进行脱壳处理，也就失去了保护作用，这样就可以通过使用对内存进行检测的方式来查杀木马。

目前，已经有许多杀病软件具备了内存查杀的功能。但是，一些木马的程序在加载到内存之前，会先被它的壳所控制，而这些壳会通过一些手段来终止用户系统中所运行的安全软件的进程，然后再完全将木马程序加载到内存中运行，这样就能躲避被内存查杀的危险。此时，就只能靠用户自己使用一些脱壳软件来对系统中可疑的文件进行查壳和脱壳处理后再查杀。

木马清除大师是一款非常受欢迎的木马清理工具，采用了目前最新的三大查毒引擎，帮助用户从根源开始彻底清理数据，确保用户电脑运行环境的安全、可靠，营造绿色安全的电脑环境。

【实验 12-8】在 Windows 7 系统中使用木马清除大师清除木马

具体操作步骤如下：

（1）运行木马清除大师，在"木马清除大师"窗口中，单击"全面扫描"按钮，如图 12-25 所示。

（2）在弹出的扫描选项窗口，选择需要扫描的选项，然后单击"开始扫描"按钮，如图 12-26 所示。

（3）扫描完成后，弹出如图 12-27 所示的对话框，单击"下一步"按钮。

（4）弹出如图 12-28 所示的对话框，显示扫描结果，若扫描结果中木马病毒，则选择该木马病毒，单击"删除"按钮将其删除即可。

图 12-25　单击"全面扫描"按钮

图 12-26　单击"开始扫描"按钮

图 12-27　全面扫描功能介绍

图 12-28　扫描结果

第 13 章　加强网络操作系统安全

在局域网管理维护操作中，系统安全一直是重中之重。网络管理员保证服务器安全最常用的手段就是安装防火墙、杀毒软件和反间谍软件，对操作系统进行安全方面的设置，从而为电脑设置一道防线，让电脑远离病毒和黑客，健康运行。

13.1　操作系统加固

众所周知，Windows 因先天性不足，时不时会暴露出一些漏洞，而这些漏洞恰恰是 Windows 的要害，一旦被黑客、病毒利用，后果将不堪设想。好在微软针对这些漏洞总是会在第一时间发布出补丁程序。因此，及时修补漏洞是确保 Windows 安全的一项重要措施。

13.1.1　补丁安装

Windows 系统补丁程序是由微软网站发布的用于弥补相应操作系统漏洞或缺陷的应用程序包，通常有手动安装和自动安装两种方式。手动安装补丁程序多用于不支持自动下载和安装更新内容的 Windows 操作系统，或者不方便在线获取更新内容的安装方式。手动安装补丁程序与普通应用程序的安装比较相似。补丁程序可以通过登录相关网站直接下载，也可以通过购买含有补丁程序的安装光盘来获得。

下面通过两个具体实例来介绍在 Windows 7/10 系统中安装补丁的方法。

【实验 13-1】在 Windows 7 系统中安装补丁

具体操作步骤如下：

（1）打开"所有控制面板项"窗口，单击 Windows Update 超链接，如图 13-1 所示。

（2）在弹出的 Windows Update 窗口中，单击"40 个可选更新可用"超链接，如图 13-2 所示。

（3）在弹出的"选择要安装的更新"窗口中，选中要安装的更新，然后单击"确定"按钮，如图 13-3 所示。

（4）单击"确定"按钮后，返回 Windows Update 窗口，单击"安装更新"按钮，如图 13-4 所示。

图 13-1　单击"Windows Update"超链接

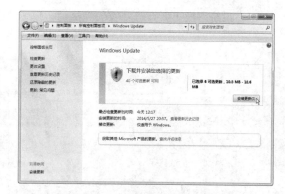

图 13-2　单击"40 个可选更新可用"超链接

图 13-3　选中要安装的更新

图 13-4　单击"安装更新"按钮

（5）单击"安装更新"按钮后，系统将开始下载并安装更新，如图 13-5 所示。

（6）系统下载并安装好更新后，提示用户已经成功安装了更新，如图 13-6 所示，然后单击"立即重新启动"按钮即可。

图 13-5　系统将开始下载并安装更新

图 13-6　成功安装更新

【实验 13-2】在 Windows 10 系统中安装补丁

具体操作步骤如下：

（1）打开"设置"窗口，单击"更新和安全"超链接，如图 13-7 所示。

（2）在"更新和安全"窗口中，选择"Windows 更新"选项，系统会自动下载更新内容，如图 13-8 所示。

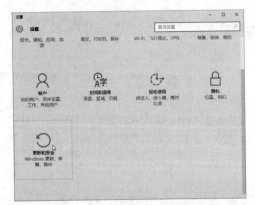

图 13-7　单击"更新和安全"超链接

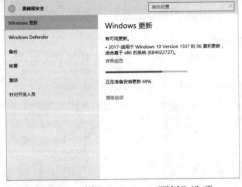

图 13-8　选择"Windows 更新"选项

（3）系统下载更新内容并安装完成后，单击"立即重新启动"按钮即可，如图 13-9 所示。

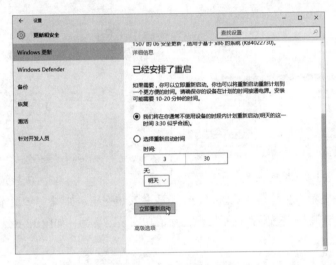

图 13-9　确认重新启动

13.1.2　修复系统漏洞

系统漏洞是指操作系统软件或应用程序软件，在逻辑设计上存在的缺陷或在编写时产生的错误，而这些缺陷或错误有可能被非法用户（如黑客）利用，并将木马程序或病毒等有害程序安装到本地计算机中，从而实现远程控制计算机，窃取用户重要资料和信息甚至破坏网络系统的目的。

使用 Windows Update 找补丁速度往往不是很理想，用户也很难搞清楚到底下载了多少个补丁，每个补丁又是干什么的。其实，主流的安全软件均提供了系统漏洞扫描功能，通过扫描，用户不但可以对系统漏洞一清二楚，而且还可以快速打上补丁。

360 安全卫士具有强大的模块扫描能力，能够发现系统深层隐藏漏洞，并且拥有完善准确的系统补丁数据库，保证系统安全可靠地运行。

【实验 13-3】在 Windows 7 系统中使用 360 安全卫士修复漏洞

具体操作步骤如下：

（1）在"360 安全卫士"窗口中，单击"系统修复"按钮，如图 13-10 所示。

图 13-10　单击"系统修复"按钮

（2）弹出如图 13-11 所示的窗口，单击"单项修复"选项，在弹出的列表框中选择"漏洞修复"选项。

图 13-11　选择"漏洞修复"选项

（3）360 安全卫士将自动搜索系统漏洞，搜索完成后，弹出如图 13-12 所示的窗口，选中要修复的漏洞，然后单击"一键修复"按钮即可。

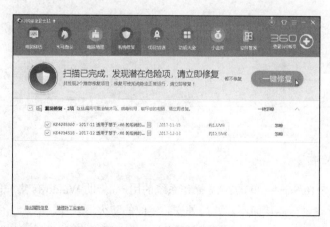

图 13-12　选中漏洞并修复

电脑管家（Tencent PC Manager，原名 QQ 电脑管家）是腾讯公司推出的一款免费安全软件，能有效的预防和解决计算机上常见的安全风险。

【实验 13-4】在 Windows 7 系统中使用电脑管家修复漏洞

具体操作步骤如下：

（1）运行电脑管家，单击"工具箱"按钮，在弹出的列表框中选择"修复漏洞"选项，如图 13-13 所示。

图 13-13 选择"修复漏洞"选项

（2）电脑管家将自动扫描系统漏洞，搜索完成后，在弹出的如图 13-14 所示的窗口中选择需要修复的漏洞，然后单击"一键修复"按钮即可。

图 13-14 选中漏洞并修复

13.1.3 启用防火墙

使用 Windows 7/8/10/Server 2008/2012 操作系统的用户，借助 Windows 集成的 Windows 防火墙，就可以有效地防范网络黑客，从而不需要另外安装专门的防火墙软件。

Windows 防火墙，简称 ICF，又称为状态防火墙。该防火墙可监视通过其路径的所有通信，并且检查所处理的每个消息的源和目标地址。

Windows 防火墙有三种设置："开"、"开并且无例外"和"关"。

（1）开：Windows 防火墙在默认情况下处于打开状态，而且通常应当保留此设置不变。选择此设置时，Windows 防火墙阻止所有到计算机的未经请求的连接，但不包括那些对"例外"选项卡上选中的程序或服务发出的请求。

（2）开并且无例外：当选中"不允许例外"复选框时，Windows 防火墙会阻止所有到您的计算机的未经请求的连接，包括那些对"例外"选项卡上选中的程序或服务发出的请求。当需要为计算机提供最大限度的保护时（例如，当连接到旅馆或机场中的公用网络时，或者当危险的病毒或蠕虫正在 Internet 上扩散时），可以使用该设置。不必始终选择"不允许例外"，原因在于，如果该选项始终处于选中状态，某些程序可能会无法正常工作，并且下列服务会被禁止接受未经请求的请求：

- 文件和打印机共享；
- 远程协助和远程桌面；
- 网络设备发现；
- 例外列表上预配置的程序和服务；
- 已添加到例外列表中的其他项。

如果选中"不允许例外"，仍然可以收发电子邮件、使用即时消息程序或查看大多数网页。

（3）关：此设置将关闭 Windows 防火墙。选择此设置时，计算机更容易受到未知入侵者或 Internet 病毒的侵害。此设置只应由高级用户用于计算机管理目的，或者在您的计算机有其他防火墙保护的情况下使用。

【实验 13-5】在 Windows 10 系统中启用防火墙

具体操作步骤如下：

（1）在"所有控制面板项"窗口中单击"Windows 防火墙"超链接，如图 13-15 所示。

（2）在"Windows 防火墙"窗口中，单击"启用或关闭 Windows 防火墙"超链接。

（3）弹出"自定义设置"窗口，分别选中"专用网络设置"和"公用网络设置"区域中的"启用 Windows 防火墙"单选按钮，然后单击"确定"按钮即可，如图 13-16 所示。

图 13-15　"所有控制面板项"窗口

图 13-16　"自定义设置"窗口

Windows Server 2008 R2 特意强化了自带的防火墙功能，可以有效地保护服务器系统的安全。默认状态下，Windows Server 2008 R2 安装完成后，Windows 防火墙为开启状态。

【实验 13-6】在 Windows Server 2008 R2 中设置防火墙

具体操作步骤如下：

（1）单击"开始"→"控制面板"→"Windows 防火墙"命令，打开"Windows 防火墙设置"窗口，如图 13-17 所示。

（2）单击"打开或关闭 Windows 防火墙"超链接，打开如图 13-18 所示的"自定义设置"对话框，分别在"家庭或工作（专用）网络位置设置"和"公用网络位置设置"区域中选中"启用 Windows 防火墙"单选按钮，启用防火墙。

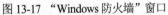

图 13-17 "Windows 防火墙"窗口   图 13-18 "自定义设置"对话框

提示：为了保护服务器的安全，可选中"阻止所有传入连接，包括位于允许程序列表中的程序"复选框，阻止所有的程序与网络通信。

（3）单击"确定"按钮，返回"Windows 防火墙"窗口。单击"允许程序或功能通过 Windows 防火墙"超链接，在弹出的"允许的程序"对话框中，选中相应的复选框，如图 13-19 所示，可以允许相应的某个程序通过防火墙进行通信。

（4）如果要允许通过防火墙的程序没有在列表框中显示，可以手动添加。单击"允许运行另一程序"按钮，打开如图 13-20 所示的"添加程序"对话框，在"程序"列表框中选择允许的程序，或者单击"浏览"按钮选择，单击"确定"按钮即可。

图 13-19 "允许的程序"对话框   图 13-20 "添加程序"对话框

（5）如果要进行 Windows 防火墙高级设置，则单击"高级设置"按钮，在弹出的"高级安全 Windows 防火墙"对话框中，设置入站或出站规则。

（6）设置完成后，单击"确定"按钮保存即可。

13.2　清除间谍软件

间谍软件是一种能够在用户不知情的情况下，在其电脑上安装后门、收集用户信息的软件。它能够削弱用户对其使用经验、隐私和系统安全的物质控制能力；使用用户的系统资源，包括安装在他们电脑上的程序；或者搜集、使用、并散播用户的个人信息或敏感信息。

13.2.1　清除流氓软件

流氓软件，通俗地讲就是指在使用电脑上网时，不断跳出的窗口让用户无所适从；有时电脑浏览器被莫名修改增加了许多工作条，当用户打开网页却变成不相干的奇怪画面，甚至是黄色广告。有些流氓软件只是为了达到某种目的，比如广告宣传，这些流氓软件不会影响用户计算机的正常使用，只不过在启动浏览器的时候会多弹出来一个网页，从而达到宣传的目的。

Windows 软件清理大师能够检测、清理已知的大多数广告软件、工具条和流氓软件。

【实验 13-7】在 Windows 7 系统中利用软件清理大师清除流氓软件

具体操作步骤如下：

（1）运行 Windows 软件清理大师，单击"清理系统"按钮，如图 13-21 所示。

（2）在右侧的窗格中选择"清理系统"选项卡，然后选中所有的选项，单击"下一步"按钮，如图 13-22 所示。

图 13-21　单击"清理系统"按钮

图 13-22　选择清理区域

（3）Windows 软件清理大师将自动搜索系统中的垃圾和流氓软件，扫描完成后，选中需要清除的选项，然后单击"清除"按钮，如图 13-23 所示。

（4）清除完成后，在弹出的如图 13-24 所示的对话框中，单击"确定"按钮即可。

图 13-23　单击"清除"按钮　　　　　　　　　　图 13-24　单击"确定"按钮

13.2.2　拒绝网络广告

广告软件是指未经用户允许，下载并安装在用户电脑上；或与其他软件捆绑，通过弹出式广告等形式牟取商业利益的程序。此类软件往往会强制安装并无法卸载；在后台收集用户信息牟利，危及用户隐私；频繁弹出广告，消耗系统资源，使系统运行变慢等。

ADSafe 净网大师是一款全方位智能广告拦截软件，实时屏蔽恶评软件升窗、浏览器弹窗、网盟广告，自动隐藏各种常见软件消息、提示、资讯窗口，阻断高危广告插件、脚本代码，保护隐私安全，加速访问并发，优化浏览效率，提升访问速度，过滤冗余流量和无关内容，减少上网流量。

【实验 13-8】在 Windows 7 系统中使用 ADSafe 净网大师拦截广告

具体操作步骤如下：

（1）运行净网大师，单击"开启净网模式"按钮，如图 13-25 所示。

（2）净网大师将自动拦截广告，选择"深度优化"选项卡，单击"立即优化"按钮，如图 13-26 所示。

图 13-25　开启净网模式　　　　　　　　　　图 13-26　单击"立即优化"按钮

（3）净网大师将自动搜索浏览器的缓存中的广告，搜索结束后，选择要清理的选项，如图 13-27 所示，单击"清理"按钮即可将浏览器缓存中的广告清除。

图 13-27　广告清除

13.3　设置管理密码保障账户安全

密码的安全性是毋庸置疑的，用"一夫当关，万夫莫开"来形容密码是再合适不过的。开机密码就如同一位强劲有力的门神守卫着电脑安全，不知道密码的用户将无法开机进入系统，从而阻止非法用户使用自己的电脑。

13.3.1　设置 BIOS 开机密码

目前市场上常见的 BIOS 主要有 Award BIOS、AMI BIOS、Phoenix BIOS、Phoenix-Award BIOS 等 4 种类型。下面以 Award BIOS 为例，介绍设置 BIOS 开机密码的方法。

具体操作步骤如下：

（1）启动电脑，当出现 BIOS 画面提示 Press DEL to enter SETUP 时，按下【Delete】键，如图 13-28 所示。

（2）进入 BIOS 设置画面，使用键盘上的方向键在各个设置选项之间切换。选择 Set Supervisor Password 选项，按【Enter】键，在弹出的一个要求输入密码的文本框中，输入密码，如图 13-29 所示。

（3）按【Enter】键，在弹出的文本框中，再次输入相同的密码。

（4）选择 Advanced BIOS Features 选项，将 Security Option 的设置值由 Setup 改为 System，按【F10】键保存并退出。

提示：如果将 Security Option 设置为 System，那么进入系统时需要密码；当设置为 Setup 时，进入系统时不需要密码但是进入 BIOS 设置时会需要密码验证。

（5）重新启动电脑，在 BIOS 自检过后，会出现一个要求用户输入开机密码的提示框，用户只有正确输入开机密码才能继续启动 Windows，否则只有关机。

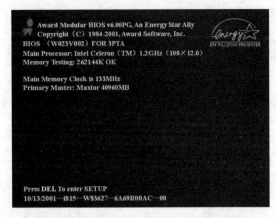

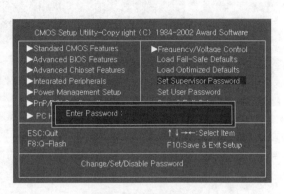

图 13-28　启动过程中出现的 BIOS 自检画面　　　　　　图 13-29　输入密码

13.3.2　设置 Windows 登录密码

为了增加系统的安全性，Windows 允许用户设置 Windows 登录密码对系统进行保护，在登录时需要进行身份验证，只有正确输入密码的用户才可以进入桌面，否则，不但不能够进入到桌面，而且在连续输错密码数次之后，还会锁定 Windows，拒绝非法用户的登录尝试。

设置 Windows 登录密码的具体操作步骤如下：

（1）在"管理账户"窗口中，单击需要创建密码的用户，在这里单击"小草"用户，在弹出的"更改账户"窗口中，单击"创建密码"链接，如图 13-30 所示。

（2）在弹出的"创建密码"窗口中，输入两次相同的密码，再输入密码提示文字信息，设置完毕单击"创建密码"按钮即可，如图 13-31 所示。创建密码后，用户名称下则出现"密码保护"提示。

图 13-30　单击"创建密码"链接　　　　　　图 13-31　单击"创建密码"按钮

13.3.3　设置系统管理员密码

在安装 Windows 7/10 时，系统会要求用户设置系统管理员密码，如果当时没有设置系统管理员密码，可以在安装完 Windows 7/10 系统后，再进行设置。下面介绍在 Windows 7/10 中设置系统管理员密码的方法。

【实验 13-9】设置 Windows 7 系统管理员密码

具体操作步骤如下：

（1）在"控制面板"窗口中单击"用户账户和家庭安全"超链接，如图 13-32 所示。

（2）弹出"用户账户和家庭安全"窗口，单击"用户账户"超链接，如图 13-33 所示。

图 13-32　单击"用户账户和家庭安全"超链接　　　　图 13-33　单击"用户账户"超链接

（3）弹出"用户账户"窗口，单击"为您的账户创建密码"超链接，如图 13-34 所示。

（4）弹出"创建密码"窗口，输入密码，如图 13-35 所示，然后单击"创建密码"按钮。

图 13-34　单击"为您的账户创建密码"超链接　　　　图 13-35　单击"创建密码"按钮

（5）单击"创建密码"按钮后，即可为系统管理员创建密码，同时显示已经启用密码保护，如图 13-36 所示。

图 13-36　设置密码保护后的系统管理员

【**实验 13-10**】设置 Windows 10 系统管理员密码

具体操作步骤如下：

（1）在"控制面板"窗口中单击"用户账户"超链接，如图 13-37 所示。

（2）在弹出的"用户账户"窗口中，单击"用户账户"超链接，如图 13-38 所示。

图 13-37 "控制面板"窗口

图 13-38 单击"用户账户"超链接

（3）弹出"用户账户"窗口，单击"管理其他账户"超链接，如图 13-39 所示。

（4）弹出"管理账户"窗口，单击"本地账户管理员"账户，如图 13-40 所示。

图 13-39 单击"管理其他账户"超链接

图 13-40 单击"本地账户管理员"账户

（5）弹出"更改账户"窗口，单击"创建密码"超链接，如图 13-41 所示。

（6）弹出"创建密码"窗口，输入密码，如图 13-42 所示，然后单击"创建密码"按钮。

（7）单击"创建密码"按钮后，即可为系统管理员创建密码，同时显示已经启用密码保护，如图 13-43 所示。

图 13-41 单击"创建密码"超链接

图 13-42 输入密码

图 13-43　创建密码后的系统管理员账户

13.3.4　设置屏幕保护程序密码

屏幕保护是计算机的一种自动防护功能，即在用户离开电脑一段时间后，将进入系统的屏幕保护程序。用户最好设置屏幕保护即密码，这样在离开屏保时需要输入密码才可以进入桌面。在公司里，这样做可以防止隐私信息的泄露。

提示：在设置屏幕保护程序密码之前，先要设置系统管理员密码。

【实验 13-11】设置 Windows 7 屏幕保护程序密码

具体操作步骤如下：

（1）Windows 7 桌面空白处右击，在弹出的快捷菜单中选择"个性化"命令，如图 13-44 所示。

图 13-44　选择"个性化"命令

（2）在弹出的"个性化"窗口中，单击"屏幕保护程序"超链接，如图 13-45 所示。

（3）在弹出的"屏幕保护程序设置"对话框中，选中"在恢复时显示登录屏幕"复选框，如图 13-46 所示。

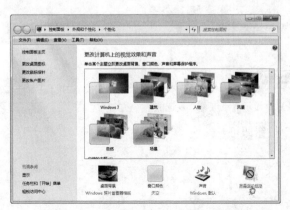

图 13-45　单击"屏幕保护程序"超链接

图 13-46　选中"在恢复时显示登录屏幕"复选框

（4）单击"应用"按钮，然后单击"确定"按钮即可。

【实验 13-12】设置 Windows 10 屏幕保护程序密码

具体操作步骤如下：

（1）在桌面空白处右击，在弹出的快捷菜单中选择"个性化"命令，如图 13-47 所示。

（2）在弹出的"个性化"窗口中，选择"锁屏界面"选项，然后单击"屏幕保护程序设置"超链接，如图 13-48 所示。

图 13-47　选择"个性化"命令　　　　图 13-48　单击"屏幕保护程序设置"超链接

（3）在弹出的"屏幕保护程序设置"对话框中，选中"在恢复时显示登录屏幕"复选框，如图 13-49 所示。

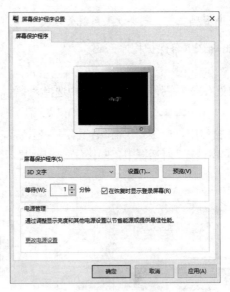

图 13-49　选中"在恢复时显示登录屏幕"复选框

（4）单击"应用"按钮，然后单击"确定"按钮即可。

第 **14** 章　局域网管理原则

当组建好局域网并且运行起来后，接踵而至的就是局域网的管理了。伴随着局域网的广泛使用，网络管理员与局域网中 PC 的"斗争"也达到了一种白热化的程度。很多的网络管理员都充当了整天拆机器、装系统的"可怜角色"，被许多问题弄得焦头烂额。

面对如今纷繁复杂的网络，很多的网络管理员都不是很清楚自己在干什么、该干什么。同时应该遵循一个什么样的管理原则，才能高效地管理自己的网络。

14.1　网络的管理原则

所谓"知己知彼，百战不殆"，只有完全了解自己网络的全部情况后，才能更好地管理与维护。

从管理网络的重要性来看，有效管理网络的第一步应该是收集相关基础信息，这应该从整理部件清单和记述网络布局及效率上着手。如果网络管理员不知道网络的各个部件都处在一个什么样的位置，那么就不可能了解它们在一起工作的情况。如果对网络的组织、性能和物理部件编写一个合适的记录手册，那么出现故障的时候，就可以有的放矢，参考第一手的资料进行处理，同时也可以有效地避免故障的发生。要掌握网络中的全部信息，应该做到以下几点：

- 对网络中的设备统计并备案；
- 对网络运行的效率、使用率以及网络的安全设置进行备案；
- 掌握网络的物理及逻辑拓扑图。

14.1.1　网络设备及资源统计

当网络一切都建立好并完全正常运行的时候，作为网络管理员就应该趁这个机会将网络中的一切都加以熟悉，而这个熟悉并不是简单地加以了解就可以的。网络管理员所要做的就是对网络中的设备的型号、使用位置、拥有人和配置等进行统计，对网络中 PC 机的 IP 资源分配及协议情况进行统计，对网络中的所有客户机和服务器的操作系统进行统计等。

如果作为管理员知道网络处于正常工作时的各种状态，那么当网络不能正常工作的时候，就可以根据统计的情况很容易地发现故障的来源。网络是强大的，但同时也是很脆弱的，一个意想不到的"小问题"都有可能引起网络的瘫痪。因此，时刻掌握网络的工作状态对于处理突发事件具有至关重要的作用。

如今，局域网的布局与结构正逐步朝着复杂、庞大的方向发展，对于一个比较庞大的局域网系统，掌握整个网络的物理布局对于查找产生故障的原因和产生故障的设备具有十分重要的意义。

1. 网络部件统计

网络部件统计包括硬件和软件两方面的内容。硬件方面，对于了解并追踪硬件部件的具体情况具有很高的价值；软件方面，对于记录软件的版本和管理软件的登记证都有很大的作用。网络管理员应该对如下信息进行统计：

- 机器的型号：包括计算机、路由器、交换机和集线器等，当然更包括其制造商和设备的型号、序列号等；
- 机器使用者的信息；
- 机器的相关配置，其中包括资源分配情况、协议情况和相关外设情况；
- 所有客户机和服务器上安装的操作系统，包括操作系统的版本号和已经安装好的补丁程序；
- 安装好的应用程序以及能够使用这些应用程序的人员；
- 各个软件所有的客户使用登记证数量和实际已经使用的登记证数量。

2. 网络连接设备统计

作为网络管理员，设备的日常维护非常重要，但网络故障的原因很多，机器问题只是其中之一，连接网络各个设备之间的连线、交换机和集线器等详细情况也是值得注意的地方。这部分的统计必须依靠整个楼层的建筑设计蓝图来完成，管理员必须在建筑设计蓝图的基础上到建筑物的各个部分去实地查看，然后根据所掌握到的情况进行统计，并注意以下几点：

- 建筑物内部或者建筑物之间使用的电缆的走线情况以及电缆的长度和各部分电缆的类型。电缆类型选择上一般建筑物内部使用双绞线，而建筑物之间则用光缆进行连接。
- 应该统计各部分连接电缆的颜色以及编号情况。对于一个比较庞大的网络来说，最好在网络建设的初期就将连接到各个部分的电缆进行编号和命名。在路由器上，应该标识出各个主干网的各个连接的编号和名称。在交换机或者是集线器上，对于各个桌面系统的连接应该按照机器的编号进行统一编号，而且按照顺序逐个插在接口上，如果采用的是三层交换的话，那么在二级交换机上也应该标识出电缆的连接编号和名称。
- 根据建筑设计蓝图，应统计出路由器、交换机、集线器等网络硬件的位置，以及相互之间的连接情况。
- 如果是以太网的话，那么在蓝图上还必须注意网络到何处终止。

一切统计结束后，将这个蓝图保存起来。随着局域网规模的扩大和结构的改变，应及时对蓝图进行修改。

14.1.2 网络运行统计

在对局域网网络的物理设备进行统计的时候，通常依据的是实际情况来进行统计的。相比而言，对局域网网络的运行状态、性能和安全方面的统计则要主观得多。在这个过程中，管理员要对网络的使用效率和网络资源的合理分配进行统计，要对网络的安全因素进行重要统计，也要对网络在正常运行时的状态进行统计。这样当网络出现不稳定因素的时候，可以及时发现问题的来源。对网络的运行统计包括以下几个方面的内容：

1．统计网络运行的效率

进行统计需要在没有进行任何价值判断的前提下，考虑网络上一切可能发生的事情，找出网络上发生的一切活动。因此，管理员在统计的时候应该注意以下几点：

- 在整个网络上生成的传输量以及这些传输都集中在哪些网段上（假设所在的网络不止一个网段）。
- 网络上传输的这些信息是在哪些方面生成的。
- 在任意一个时间内有多少软件应用在使用，以及各个软件的客户使用情况。
- 在网络的工作过程中，服务器的负荷和传输量发生了哪些变化？服务器在哪些方面受到的压力比较大。

有了以上这些具体信息，网络管理员就可以很方便地分析出引起故障的具体因素，从而掌握当条件发生相应的变化时，需要添加哪些新的资源。

2．对网络的运行效率进行评价统计

主要是在对网络运行的效率进行统计的基础上，查看网络是否处于最高效的工作状态。

这项统计是对网络运行效率的分析评价统计，包括以下几个方面的内容：

- 服务器的负荷是否过大，是否需要添加新的资源。网络工作负担是否平衡，是否有不同网段的传输量发生两极分化的现象，即有些网段的传输量很少，而另外一些网段的传输量却很大。
- 服务器达到什么样的繁忙程度，能否在任意时间内满足所有用户的请求。
- 能否对网络上传输的信息进行路由选择以便分担网络上过重的负荷。

3．对网络的安全状况进行评价统计

对于一个局域网网络来说，安全因素应该是最重要的一项内容，它关系着整个网络能否正常的运转、网络资源的安全保护问题和用户的访问能力等。该项统计包括以下几个方面的内容：

- 网络中是否使用了防病毒措施，使用了哪些防病毒措施。
- 是否使用了数据保护措施，使用了哪些数据保护措施。
- 网络上的资源是否得到了应有的保护。
- 进行了哪些相应的安全设置，保证每个用户均能访问到自己需要的资源。
- 使用了哪些相应的安全设置，对不同的用户设置了哪些不同的访问权限，并保证其正确的连接配置、口令和访问许可权等。

14.1.3　绘制网络布局图

当所有的统计工作结束后，要对统计结果进行保存，至于怎样保存，那将由网络管理员自己来决定。同时还可以将统计结果以图形的形式表示出来，来更加方便地表现网络的各部分之间所存在的关系。

1．网络的物理布局图

在实际的网络结构中可能会有多种物理结构布局，例如建筑物内部的物理布局、建筑物之间的物理布局以及单位与 Internet 的连接情况，这要根据网络的大小和复杂程度而有所不同。

网络的物理布局图与建筑物的设计蓝图有些相似的地方，图上应该能清晰地显示出网络上各个

部件之间的对应关系，以及网络在建筑物中的详细分布情况，并在布局图上标识出各个节点的位置。

2．网络的逻辑布局图

网络的物理布局图显示了网络各个部件之间的相对位置关系，网络的逻辑布局图则显示了网络中资源的相对组织情况。

同物理布局图一样，逻辑布局图可能也要有多份。通过网络的逻辑布局图，网络管理员要知道数据库是怎样在网络上进行数据复制的，并显示出网络传输的信息流，同时还要知道各个客户机将要登录到哪些授权检查的服务器。

14.1.4　网络管理注意事项

在选择一个好的网络及系统管理解决方案时，应该充分考虑以下 7 个方面：

1．模块化与扩展性设计

所谓模块化管理的方式，就是依照单位网络的需求单独规划或是采用单点网络管理解决方案，即使将来因为服务器的增加，产生新的管理需求，依然可以适应新的商业形态带来的 IT 需求，采取其他解决方案并与现有的产品进行无缝整合。

2．快速构建

单位如果不想花费太多时间与人力在学习管理工具与实际构建上，一个简单或是人性化的操作界面是非常重要的。如果可通过前端监控工具，快速有效即时回应问题，就不需要花费很多时间检查 Log 文件与定期检查系统与网络情况，可以大幅缩短网络管理员排除问题的时间，提升工作效率。

3．动态的个性化设计

具备人性化界面的同时，更需要可以个性化。单位内人事部门、网络部门、系统与应用程序部门所需要的信息不尽相同，需要的警示模式也会因问题发生的严重程度不同，而有不同的处理方式。此时更需要在管理工具上有个性化的能力，依照不同使用者、不同管理者制订不同的管理界面，一目了然地将网络管理简化。

4．历史数据即时预测功能

资深的网络管理员可以在比较短的时间找出问题、解决问题。对于新手来说，如果历史数据具备自我分析的能力，就可以预测未来可能发生的情况，防患于未然。例如，当某些程序占用系统资源过高或者时间过久，此时预测系统或是即时性监控系统可以帮助单位减少系统死机或应用程序出错的概率，及时通知网络管理员或是自动执行程序以达到自动解决问题的目的。如此一来，就可以对可能导致的问题进行先期预防。

5．内置人工智能

将人工智能融入系统与网络管理中，可以更高效地提升网络管理性能。另外，还需要可以整合很多不同的平台以及多样化的应用程序，让管理者可以从同一个监控环境中看到所有发生的情况。

6．自动化服务管理报告

一般来说，网络管理员必须定期提交报表或是管理报告，让主管们可通过定期的报表知道公司网络管理的情况。因为此举关系到下一个年度的网络预算，例如主机是否需要升级，或是发现哪些服务器使用率其实并不合乎标准，还可以善加利用等。对于管理者来说，这是很好的管理报告，以此来制订明年网络规划与预算。

7. 广泛的平台支持

为适应市场上不断出现的电子器材，需要的网络环境也会越来越复杂，也就是需要管理的层次与专业知识就会随之提高，所以一个可以广泛支持各种平台的系统管理解决方案，才可以达到整体性管理的目标。

14.2 网络调整原则

作为网络管理员，很可能你所管理的网络在现阶段是最好的、最可靠的，但随着越来越多的新型硬件的加入、越来越多新的应用程序的发布和越来越频繁的应用程序版本的更新，再好的、再可靠的网络也得紧跟时代的步伐，对网络进行及时有效的调整是最好的手段，当然这个调整也得根据实际的需要。不论是大型的企业网络，还是中小型的网络，对于网络管理员来说，其工作就是将这些调整过程和方法尽可能地简化，使其变得简单一点。

对网络进行硬件或是软件方面的调整，通常都遵循以下几个步骤：

（1）明确要求、规划布局。

（2）对调整后的系统进行测试，修复新系统中的故障。

（3）使用新系统。

（4）收集用户的反馈信息，为以后的调整做新的准备。

14.2.1 明确要求、规划布局

对网络的调整要根据实际的需要，因此，对实际需求或潜在需求进行合理的分析是很必要的。

在很多的情况下，如果将发布的新技术或新产品应用到自己所在的网络系统中，都会对网络系统带来很大的帮助，甚至可以使整个网络系统在性能上、安全上都有一个很大的提高。但是很多管理员最关心的问题是：如何在网络性能和安全等比较良好的状态下使自己对网络的管理最轻松。如果对网络系统进行了调整，使网络系统的性能和安全等级都上了一个新的台阶，但是却反而增加了对网络管理的复杂度，在这种情况下，如果不是很需要对系统进行更新的话，网络管理员们可能都会考虑是否还有必要对网络系统进行调整。

为了进行合理的需求分析，许多企业和单位都会在举行的网络会议上，对现有网络系统的网络性能、用户的满意度以及网络的安全等方面进行评估。如果有新的产品和新的技术可以采用，那么就可以在这个会议上提出，供与会者讨论，然后形成决议。

网络管理员在规划对网络进行重大改变和升级之前，必须要了解使用网络的用户的心态，了解他们都需要哪些应用程序才能够更好地完成工作。在对用户进行意见调查的时候，网络管理员必须要遵循以下两个方面的原则：

- 用户提出了某种需求并不一定就意味着他特别需要获得相应的功能；
- 用户的意见始终只能作为一种参考意见来处理。

当网络管理员明确了要对网络进行更新以及使用哪些技术来满足这些更新，就可以根据需要来建立基础设施了。因为每次的调整和更新都有可能有所不同，所以遇到的问题也将会有所不同，但是基本上包括以下几种情况：

- 新系统必须支持哪些应用程序，哪些用户需要这些应用程序；
- 用户应该对这些机器拥有什么样的控制权和访问权；
- 新系统对现有的硬件有何要求，是否要对现有的硬件进行更新；
- 应用新系统后，网络要求有哪些变化；
- 新系统需要对数据进行什么样的保护措施；
- 新系统要与哪些网络进行通信；
- 新系统应用后，对网络的带宽有何要求，用户访问应用程序所需要的带宽又是怎样的；
- 应用新系统后，网络的安全问题是否得到了一定限度上的提升。

网络管理员可以依据上面的问题来对硬件、软件和配置进行必要的更新，以满足这些需求。但对于网络管理员来说，这种更新的前提是保证管理工作不会变得更为复杂，至少不是让网络管理员无从着手。对于超出网络管理员自身能力之外的某些问题，管理员可以对新系统的新功能做一些研究或者向他人寻求帮助。

14.2.2　测试新系统

需求分析和对用户的调查完成之后，就是对新系统的安装，但一个成功的安装首先要对新系统进行详尽的测试。网络管理员可以要求单位根据所做的修改的程度提供相应的测试资源。由于用户群的应用程序基础有所不同，需要进行的测试也会有所不同，但测试是进行系统调整的必经过程。如果不对新系统进行必要的测试，那么网络管理员只知道所做的调整在理论上是怎样工作的，但在实际的运行中是怎样工作的，会遇到什么样的问题，这些都是不可预计的。因此，在替换现有系统之前，必须要确保一切所做的修改后和修改前一样正常地工作。

对于网络系统的调整测试通常有以下几个方面的内容：

1．对网络所做的修改是原有网络的部分修改调整

对这部分的测试，网络管理员可以在设备齐全的情况下，将修改部分建立一个测试站点。通过实验测试，网络管理员就可以认识到，在一定传输量的压力下，网络的这一部分是如何工作的，从而探索对网络进行修改调整的最佳途径和方法，使网络性能达到最优状态。

当然，最严格的测试在于这些部分在实际工作中性能如何，否则网络管理员无法肯定这些修改部分在实际的工作压力下会有什么样的表现。在测试站点，修改的内容完全在网络中实现，并且接受正常的使用。当测试正常后，网络管理员就可以将之投入到实际的网络中运行了。

2．管理员把所要修改的内容隔离在一个初始的网段或者工作组中进行测试

这种测试都是在主网络上的一个部分进行的，网络管理员可以在这儿发现和解决问题，并且只对很少的用户产生一定程度上的影响。在测试使用正常后，再投入到整个网络中实施。

3．对原来网络进行逐步的修改测试

这种方法是在实际的用户网络中，对网络进行一点一点地修改，逐步增加修改的幅度。这种测试修改是比较原始的方法，但也很有效。当一次修改引起故障的话，网络管理员就可以很清楚地看到产生问题的原因，从而决定对调整做一定程度的修改，确保网络的正常运行，而不是去追求更高的性能，牺牲网络的正常化运行。

14.2.3 实现新系统

测试完成后，就可以将新系统投入到实际的运行中去了，但即使在测试的时候一切都按照预期进行着，而且所有的功能都比较正常，也并不一定能保证在实际的运行中不出一点故障，实际上绝大多数的调整工作都需要很长一段时间的运行之后，才能得出最终结论。如果网络管理员在进行系统调整的时候急于求成的话，那么就会给将来的使用留下很大的隐患。

14.3 IP 地址管理

在网络中如何识别某一台计算机呢？可以通过硬件和软件两种方式来实现。硬件方式，就是借助 MAC 地址识别，即厂商烧录在网络设备上的、具备惟一性的 ID 号，从而保证了每一块网卡或每一台网络设备身份的唯一性。软件方式，就是通过为每一台计算机分配一个世界唯一的 IP 地址，从而人为地将一般计算机的身份变得特殊化。

14.3.1 IP 地址的分类

一个完整的 IP 地址由 32 位（bit）二进制数组成，每 8 位（即 1 个字节）为一个段（Segment），共 4 段（Segment 1~Segment 4），段与段之间用逗号隔开。为了便于应用，IP 地址在实际使用时不直接用二进制表示，而是用大家熟悉的十进制数表示，如 192.168.0.1 等。IP 地址能唯一地标识出主机所在的网络和网络中位置的编号。

IP 地址由网络 ID 和主机 ID 组成。按照网络规模的大小，常用 IP 地址分为 3 类：A 类、B 类和 C 类，如表 14-1 所示。其中变量 A、B、C、D 表示结构中的 8 位字符。

表 14-1 IP 地址的网络分类

类　　型	网络 ID	主 机 ID	A 值	网 络 数	主 机 数
A 类	A	B.C.D	1 ~ 126	126	16 777 214
B 类	A.B	C.D	128 ~ 191	16 384	65 534
C 类	A.B.C	D	192 ~ 223	2 097 151	254

这三类网络，A 类用于大型网络，B 类用于中型网络，C 类一般用于局域网等小型网络。

（1）A 类网：在 A 类网络中，网络地址占一个字节（A），主机地址（网络成员）占 3 个字节（B.C.D），该类地址是为大型网络而提供的，全世界总共只有 126 个可能的 A 类地址，每个 A 类网络在其每个具体的网络内可以有 1 600 多万台计算机。对于 A 类网络，IP 地址的第 1 个 8 位数组介于 1~126，而所有其他 8 位数组则标识了该网络的成员。由于 A 类网络的网络号仅有 126 个，所以该类网络的网络号早已被申请完。

（2）B 类网：在 B 类网络中，网络地址占两个字节（A.B），主机地址（网络成员）占两个字节（C.D）。在一个 B 类网络中最多可以有 65 534 台计算机，在 IP 地址第 1 个 8 位数组是一个介于 128~191 的数字，第 2 个 8 位数组进一步指出了网络地址，IP 地址的最后两个 8 位数指示了具体的计算机。

（3）C 类网：在 C 类网络中，网络地址占 3 个字节（A.B.C），主机地址（网络成员）占 1 个字节（D）。在 C 类网络的 IP 地址中，第 1 个 8 位网络数组介于 192~223，第 2 个和第 3 个位数组进一步定义了网络地址，最后一个 8 位组则标识了该网络上的计算机。

几个特殊网络号的意义如下：

- 网络号 127 是用来做循环测试用的，不能用作其他用途。例如，如果发信息 IP 地址 127.0.0.1，则此信息将传送给自己。
- A、B、C、D 中的数字如果出现 255，表示广播。例如发送信息给 255.255.255.255，表示将信息发送给网络中的每一台主机；如发送消息给 192.168.255.255，表示将该信息发送网络号为 192.168 中的每一台主机。
- IP 地址中第 1 个数字（A）不可大于 233，是为了保留给 MULTICAST 供实验用的。
- IP 地址的最后一个数字（D）不能为 0 或 255。

如果不计划接入 Internet，则可用 RFC1918 中定义的非 Internet 连接的网络地址，称为"专用 Internet 地址分配"。RFC1918 规定了接入 Internet 的 IP 地址分配指导原则。在 Internet 地址授权机构（IANA）控制 IP 地址的分配方案中留出了 3 类网络号，分配给不接入 Internet 的网络专用，分别用于 A、B 和 C 类 IP 网，具体如表 14-2 所示。

表 14-2　保留 IP 地址列表

类　型	专用网络 ID	子网掩码	IP 地址的范围
A 类	10.0.0.0	255.0.0.0	10.0.0.1 ~ 10.255.255.255
B 类	172.16.0.0	255.240.0.0	172.16.0.1 ~ 172.31.255.255
C 类	192.168.0.0	255.255.0.0	192.168.0.1 ~ 192.168.255.255

IANA 保证这些网络号不会分配给连到 Internet 上的任何网络，因此任何人都可以自由选择这些网络地址作为自己的网络地址。

提示：如果用户组建的网络是一个封闭式的网络，即不准备接入 Internet，只要在保证每个设备的 IP 地址唯一的前提下，三类地址中的任何一个都可以直接使用（最好使用 C 类 IP 地址），而无须考虑它们是否和其他 Internet 地址冲突。

14.3.2　IP 地址的分配方式

Windows 为 TCP/IP 客户端提供了三种配置 IP 地址的方法，用于满足 Windows 用户对网络的不同需求。具体采用哪种 IP 地址分配方式，可由网络管理员根据网络规模和网络应用等具体情况而定。

1．自动分配 IP 地址

为了使 TCP/IP 协议更加易于管理，微软和几家厂家建立了一个 Internet 标准——动态主机配置协议（Dynamic Host Configuration Protocol，DHCP），由它提供自动的 TCP/IP 配置。DHCP 服务器为其客户端提供 IP 地址、子网掩码和默认网关等各种配置。

网络中的计算机可以通过 DHCP 服务器自动获取 IP 地址信息。DHCP 服务器维护着一个容纳有许多 IP 地址的地址池，并根据计算机的请求而出租。如果计算机设置为自动获取 IP 地址，那么，当它在启动时，将自动向 DHCP 服务器申请 IP 地址。DHCP 服务器接收到此消息后，就会从 IP 地址池中选择一个尚未使用的地址分配给该计算机，并且对其规定租赁期限。

当约定的使用期限过半时，计算机需向 DHCP 服务器申请续租，如获得 DHCP 服务器同意，那么，计算机将继续持有该 IP 地址。否则，计算机将在其后再申请继租。如仍未得到回应，那么，在到达租赁期限时，计算机将自动放弃该 IP 地址，并每隔一段时间后再次向 DHCP 服务器申请新的租约。当计算机关机后，该 IP 地址被自动释放，DHCP 服务器将其重新放入 IP 地址池中，等待下一个客户端使用。

　　DHCP 这种分配 IP 地址的方式提供了安全、可靠、简便的 TCP/IP 网络配置，既减轻了网络设置的负担，又有效地防止因输入错误而导致的网络通信故障，并能够有效地避免地址冲突，而且也有助于节约 IP 地址资源。但是，由于该方式采用客户端/服务器模式，客户端与服务器之间要不时地进行交流，因此，在一定程度上降低了网络的性能。DHCP 是 Windows 默认采用的地址分配方式。

2．手工设置 IP 地址

　　手工设置 IP 地址也是经常使用的一种分配方式。在以手工方式进行设置时，需要为网络中的每一台计算机分别设置 4 项 IP 地址信息（IP 地址、子网掩码、默认网关和 DNS 服务器），不仅工作量大，而且还会由于输入失误而经常出错。所以，通常情况下，被用于设置网络服务器、计算机数量较少的小型网络（比如几台至十几台的小型网络），或者用于分配数量较少的公用 IP 地址。而且，一旦因为迁移等原因导致必须修改 IP 地址信息，就会给网络管理员带来很大的麻烦，所以不推荐使用。

3．自动专用 IP 寻址

　　自动专用 IP 寻址（Automatic Private IP Addressing，APIPA）可以为没有 DHCP 服务器的单网段网络提供自动配置 TCP/IP 协议的功能。默认情况下，运行 Windows 7/8 的计算机首先尝试与网络中的 DHCP 服务器进行联系，以便从 DHCP 服务器上获得自己的 IP 地址等信息，并对 TCP/IP 协议进行配置。如果无法建立与 DHCP 服务器的连接，则计算机改为使用 APIPA 自动寻址方式，并自动配置 TCP/IP 协议。

　　使用 APIPA 时，Windows 将在 169.254.0.1～169.254.255.254 的范围内自动获得一个 IP 地址，子网掩码为 255.255.0.0，并以此配置建立网络连接，直到找到 DHCP 服务器为止。

　　因为 APIP 范围内指定的 IP 地址是由网络编号机构（IANA）所保留的，所以，这个范围内的任何 IP 地址都不用于 Internet。因此，APIPA 仅用于不连接到 Internet 的单网段的网络，如小型公司、家庭及办公室等。

　　注意：APIPA 分配的 IP 地址只适用于一个子网的网络。如果网络需要与其他的私有网通信，或者需接入 Internet 时，就不能使用 APIPA 这种分配方式了。

　　IP 地址冲突是 IP 地址盗用的最直接后果。所谓 IP 地址冲突，是指网络内两台或两台以上的计算机同时使用同一个 IP 地址，从而导致网络通信的失败。

　　当计算机使用过程中与其他计算机发生 IP 地址冲突时，网络通信将被中断。此时，可以通过如下操作以重新建立正常的网络连接。

　　【实验 14-1】解决 IP 地址冲突的方法

　　具体操作步骤如下：

　　（1）在 Windows Server 2008 R2 中，单击"开始"→"所有程序"→"附件"→"运行"命令，打开"运行"对话框，输入 Ipconfig/release，该命令的作用是释放当前的 IP 地址，如图 14-1 所示，然后单击"确定"按钮。

　　（2）再次打开在"运行"对话框，输入 Ipconfig/renew，该命令的作用是重新获取 IP 地址，如图 14-2

所示，单击"确定"按钮即可。

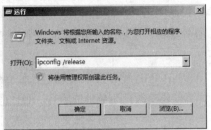

图 14-1　释放 IP 地址

图 14-2　重新获取 IP 地址

14.4　流量分析管理

网络中往往会传输各种各样的数据，如果不加限制，不仅超额的网络流量会导致设备反应变慢，甚至瘫痪，而且一些非法数据还会破坏计算机系统，产生更多恶意流量。因此，当网络发生异常时，应及时使用一些测试软件进行监控分析。

网络性能不难与交换和路由设备的性能相关，而且与线路质量也有很大关系。使用 Qcheck 可以测试网络性能。这是 NetIQ 公司开发的一款免费网络测试软件，被称为"Ping 命令的扩展版本"，主要功能是向 TCP、UDP、IPX、SPX 网络发送数据流来测试网络的吞吐率、回应时间等，从而测试网络的响应时间和数据传输率。

提示： 测试时需使用两台计算机，并且均需安装并运行 Qcheck。在测试时，从一个客户端向另一个客户端发送文件，通过测试文件发送时所消耗的时间，计算出传输率（以 Mbit/s 为单位），例如 TCP/UDP 传输率测试。当然，测试结果越高越好，100Mbit/s 端口的理论值最高为 94Mbit/s（传输率）。

TCP 响应时间（TCP Response Time）测试可以测试出完成 TCP 通信的最短、平均与最长时间。测试类似于 Windows 系统内置的 Ping 命令，可以让用户了解与另一台计算机的 TCP 通信所需要的时间，这个测量一般称为"延缓"或"延迟"（latency）。

【实验 14-2】使用 Qcheck 测试 TCP 响应时间

具体操作步骤如下：

（1）在 Qcheck 窗口中，在 From Endpoint 1 下拉列表中选择 local host 选项，表示从本地计算机发送测试。在 To Endpoint 2 文本框中输入目标计算机 IP 地址，如图 14-3 所示。

（2）在 Protocol 中选中 TCP 按钮，在 Options 中选中"Response Time"按钮。

（3）在 Iterations 文本框中输入重复测试的次数，默认为 3 次，在 Date Size 文本框中输入要发送的数据包的大小，默认为 100B（1Byte=8bit），如图 14-4 所示。

（4）完成后单击 Run 按钮，Qcheck 便开始测试，并在 Response Time Results 区域显示出测试结果，包括 Minimum（最短）、Average（平均）与 Maximum（最长）等时间，如图 14-5 所示。

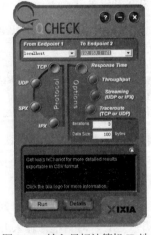

图 14-3　输入目标计算机 IP 地址

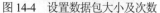

图 14-4　设置数据包大小及次数　　　　　图 14-5　TCP 响应时间测试结果

提示：要测试从本地计算机与目标计算机之间的网络带宽，可以使用 TCP Throughput（TCP 传输率）测试。这项测试可以测量出两个节点间使用 TCP 协议时，每秒钟成功送出的数据量，以此来测试出网络的带宽。

【实验 14-3】使用 Qcheck 测试网络带宽

具体操作步骤如下：

（1）在 Qcheck 窗口中，在 From Endpoint 1 下拉列表框中选择 Localhost，在 To Endpoint 2 文本框中输入目标计算机 IP 地址；在 Protocol 选项区域中单击 TCP 按钮，在 Options 选项中单击 Throughput 按钮；在 Date Size 文本框中要发送的数据包的大小，默认为 100KB，如图 14-6 所示。

（2）设置完成后，单击 Run 按钮，Qcheck 开始测试，测试完成后在 Throughput Results 区域中即可显示出测试结果，如图 14-7 所示。

图 14-6　设置测试条件　　　　　图 14-7　网络带宽测试结果

提示：在测试网络带宽时，往往会因为设备性能、线路质量等各种因素的影响，而使得测试值比实际值要小。因此，为了求得准备的结果，建议使用多台计算机进行测试，一般最大值才是网络带宽的真实值。

第 **15** 章　局域网数据管理

在局域网运行过程中，随时都有可能因为这样或那样的原因，造成系统的不稳定，从而导致数据的丢失。因此，在局域网中用户应该随时注意备份数据。

本章将着重介绍在局域网管理数据的几种常用方法，如使用系统本身的备份还原功能管理数据、使用 Ghost 单机版管理数据和使用一键还原精灵还原数据。

15.1　使用"系统还原"备份与还原系统

"系统还原"是 Windows 操作系统自带的一个系统备份还原工具。它根据还原点将系统恢复到早期的某个状态，而还原点就是在某个时间给系统做的一个标记，并记录下此时的系统状态。日后有必要时，可以将系统还原到曾经记录的状态。系统可以创建多个还原点，记录不同的状态，各个还原点互不影响。还原系统时，可以选择合适的还原点进行还原。

15.1.1　使用"系统还原"备份系统

初次安装部署好 Windows 7/10 系统后，可以为该系统创建一个系统还原点，以便将 Windows 7/10 系统的"干净"运行状态保存下来。

下面以一个具体实例来说明如何在 Windows 7 中使用"系统还原"备份系统。

【实验 15-1】在 Windows 7 系统中使用"系统还原"备份系统

具体操作步骤如下：

（1）单击"开始"按钮，在弹出的"开始"菜单中右击"计算机"命令，从弹出的快捷菜单中选择"属性"命令。

（2）在弹出的"系统属性设置"窗口中，单击左侧的"系统保护"超链接，打开"系统属性"对话框，选择"系统保护"选项卡。

（3）在"保护设置"区域中，选中 Windows 7 系统所在的磁盘分区选项，然后单击"配置"按钮，如图 15-1 所示。

（4）打开"系统保护本地磁盘"对话框，由于我们现在只想对 Windows 7 系统的安装分区进行还原设置，为此在这里必须选中"还原系统设置和以前版本的文件"单选按钮，如图 15-2 所示，单击"确定"按钮返回"系统属性"对话框。

图 15-1　单击"配置"按钮

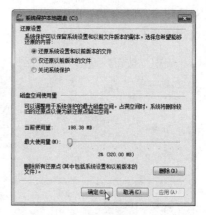

图 15-2　单击"确定"按钮

（5）单击"创建"按钮，在弹出的对话框中输入识别还原点的描述信息，如图 15-3 所示，然后单击"创建"按钮。

（6）系统将开始创建还原点。还原点创建完成后，弹出提示已成功创建还原点信息的对话框，如图 15-4 所示，单击"关闭"按钮即可。

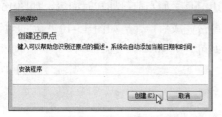

图 15-3　单击"创建"按钮

图 15-4　单击"关闭"按钮

下面以一个具体实例来说明如何在 Windows 10 系统中使用"系统还原"备份系统。

【实验 15-2】在 Windows 10 系统中使用"系统还原"备份系统

具体操作步骤如下：

（1）单击"系统"窗口中左侧的"系统保护"超链接，如图 15-5 所示。

（2）在弹出的"系统保护"对话框中，选择系统盘驱动器，单击"配置"按钮，如图 15-6 所示。

图 15-5　单击"系统保护"超链接

图 15-6　单击"配置"按钮

（3）在弹出的"系统保护本地磁盘"对话框中，设置磁盘空间使用量，如图 15-7 所示。

注意：如果磁盘分区的系统还原功能关闭了，可以在该对话框中选中"启用系统保护"单选按钮即可，否则，将关闭系统还原功能。

（4）单击"确定"按钮，返回"系统保护"对话框，然后单击"创建"按钮，如图 15-8 所示。

图 15-7　设置磁盘空间使用量

图 15-8　开始创建还原点

（5）在弹出的对话框中，输入系统还原点的描述信息，如当前日期和时间等，如图 15-9 所示。

（6）单击"创建"按钮，系统开始创建备份，备份完成后，弹出如图 15-10 所示的对话框，提示用户已成功创建系统还原点，单击"关闭"按钮即可。

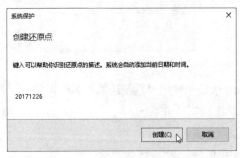
图 15-9　输入系统还原描述信息

图 15-10　系统还原点创建完成

15.1.2　使用"系统还原"还原系统

一旦 Windows 系统遇到错误不能正常运行时，可以使用"系统还原"功能恢复系统。

下面以一个具体实例来说明如何在 Windows 7 系统中使用"系统还原"还原系统。

【实验 15-3】在 Windows 7 系统中使用"系统还原"还原系统

具体操作步骤如下：

（1）在"系统属性"对话框中，选择"系统保护"选项卡，单击"系统还原"区域中的"系统还原"按钮，如图 15-11 所示。

（2）弹出如图 15-12 所示的"系统还原"对话框，单击"下一步"按钮。

（3）在弹出的对话框中，选择还原点，然后单击"下一步"按钮，如图 15-13 所示。

（4）在弹出的对话框中，确认还原点是否正确，如果确认无误，则单击"完成"按钮，如图 15-14 所示，将开始还原系统。

图 15-11　单击"系统还原"按钮

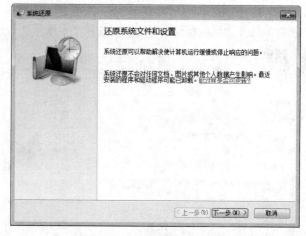

图 15-12　"系统还原"对话框

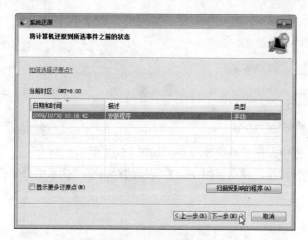

图 15-13　选择还原点

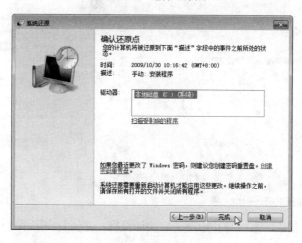

图 15-14　确认还原点

下面以一个具体实例来说明如何在 Windows 10 系统中使用"系统还原"还原系统。

【实验 15-4】在 Windows 10 系统中使用"系统还原"还原系统

具体操作步骤如下：

（1）打开"系统属性"对话框，选择"系统保护"选项，单击"系统还原"区域中的"系统还原"按钮，如图 15-15 所示。

（2）弹出"系统还原"对话框，单击"下一步"按钮，如图 15-16 所示。

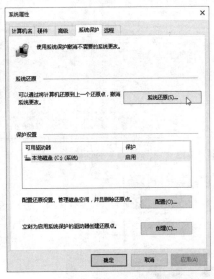

图 15-15　单击"系统还原"按钮

图 15-16　"系统还原"对话框

（3）在弹出的对话框中，选择系统还原点，如图 15-17 所示。

（4）单击"下一步"按钮，弹出如图 15-18 所示的对话框，提示用户是否确认还原点，然后单击"确定"按钮。

图 15-17　选择系统还原点

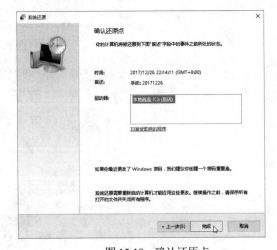

图 15-18　确认还原点

（5）单击"确定"按钮，系统将开始重新启动计算机，并恢复到还原点前的状态。

15.2　使用 Windows 7/10 系统创建系统映像文件备份与还原系统

很多时候，用户遇到的故障是 Windows 7/10 系统根本无法启动运行，在这种状态下，即使用户为 Windows 7/10 系统创建了系统还原点，也无法通过上面的方法将系统运行状态恢复正常。为了保护系统运行安全，用户可以先为 Windows 7/10 系统创建系统镜像文件，然后使用系统镜像文件恢复系统。

15.2.1　创建系统映像文件

下面以一个具体实例来说明如何在 Windows 7 系统中创建系统镜像文件。

【实验 15-5】在 Windows 7 系统中创建系统镜像文件

具体操作步骤如下：

（1）在"控制面板"窗口中，单击"备份您的计算机"超链接，如图 15-19 所示。

图 15-19　单击"备份您的计算机"超链接

（2）在弹出的"备份和还原"窗口中，单击左侧的"创建系统镜像"超链接，如图 15-20 所示。

图 15-20　单击"创建系统镜像"超链接

（3）在弹出的"创建系统镜像"对话框中，设置好系统镜像文件保存的位置，可以保存在本地硬盘中，也可以直接刻录到 DVD 光盘介质上，甚至还可以保存到网络的另一台文件服务器上。在这里设置为保存在本地 D 盘中，然后单击"下一步"按钮，如图 15-21 所示。

（4）在弹出的对话框中，选择需要备份的驱动器，在这里选择安装 Windows 7 系统的 C 盘，然后单击"开始备份"按钮，如图 15-22 所示。

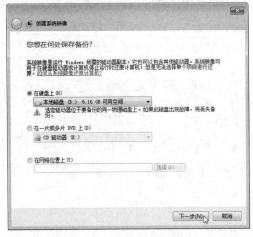
图 15-21　设置文件保存位置

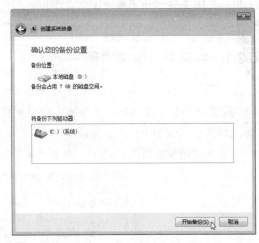
图 15-22　开始备份

（5）系统将开始创建镜像文件，创建系统镜像文件完成后，单击"关闭"按钮即可。

注意： FAT 32 格式的磁盘不支持映像备份和存放映像。备份的数据在本地磁盘或者网络目标上将无法得到安全保护。

下面以一个具体实例来说明在 Windows 10 系统中创建系统镜像文件的方法。

【实验 15-6】在 Windows 10 系统中创建系统镜像文件

具体操作步骤如下：

（1）在系统"小图标"查看方式下的"控制面板"窗口中，单击"恢复"链接，如图 15-23 所示。

（2）弹出"恢复"窗口，单击左下角的"文件历史记录"链接，如图 15-24 所示。

图 15-23　单击"恢复"链接

图 15-24　单击"文件历史记录"链接

（3）弹出"文件历史记录"窗口，单击左下角的"系统映像备份"超链接，如图 15-25 所示。

（4）弹出"创建系统映像"对话框，选中"在硬盘上"单选按钮，并选择硬盘分区，如图 15-26 所示。

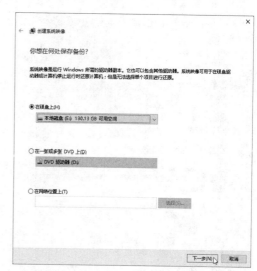

图 15-25　单击"系统映像备份"超链接

图 15-26　选择硬盘分区

提示：用户可以将系统映像备份到移动硬盘、DVD 或在网络上。

（5）单击"下一步"按钮，在弹出的对话框中，选择上备份的驱动器，如图 15-27 所示。

（6）单击"开始备份"按钮，系统将自动创建映像，备份完成后，在弹出的如图 15-28 所示的对话框中，单击"关闭"按钮即可。

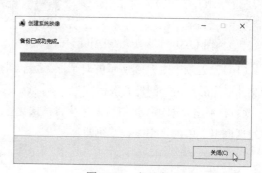

图 15-27　选择要备份的驱动器

图 15-28　备份完成

注意：在 Windows 10 系统中，映像文件创建完成后，会弹出提示框，询问用户是否创建系统修复光盘的对话框，单击"是"按钮，如图 15-29 所示，随后根据提示进行操作即可。

（7）单击"关闭"按钮后，返回"恢复"窗口，单击"创建恢复驱动器"超链接，如图 15-30 所示。

（8）在弹出的"恢复驱动器"对话框中，会显示用户恢复驱动器的作用，单击"下一步"按钮，如图 15-31 所示。

（9）插入 U 盘，然后在弹出的对话框中，选择"可用驱动器"下的盘符，然后单击"下一步"按钮，如图 15-32 所示。

提示：如果要创建光盘恢复驱动盘，则需要将空白光盘放入刻录机中。

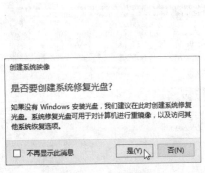

图 15-29　提示框

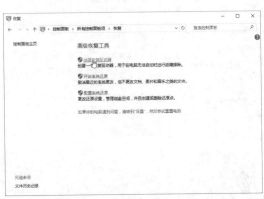

图 15-30　单击"创建恢复驱动器"超链接

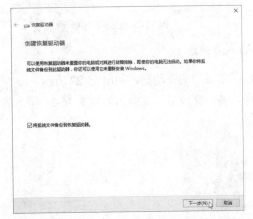

图 15-31　恢复驱动器的作用

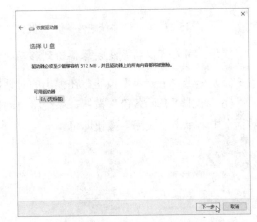

图 15-32　选择可用驱动器盘符

（10）弹出如图 15-33 所示的对话框，提示用户选择的驱动器中所有的内容将被删除，请备份这些文件，然后单击"创建"按钮。

（11）单击"创建"按钮后，系统将格式化驱动器，并复制实用工具，在弹出的如图 15-34 所示的对话框中，单击"完成"按钮即可。

图 15-33　单击"创建"按钮

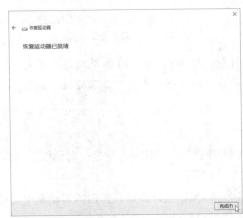

图 15-34　恢复驱动器已就绪

15.2.2　使用系统镜像文件还原系统

当安装了 Windows 7/10 系统的电脑不能正常启动时，用户可以使用系统镜像来对该系统进行彻底还原。使用系统镜像还原系统时，可以在安全模式状态下的"恢复"窗口中进行，也可以在"系统恢复选项"控制台中进行。下面分别介绍这两种修复方法。

1．在安全模式状态下的"恢复"窗口中

【实验 15-7】在 Windows 7 系统安全模式状态下还原系统

具体操作步骤如下：

（1）启动电脑，按【F8】键，在"高级启动选项"菜单中，选择"安全模式"选项，如图 15-35 所示。

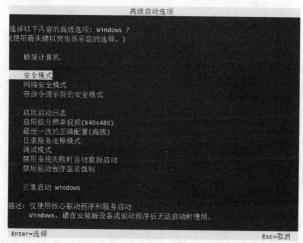

图 15-35　选择"安全模式"选项

（2）进入安全模式后，打开"所有控制面板项"窗口，单击"恢复"超链接，如图 15-36 所示。

图 15-36　单击"恢复"超链接

（3）弹出"恢复"窗口，单击"高级恢复方法"超链接，如图15-37所示。

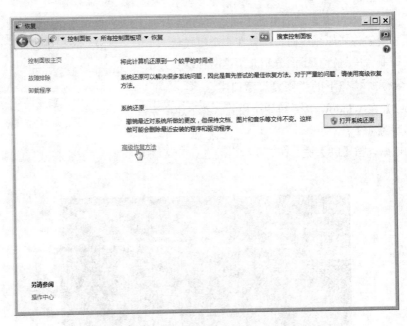

图 15-37　单击"高级恢复方法"超链接

（4）弹出"高级恢复方法"窗口，单击"使用之前创建的系统映像恢复计算机"按钮，如图15-38所示。

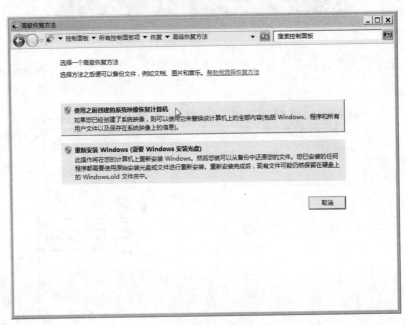

图 15-38　单击"使用之前创建的系统映像恢复计算机"按钮

（5）弹出"重新启动"窗口，单击"重新启动"按钮，如图15-39所示，系统将开始使用前面创建的系统镜像进行还原。

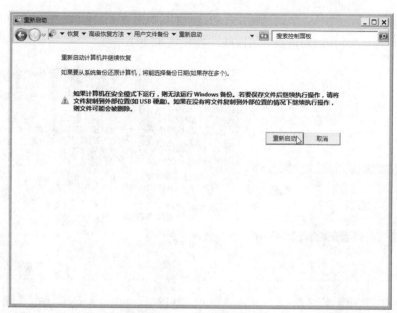

图 15-39　确认重新启动

2．在"系统恢复选项"控制台中

如果安全模式也无法进入，用户不妨通过"系统恢复选项"控制台来进行系统还原。

【实验 15-8】在 Windows 7 系统控制台中还原系统

具体操作步骤如下：

（1）启动电脑，按【F8】键，在"高级启动选项"菜单中选择"修复计算机"选项，如图 15-40 所示。

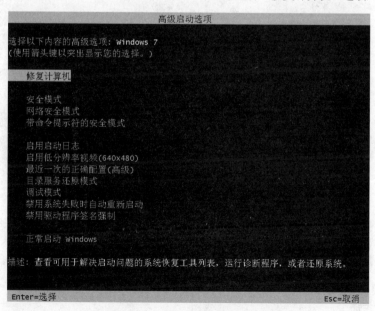

图 15-40　选择"修复计算机"选项

（2）在弹出的"系统恢复选项"对话框中，选择键盘输入法，单击"下一步"按钮，如图 15-41 所示。

（3）在弹出的对话框中输入管理员账户和密码，然后单击"下一步"按钮，会弹出"系统恢复选项"对话框，单击"系统映像恢复"超链接，如图 15-42 所示。

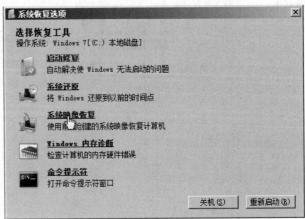

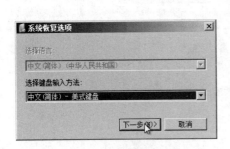

图 15-41　选择键盘输入法　　　　　图 15-42　单击"系统映像恢复"超链接

（4）单击"系统映像恢复"超链接后，系统将开始使用系统映像进行恢复。

提示： 在 Windows 7 操作系统中，用户还可以创建系统修复光盘来备份和还原系统。创建系统恢复光盘的方法是在"备份与还原"窗口中，单击"创建系统修复光盘"超链接，如图 15-43 所示，在弹出的图 15-44 所示的"创建系统修复光盘"对话框中，选择放入空白光盘的盘符，然后单击"创建光盘"按钮即可。

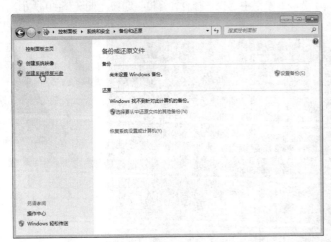

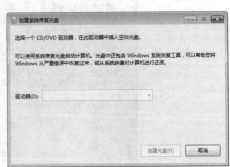

图 15-43　单击"创建系统修复光盘"超链接　　　图 15-44　"创建系统修复光盘"对话框

下面以一个具体实例为说明如何在 Windows 10 系统中使用镜像文件还原文件的方法。

【实验 15-9】 在 Windows 10 系统中使用镜像文件还原系统

具体操作步骤如下：

（1）选择"更新和安全"窗口中的"恢复"选项，单击"立即重启"按钮，如图 16-45 所示。

（2）弹出如图 15-46 所示的窗口，单击"疑难解答"超链接。

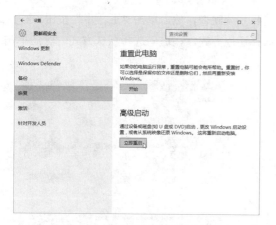

图 15-45　单击"立即重启"按钮　　　　　　图 15-46　单击"疑难解答"超链接

提示：如果无法正常进入 Windows 10 系统，则需要用前面创建的系统修复光盘来启动。

（3）弹出如图 15-47 所示的窗口，单击"高级选项"超链接。

（4）弹出如图 15-48 所示的窗口，单击"系统映像恢复"超链接。

图 15-47　单击"高级选项"超链接　　　　图 15-48　单击"系统映像恢复"超链接

（5）弹出"系统映像恢复"窗口，提示用户选择一个账户，如图 15-49 所示。

（6）弹出如图 15-50 所示的窗口，输入用户账户密码，然后单击"继续"按钮。

图 15-49　选择用户账户　　　　　　　　图 15-50　输入用户账户密码

（7）弹出如图 15-51 所示的对话框，提示用户选择系统映像，然后单击"下一步"按钮。

（8）弹出如图 15-52 所示的对话框，提示用户选择还原方式，在这里选择默认方式，然后单击"下一步"按钮。

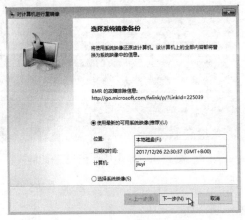

图 15-51　选择系统映象

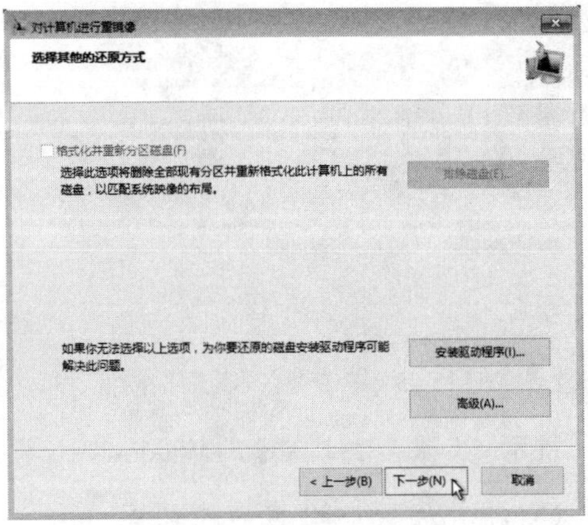

图 15-52　选择还原方式

（9）弹出如图 15-53 所示的对话框中，单击"完成"按钮。

（10）弹出如图 15-54 所示的对话框，提示用户要还原的驱动器上的所有数据都将替换为系统映像中的数据，在这里，单击"是"按钮。

图 15-53　系统映象信息

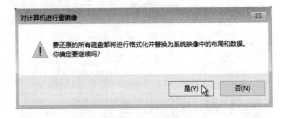

图 15-54　确认替换

（11）单击"是"按钮后，系统开始使用镜像文件还原系统，系统还原完成后，重新启动计算机即可。

15.3　利用 Ghost 快速备份与恢复数据

Ghost 软件是美国著名软件公司 SYMANTEC 推出的硬盘复制工具，与一般的备份和恢复工具不同的是：Ghost 软件备份和恢复是按照硬盘上的簇进行的，这意味恢复时原来分区会被完全覆盖，已恢复的文件与原硬盘上的文件地址不变。而有些备份和恢复工具只起到备份文件内容的作用，不涉及物理地址，很有可能导致系统文件的不完整，这样当系统受到破坏时，由此类方法恢复将不能达到系统原有的状况。

在这方面，Ghost 有着绝对的优势，能使受到破坏的系统"完璧归赵"，并能一步到位。它的另一项特有的功能就是将硬盘上的内容"克隆"到其他硬盘上，这样可以不必重新安装原来的软件，从而节省大量时间，这是软件备份和恢复工作的一次革新。

可见，它给单个 PC 的使用者带来的便利就不用多说了，尤其对大型机房的日常备份和恢复工作省去了重复和繁琐的操作，节约了大量的时间，也避免了文件的丢失。

15.3.1　利用 Ghost 快速备份数据

使用 Norton Ghost 不仅可以备份硬盘数据，还可以备份硬盘的一个分区。下面分别介绍使用 Norton Ghost 快速备份硬盘和备份硬盘分区的操作。

1．备份硬盘数据

备份硬盘数据的前提是需要有两个硬盘，否则无法进行硬盘数据的备份，只能进行硬盘分区的备份，具体操作步骤如下：

（1）确定将操作系统、所有硬件的驱动程序、优化程序以及所有的用户软件等都安装好，并且工作正常。

（2）在 BIOS 中设置为光盘启动，保存退出，并将含有 Ghost 程序的启动光盘放入光驱中。

（3）重新启动电脑，在 DOS 提示符中输入 ghost 命令，运行 ghost 程序。

（4）单击 OK 按钮，进入 ghost 程序主窗口。

（5）单击 Local→Disk→To Image 命令，如图 15-55 所示，将硬盘数据备份到一个镜像文件中。

提示： Disk 子菜单中有三个选项，其中 To Disk 选项表示硬盘对硬盘完全复制，To Image 选项表示将硬盘内容备份成镜像文件，而 From Image 选项则表示从镜像文件恢复到原来硬盘。

（6）弹出如图 15-56 所示的对话框，选择要备份的硬盘，在这里选择硬盘 1。

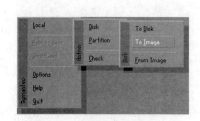

图 15-55　选择备份硬盘命令

图 15-56　选择备份的硬盘

（7）单击 OK 按钮，弹出如图 15-57 所示的对话框，选择备份的目标磁盘。

（8）单击 Save 按钮，弹出如图 15-58 所示的对话框，选择压缩方式。

（9）选择 Fast 压缩方式，按【Enter】键，弹出如图 15-59 所示的对话框，提示用户确认是否继续备份。

（10）单击 Yes 按钮，Ghost 程序将开始备份硬盘数据，并显示备份进度，如图 15-60 所示。

图 15-57　设置备份文件的路径及名称

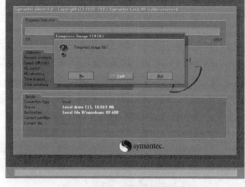

图 15-58　选择压缩方式

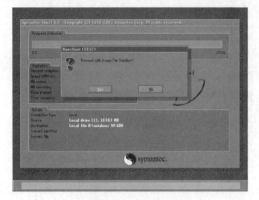

图 15-59　确认备份

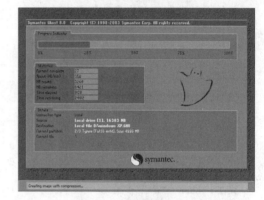

图 15-60　备份进度显示

（11）备份完成后，在弹出的提示用户完成硬盘数据的备份的对话框中，单击 Continue 按钮，返回 Ghost 程序主窗口，单击 Quit 按钮退出 Ghost 程序即可。

2．备份硬盘分区数据

备份硬盘分区数据即把一个硬盘上的某个分区备份到硬盘的其他分区或另一个硬盘的某个分区中。一般情况下，主要是备份硬盘中的 C 区。

【实验 15-10】利用 Ghost 备份硬盘 C 区数据

具体操作步骤如下：

（1）确定将操作系统、所有硬件的驱动程序、优化程序和所有的用户软件等安装好，并且工作正常。

提示：如果系统已经安装并运行了一段时间，用户应该先检查系统运行的稳定状态，并将所有不再需要的应用程序和所有的垃圾文件和临时文件删除，另外还要用磁盘扫描和磁盘整理程序对硬盘错误进行检查并使硬盘上的数据排列有序。

（2）使用带有 Ghost 程序的系统启动光盘引导并启动 Ghost 程序，运行 Ghost 程序（也可以把 Ghost 程序复制在除系统 C 盘外的磁盘中，用启动光盘引导到该磁盘并启动 Ghost），如图 15-61 所示。

（3）单击 OK 按钮，进入 Ghost 程序主窗口，如图 15-62 所示。

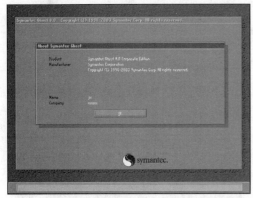

<table>
<tr><td>图 15-61　启动 Ghost 程序</td><td>图 15-62　Ghost 主程序窗口</td></tr>
</table>

（4）单击 Local→Partition→To Image 命令，如图 15-63 所示，将硬盘分区备份到一个镜像文件。

提示： Partition 子菜单中有三个选项，其中 To Partition 选项表示将一个分区的内容克隆到其他分区中，To Image 选项表示将一个分区的内容备份成镜像文件，而 From Image 选项则表示从镜像文件恢复到分区。

（5）在弹出的如图 15-64 所示的对话框中，选择备份的硬盘，在这里选择硬盘 1。

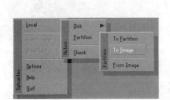

<table>
<tr><td>图 15-63　选择备份分区命令</td><td>图 15-64　选择备份的硬盘</td></tr>
</table>

（6）单击 OK 按钮，弹出如图 15-65 所示的对话框，选择需要备份的硬盘分区，一般情况下，备份硬盘 C 区。

（7）单击 OK 按钮，弹出如图 15-66 所示的对话框，设置存放镜像文件的路径及名称。

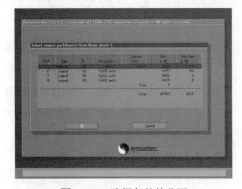

<table>
<tr><td>图 15-65　选择备份的分区</td><td>图 15-66　设置存放备份的文件名</td></tr>
</table>

（8）单击 Save 按钮，弹出如图 15-67 所示的对话框，提示用户选择压缩方式，在这里选择 Fast 压缩方式。

提示：No 表示不压缩；Fast 表示低度压缩；High 表示高度压缩。

（9）按【Enter】键，在弹出的如图 15-68 所示的确认对话框中，选择 Yes 按钮，随后程序开始将系统分区备份到指定的镜像文件中。

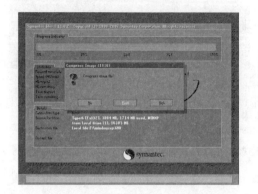
图 15-67　选择压缩方式

图 15-68　确认是否创建镜像文件

（10）镜像文件创建完成后显示一个继续提示框，按【Enter】键即可返回到 Ghost 的主界面，再按【Ctrl+Alt+Delete】组合键重新启动电脑即可。

15.3.2　利用 Ghost 快速恢复数据

当计算机的操作系统出现故障无法正常运行时，可以使用 Ghost 备份的文件来快速恢复硬盘的数据或硬盘分区的数据。

1．利用镜像文件恢复分区

下面以使用 Ghost 备份的文件快速恢复硬盘分区的数据为例，介绍使用 Ghost 备份的文件快速恢复系统的方法。

【实验 15-11】利用 Ghost 还原硬盘 C 区数据

具体操作步骤如下：

（1）在 BIOS 中设置为光盘启动，保存退出，并将含有 Ghost 程序的启动光盘放入光驱中。

（2）重新启动计算机后，在 DOS 提示符下，输入 ghost 命令，按【Enter】键，运行 Ghost 程序。

提示：如果没有加载鼠标驱动程序，在 DOS 状态下 Ghost 无法使用鼠标进行控制，需要使用【Tab】键、上下方向键和【Enter】键来进行功能的选取。

（3）单击 OK 按钮，进入 Ghost 程序主窗口，单击 Local → Partition → From Image 命令，如图 15-69 所示。

（4）在弹出的如图 15-70 所示的对话框中，选择备份文件的存放路径及名称。

（5）单击 Open 按钮，在弹出的提示用户选择备份文件所在的硬盘的对话框中，选择硬盘 1。

（6）单击 OK 按钮，在弹出的提示用户选择需要恢复的目标硬盘的对话框中，选择硬盘 1。

（7）单击 OK 按钮，在弹出的提示用户选择需要恢复的分区的对话框中，选择硬盘 C 区，如

图 15-71 所示。

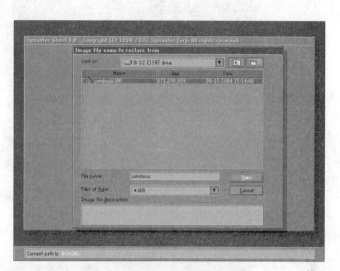

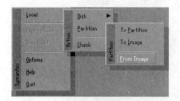

图 15-69 选择恢复分区命令

图 15-70 选择备份的文件

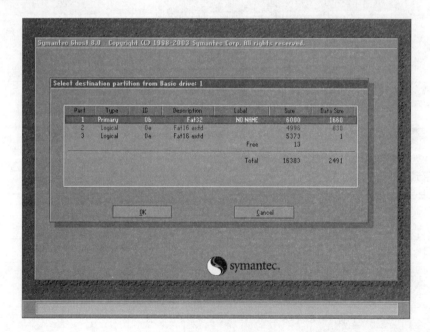

图 15-71 选择恢复的分区

（8）单击 OK 按钮，在弹出的提示用户确认是否恢复硬盘分区数据的对话框中，单击 Yes 按钮，Ghost 程序将开始恢复分区数据。

（9）恢复分区数据完成后，在弹出的对话框中，单击 Reset Computer 按钮，重新启动计算机即可。

（10）重新启动计算机后，系统自动进入 Windows 7 界面，如图 15-72 所示。

提示： 在恢复数据的操作时，不要断电或中断操作，否则将无法完成恢复操作。

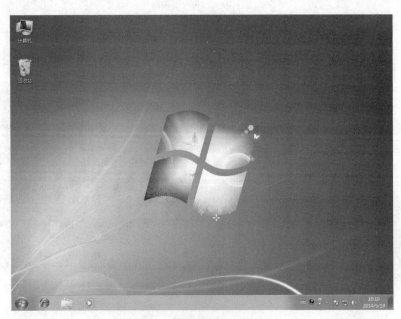

图 15-72　恢复后的 Windows 7

Ghost 程序有许多有用的命令行参数，表 15-1 所示为最常用的命令行参数。

表 15-1　Ghost 命令行参数及作用表

参　数	作　用
–rb	本次 Ghost 操作结束退出时自动重新启动
–fx	本次 Ghost 操作结束退出时自动回到 DOS 提示符
–sure	对所有要求确认的提示或警告一律回答 Yes
–fro	如果源分区发现坏簇，则略过提示强制复制
–fnw	禁止对 FAT 分区进行写操作，以防误操作
–f32	将源 FAT16 分区拷贝后转换成 FAT32（前提是目标分区容量不小于 2GB）
–crcignore	忽略 Image file 中的 CRC ERROR
–span	分卷参数，当空间不足时提示复制到另一个分区的另一个 Image file 中
–auto	分卷复制时不提示就自动赋予一个文件名继续执行
–f64	将源 FAT16 分区拷贝转换 64KB/簇（原本是 512KB/簇，其前提是目标分区容量不小于 2GB），此参数仅仅适用于 Windows NT/2000 系统

提示：在使用 Ghost 恢复系统时常出现这样那样的麻烦，比如：恢复时出错、失败，恢复后资料丢失、软件不可用等。下面笔者将根据自己的使用经验，介绍使用 Ghost 进行克隆前要注意的一些事项。

在使用 Ghost 软件时，最好为 Ghost 克隆出的镜像文件划分一个独立的分区。把 Ghost.exe 和克隆出来的镜像文件存放在这一分区里，以后这一分区不要做磁盘整理等操作，也不要安装其他软件。因为镜像文件在硬盘上占有很多簇，只要其中一个簇损坏，镜像文件就会出错。有很多用户克隆后的镜像文件起初可以正常恢复系统，但过段时间后却发现恢复时出错，其主要原因也就在这里。

另外，一般先安装一些常用软件后才作克隆，这样系统恢复后可以节约很多常用软件的安装时间。为节省克隆的时间和空间，最好把常用软件安装到系统分区外的其他分区，仅让系统分区记录它们的注册信息等，使 Ghost 真正快速、高效。

克隆前用 Windows 优化大师等软件对系统进行一次优化，对垃圾文件及注册表冗余信息作一次清理，另外再对系统分区进行一次磁盘整理，这样克隆出来的实际上已经是一个优化了的系统镜像文件。将来如果要对系统进行恢复，便能一开始就拥有一个优化了的系统。

最好不要把 Ghost 运行程序放置在需要备份的分区中，因为这样有时会出现无法备份的情况。

采用"硬盘备份"模式的时候，一定要保证目标盘的大小不低于源盘容量，否则会导致复制出错，而且这种模式备份的文件不能大于 2GB。

2．从镜像文件中恢复整个硬盘

【实验 15-12】利用 Ghost 从镜像文件中恢复整个硬盘数据

具体步骤如下：

（1）在 BIOS 中设置为光盘启动，保存退出，并将含有 Ghost 程序的启动光盘放入光驱中。

（2）重新启动计算机，在 DOS 提示符中输入 ghost 命令，运行 ghost 程序。

（3）单击 OK 按钮，进入 ghost 程序主窗口。

（4）单击 Local→Disk→From Image 命令，如图 15-73 所示，从镜像文件恢复整个硬盘数据。

（5）在弹出的对话框中，选择事先保存有镜像文件的分区，如图 15-74 所示。

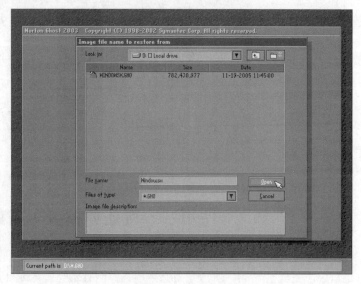

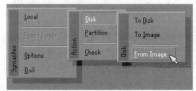

图 15-73　单击 From Image 命令　　　　　　　图 15-74　选择镜像文件

（6）单击 Open 按钮，弹出如图 15-75 所示的对话框，选择要恢复的目标驱动器。

（7）单击 OK 按钮，弹出如图 15-76 所示的对话框，列出了目标驱动器比较详细的分区信息。

（8）单击 OK 按钮，在接下来的操作中根据提示进行操作即可。

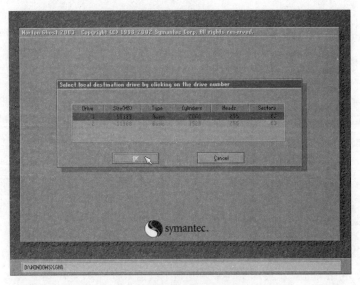

图 15-75　选择目标驱动器

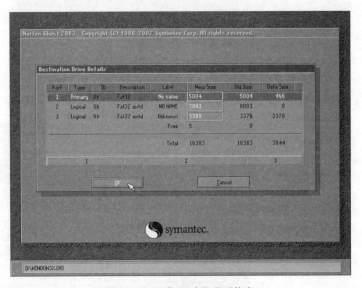

图 15-76　目标驱动器分区信息

15.4　使用"一键还原精灵"备份与还原系统

　　一键还原精灵是基于 Ghost 而开发制作，与 Ghost 不同的是，该软件在进行数据备份和还原的过程中，完全不需要用 DOS 进行系统引导，而且不会破坏硬盘数据。

　　Ghost 系统备份与恢复安全稳定，但操作起来比较烦琐。一键还原精灵是一款傻瓜式的系统备份和还原工具，具有安全、快速、保密性强、压缩率高、兼容性好等特点，特别适合电脑新手和担心操作麻烦的人使用。

　　该软件在备份或恢复系统时不用光盘或 U 盘启动盘，只需在开机时选择系统菜单或按热键即可。

15.4.1　使用"一键还原精灵"备份系统

下面介绍如何使用一键还原精灵备份系统。

具体操作步骤如下：

（1）在网站上下载一键还原精灵的标准版后，运行一键还原精灵安装程序，弹出如图 15-77 所示的对话框，单击"安装"按钮。

（2）在弹出的"一键还原精灵-安装"对话框中，设置菜单名称、等待时间、备份文件位置、启动方式及 Ghost 版式，如图 15-78 所示。

图 15-77　单击"安装"按钮

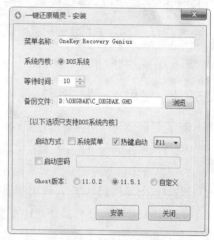

图 15-78　设置安装信息

（3）单击"安装"按钮后，开始安装一键还原精灵，安装完成后，在弹出的如图 15-79 所示的对话框中，单击"确定"按钮。

（4）单击"确定"按钮后，重新启动计算机，在屏幕中出现如图 15-80 所示的"Press【F11】to Start UShenDu OneKey Recovery"提示信息时，按【F11】键。

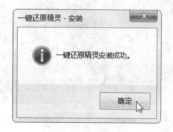

图 15-79　安装完成

图 15-80　提示信息

（5）按【F11】键后，弹出如图 15-81 所示的窗口，由于首次运行一键还原精灵，因此需要备份一下系统，单击"备份系统"按钮。

（6）用户不进行任何操作，10 秒钟后程序将自动开始备份系统，如图 15-82 所示。

（7）备份系统完成后，系统自动重新启动即可。

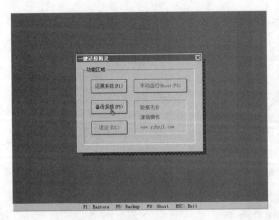
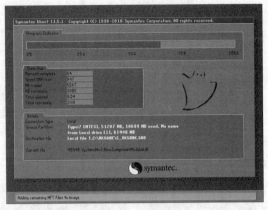

图 15-81 单击"系统备份"按钮　　　　图 15-82 开始备份

15.4.2 使用"一键还原精灵"还原系统

下面讲解如何使用"一键还原精灵"还原系统。

具体操作步骤如下：

（1）系统出现故障需要重新系统时，屏幕出现"Press【F11】to Start UShenDu OneKey Recovery"提示时，按下【F11】键后，弹出如图 15-83 所示的窗口，单击"还原系统"按钮。

（2）用户不进行任何操作，10 秒钟后，程序将开始自动还原系统，如图 15-84 所示。还原系统完成后，系统将自动重新启动。

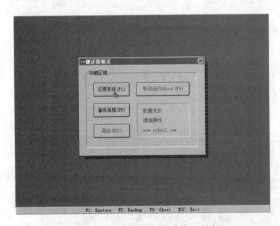
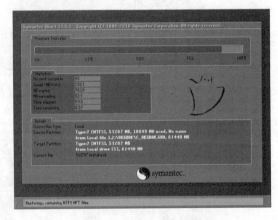

图 15-83 单击"还原系统"按钮　　　　图 15-84 程序自动还原系统

第 **16** 章 局域网密码和数据丢失应急管理

在局域网中，为了保证存储在电脑内的数据及资料的安全，用户往往会设置各种各样的密码来增强系统的安全性。如果用户不小心忘了以前设置的密码，将无法访问数据及资料。同时，这些重要信息在电脑中并非非常安全，它可能受到来自各方面的破坏，如黑客攻击、病毒破坏、硬盘损坏等，一旦某些重要的数据遭到破坏，将会严重影响人们的正常工作、生活，甚至导致一个企业停止运转或面临破产。因此，数据恢复就变得日益重要。

16.1 Windows 系统管理员密码丢失的应急处理

为了加强电脑安全，防止非法用户使用电脑，很多用户都会为 Windows 设置登录密码，这样做无疑大大增强了系统的安全性。但是，在电脑长时间闲置不用后，用户往往会不慎忘记 Windows 登录密码，将自己关在电脑的大门之外。除了格式化硬盘、重新安装操作系统之外，用户还可以通过密码重置盘或专用工具软件重新设置密码。

如果忘记的只是某一个普通用户的登录密码，但还记得 Administrator 的登录密码，那么只需要以管理员的身份登录，修改该普通用户的密码即可。在这里所谓的忘记登录密码是指忘记了包含 Administrator 在内的所有用户的登录密码，以致无法用任何用户身份进行登录。

16.1.1 密码重置盘

Windows 7/10 操作系统允许用户用密码重置盘来重置不慎忘记了的登录密码，不过，前提条件是在忘记密码之前自己曾经制作了密码重置盘。

下面通过具体实例来说明，如何使用密码重置盘重设 Windows 7/10 系统管理员密码。

【实验 16-1】使用密码重置盘重设 Windows 7 系统管理员密码

具体操作步骤如下：

（1）将 U 盘插入电脑中，然后单击"开始"→"设置"→"控制面板"命令，打开"控制面板"窗口，单击"用户账户和家庭安全"链接，如图 16-1 所示。

（2）在弹出的"用户账户和家庭安全"窗口中，单击"用户账户"下的"更改 Windows 密码"链接，如图 16-2 所示。

图 16-1　单击"用户账户和家庭安全"链接　　　　图 16-2　单击"更改 Windows 密码"链接

（3）在打开的"用户账户"窗口左侧任务列表中，单击"创建密码重设盘"链接，如图 16-3 所示。

（4）弹出"忘记密码向导"对话框，了解了相关说明信息后，直接单击"下一步"按钮，在弹出的对话框中选择创建密码重置盘的驱动器，如图 16-4 所示。

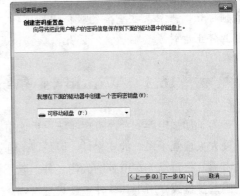

图 16-3　单击"创建密码重设盘"链接　　　　　图 16-4　选择驱动器

（5）单击"下一步"按钮，在弹出的对话框中输入当前用户账户的密码，如图 16-5 所示，单击"下一步"按钮。

（6）系统开始创建密码重置盘，创建完成后，单击"下一步"按钮。

（7）弹出如图 16-6 所示的对话框，单击"完成"按钮，取下 U 盘，创建密码重置盘完成。

提示： 当用户再打开 U 盘时，就会发现其中多出了一个"userkey.psw"文件，这就是密码恢复文件。这个文件是不能删除的，否则密码重置盘就会失去作用。

（8）当用户有了密码重置盘后，如果用户忘记了 Windows 7 的用户登录密码，那么就可以用密码重置盘重新设置密码了。进入系统账户登录界面，如图 16-7 所示，在用户的密码框中随便输入一些数字，单击"登录"按钮。

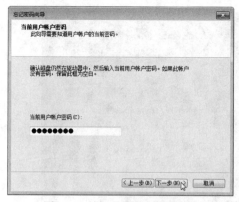

图 16-5　输入当前用户账户密码

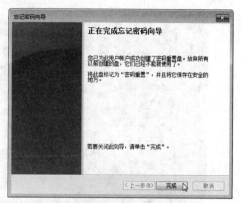

图 16-6　密码重置盘创建完成

图 16-7　Windows 7 登录界面

（9）因为此时密码不正确，系统会提示用户名或密码不正确，如图 16-8 所示。

图 16-8　提示用户名或密码不正确

（10）单击"确定"按钮，返回到登录界面，这时在界面上就会多出一个"重设密码"链接，如图 16-9 所示。

（11）单击"重设密码"链接，弹出"重置密码向导"对话框，然后单击"下一步"按钮。

图16-9 出现"重设密码"链接

（12）弹出如图16-10所示的对话框，插入前面创建的
密码重置盘，单击"下一步"按钮。

（13）在弹出的对话框中，重新设置当前用户账户的密
码和密码提示，如图16-11所示。

（14）单击"下一步"按钮，弹出如图16-12所示的
对话框，单击"完成"按钮，完成重设当前用户账户登录
密码。

（15）在用户登录界面中，输入刚设的用户账户密码，
单击"登录"按钮即可进入到Windows 7系统。

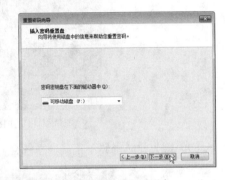

图16-10 插入重置盘

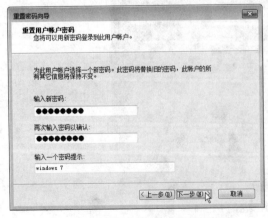

图16-11 重设用户账户密码和密码提示

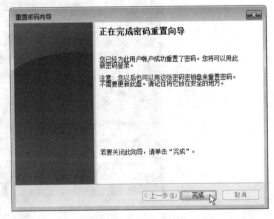

图16-12 密码重置成功

提示：这个密码重设盘是没有使用期限的，可以恢复无数次的密码，如果这个密码重设盘落入
他人之手，那么他同样可以通过密码重置盘进入你的系统，因此一定要保护这个密码重置盘，当然

还有其中的 userkey.psw 文件。

【实验 16-2】使用密码重置盘重设 Windows 10 系统管理员密码

具体操作步骤如下：

（1）将 U 盘插入电脑中，在"控制面板"窗口，单击"用户账户"链接，如图 16-13 所示。

（2）在弹出的"用户账户"窗口中，单击"用户账户"链接，如图 16-14 所示。

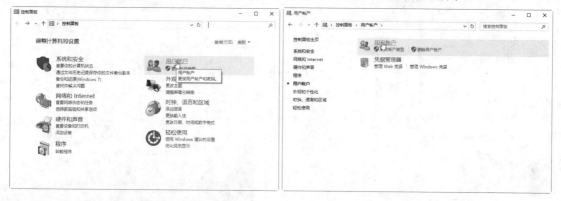

图 16-13　控制面板窗口　　　　　　　　　　　　　图 16-14　用户账号窗口

（3）在打开的"用户账户"窗口左侧任务列表中，单击"创建密码重设盘"链接，如图 16-15 所示。

（4）弹出"忘记密码向导"对话框，了解了相关说明信息后，单击"下一步"按钮，如图 16-16 所示。

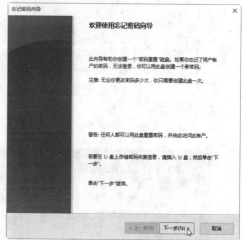

图 16-15　单击"创建密码重置盘"链接　　　　　　　图 16-16　说明信息

（5）弹出"忘记密码向导"对话框，选择创建密码重置盘的驱动器（也就是 U 盘），然后单击"下一步"按钮，如图 16-17 所示。

（6）弹出"忘记密码向导"对话框，输入当前用户账户密码，然后单击"下一步"按钮，如图 16-18 所示。

（7）系统开始创建密码重置盘，创建完成后，单击"下一步"按钮，如图 16-19 所示。

（8）弹出如图 16-20 所示的对话框，单击"完成"按钮，取下 U 盘，创建密码重置盘完成。

图 16-17　选择驱动器

图 16-18　输入用户账号密码

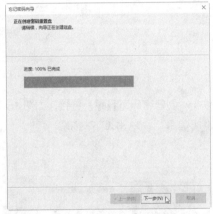

图 6-19　开始创建

图 16-20　创建完成

（9）进入 Window 10 操作系统用户登录界面，如图 16-21 所示，在用户的密码框中随便输入一些数字，单击登录箭头。

（10）系统会提示密码不正确，如图 16-22 所示。

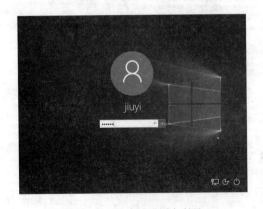

图 16-21　故意输错用户密码

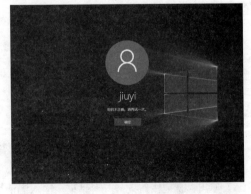

图 16-22　提示密码不正确

（11）单击"确定"按钮，返回到登录界面，单击"重置密码"链接，如图 16-23 所示。

（12）弹出"重置密码向导"对话框，然后单击"下一步"按钮，如图 16-24 所示。

图 16-23　重置密码

图 16-24　重置密码向导

（13）插入做好的密码重置盘，弹出"重置密码向导"对话框，选择密码密钥盘，然后单击"下一步"按钮，如图 16-25 所示。

（14）弹出"重置密码向导"对话框，输入新密码和提示信息，然后单击"下一步"按钮，如图 16-26 所示。

（15）弹出如图 16-27 所示的对话框，单击"完成"按钮，返回用户登录界面中，输入刚才重设的用户账户密码，单击"登录"按钮即可进入到 Windows 10 系统。

图 16-25　选择密码密钥盘驱动器

图 16-26　重置新密码

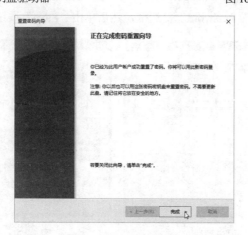

图 16-27　重置密码成功

16.1.2　密码重置软件

1．Active@ Password Changer Professional

Active@ Password Changer Professional 是一款功能强大的 Windows 系统密码重置软件，该软件能够对 Windows 系统下的本地管理员和密码进行重置。

【实验 16-3】使用 Active@ Password Changer Professional 工具重设 Windows Server 2008 R2 系统管理员密码

具体操作步骤如下：

（1）使用含有 Active@ Password Changer Professional 工具的启动 U 盘，启动电脑并进入 PE 系统，运行 Active@ Password Changer Professional。

（2）弹出 Active@ Password Changer Professional 对话框，选择 Search all volumes for Microsoft Security Accounts Manager Database（SAM），然后单击"下一步"按钮，如图 16-28 所示。

（3）Active@ Password Changer Professional 会自动搜索操作系统中的 SAM 文件，弹出如图 16-29 所示的对话框，选择找到的 SAM 文件，然后单击"下一步"按钮。

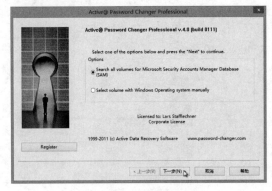
图 16-28　选择文件类型

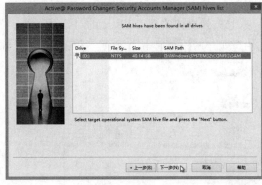
图 16-29　选择 SAM 文件

（4）弹出"Active@ Password Changer：User List"对话框，选择需要破解的用户类型，在这里选择 Administrator，然后单击"下一步"按钮，如图 16-30 所示。

（5）弹出"Active@ Password Changer：User's Account Parameters"对话框，选中"Password Never expires"和"Clear this User's Password"复选框，然后单击"Save"按钮，如图 16-31 所示。

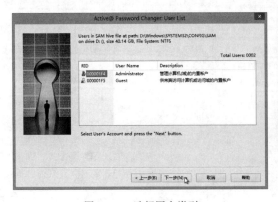
图 16-30　选择用户类型

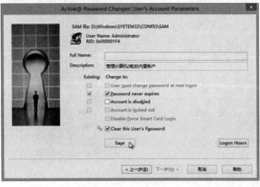
图 16-31　单击"Save"按钮

（6）弹出"Save Parameters"对话框，询问是否保存，单击"是"按钮，如图 16-32 所示。

（7）弹出如图 16-33 所示的对话框，单击"确定"按钮。重新启动系统，Windows Server 2008 R2 系统管理员密码就破解了，不需要输入密码，直接可以登录了。

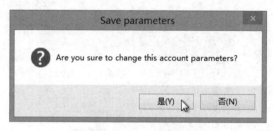

图 16-32　确认保存

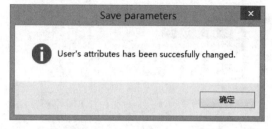

图 16-33　"Save Parameters"对话框

2．NTP WEdit

NTPWEdit 工具可以查看并修改系统 SAM 文件中的密码，SAM 文件中记载着系统用户名和密码，一般情况下是无法打开的，使用 NTPWEdit 可以在 PE 系统下修改用户名和密码。

【实验 16-4】使用 NTPWEdit 工具重设 Windows 10 系统管理员密码

具体操作步骤如下：

（1）使用含有 NTPWEdit 工具的启动 U 盘，启动电脑并进入 PE 系统，运行 NTPWEdit，单击 ⋯ 按钮，如图 16-34 所示。

（2）弹出"打开"对话框中，选择 Windows 10 操作系统的 SAM 文件，然后单击"打开"按钮，如图 16-35 所示。

图 16-34　"NTPWEdit"对话框

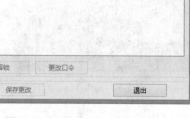

图 16-35　单击"打开"按钮

提示：Windows 7/10 操作系统中的 SAM 文件，一般在 X:\Windows\System32\Config 文件夹中（X 为安装操作系统所在的盘符）。

（3）在"NTPWEdit"对话框中，选择 Windows 10 的系统管理员 Administrator，然后单击"更改口令"按钮，如图 16-36 所示。

（4）弹出如图 16-37 所示的对话框中，输入 Windows 10 系统管理员 Administrator 新的密码，然后单击"OK"按钮。

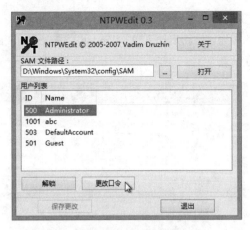

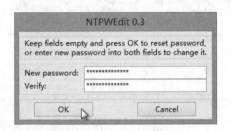

图 16-36　单击"更改口令"按钮　　　　　　　图 16-37　输入新密码

提示：除了可以更改系统管理员密码外，还可以更改其他用户的密码。如果在图 16-37 所示的对话框中不输入密码，直接单击"OK"按钮，则取消系统管理员或其他用户的密码。

（4）单击"OK"按钮后，返回"NTPWEdit"对话框中，单击"保存更改"按钮，然后单击"退出"按钮，如图 16-38 所示。

（5）重新启动操作系统，即可用修改后的密码登录，登录成功后，进入 Windows 10 系统窗口，如图 16-39 所示。

图 16-38　保存并退出　　　　　　　图 16-39　Windows 10 系统窗口

16.2　数据恢复流程及注意事项

　　数据丢失或者损坏后的恢复只有严格遵守一定的流程，才能保证数据恢复的有效率；除此以外，数据恢复的过程有一些需要特别注意的地方希望读者谨记。

16.2.1　数据恢复的流程

　　在进行数据恢复时，首先要检查调查清楚硬盘出现故障的真正原因；然后检查硬盘的外观有无烧坏的地方；接着加电试机，在真正恢复前应先备份硬盘中能备份的数据信息（如分区表、目录区等），以防止恢复失败，造成硬盘中的数据彻底无法恢复；最后，在硬盘数据恢复后要及时备份到其他硬盘中。数据恢复流程图如图 16-40 所示。

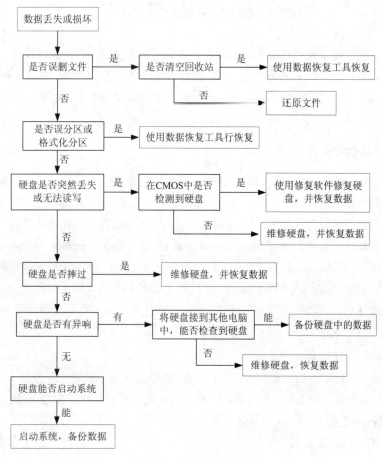

图 16-40　数据恢复流程图

16.2.2　数据恢复的注意事项

数据恢复时，用户应该注意以下几点：

（1）如果没有安装数据恢复软件，那么在数据丢失后，千万不要在硬盘上再进行其他读写操作。不要在硬盘上安装或存储任何文件和程序，否则它们将会把要恢复的文件覆盖，给数据的恢复带来很大的难度，也影响修复的成功率。

提示：在安装好 Windows 操作系统后，就应该安装数据恢复软件，并在出现文件误删除后立刻执行恢复操作，这样一般可以将删除的文件恢复回来。

（2）如果丢失的数据在系统分区，那么请立即关机，把硬盘拿下来，挂到别的电脑上作为第二硬盘，之后再在上面进行恢复操作。如果数据十分重要，尤其是格式化后又写了数据进去的，那么最好不要冒险自己修复，还是请专业的数据恢复公司来恢复。

（3）在修复损坏的数据时，一定要先备份源文件再进行修复。如果是误格式化的磁盘分区、误删除的文件，则建议先用 Ghost 克隆误格式化的分区和误删除文件所在的分区，把原先的磁盘分区状态给备份下来，以便日后再次进行数据恢复。

16.3 数据恢复的常用方法

数据损坏或丢失是电脑使用过程中时常发生的事情，如果重要文件丢失或损坏，将会造成很大的损失。数据损坏的原因一般是由误删除、误格式化、误分区、感染病毒、硬盘 MBR 损坏或丢失、硬盘 DBR 损坏或丢失、硬盘的物理损坏（电路故障、磁头故障等）等引起的，下面介绍数据丢失后的恢复方法。

16.3.1 主引导纪录恢复方法

主引导记录（Main Boot Record，简称 MBR）是主引导扇区的一部分，主引导扇区位于整个硬盘的 0 磁道 0 柱面 1 扇区。

主引导记录是由分区软件（如 Fdisk.exe）所产生的，它不依赖任何操作系统。

主引导记录损坏后，往往会出现 Non-System disk or disk error、replace disk and press a key to reboot（非系统盘或盘出错）、Error Loading Operating System（装入 DOS 引导记录错误）或 No ROM Basic、System Halted（不能进入 ROM Basic、系统停止响应）等错误提示信息。

主引导记录损坏后，可以使用 Fdisk 或 Fixmbr 等软件来修复。下面介绍使用 Fdisk 和 Fixmbr 两种软件恢复主引导记录的方法。

1．使用 Fdisk 软件修复

使用 Fdisk 软件修复主引导记录的方法是：在 BIOS 设置程序中设置光驱为第一引导位置，将含有 Fdisk 软件的启动光盘放入光驱，保存退出。使用启动光盘引导系统，在 DOS 提示符下输入命令 Fdisk/Mbr，按【Enter】键，即可完成修复主引导记录的操作。

使用 Fdisk 软件只能覆盖主引导区记录的代码区，但不重建主分区表。因此只适用于主引导区记录被引导区型病毒破坏或主引导记录代码丢失，但主分区表并未损坏的情况下。

2．使用 Fixmbr 软件修复

Fixmbr 软件是专门用于重新构造主引导扇区的，该软件只修改主引导区，对其他扇区不进行写操作。

具体操作步骤如下：

（1）在 BIOS 设置程序中设置光驱为第一引导位置，将含有 Fdisk 软件的启动光盘放入光驱，保存退出。

（2）使用启动光盘引导系统，然后运行 Fixmbr 软件，该软件自动检查主引导记录结果，如果发现系统运行不正常，则会出现是否进行修复的提示。

（3）输入 Yes，Fixmbr 软件自动搜索分区；当搜索到相应的分区后，系统提示是否修改主引导记录，此时输入 Yes，则开始自行修复。

（4）使用 Fixmbr 修复主引导记录时，如果不指定设备名，将修复启动设备的主引导记录。指定设备名的情况如：fixmbr\device\harddisk2。

提示：*默认状态下 Fixmbr 能够搜索到所有已经存在的分区，并完成修复操作。如果发现最后得到的结果不对，可以运行 Fixmbr/Z，将修复的结果清空，然后重新启动，这样就能还原到初始*

状态了。

16.3.2　操作系统引导扇区恢复方法

操作系统引导扇区（DOS Boot Record，简称 DBR）位于硬盘的 0 磁道 1 柱面 1 扇区。操作系统引导扇区是操作系统可直接访问的第一个扇区，由高级格式化程序产生。操作系统引导扇区主要包括一个引导程序和一个被称为 BPB（BIOS Parameter Block）的本分区参数记录表。在硬盘中每个逻辑分区都有一个 DBR，其参数视分区的大小、操作系统的类别而有所不同。

一旦硬盘操作系统引导扇区损坏，可以使用 Format 和 Winhex 软件来修复，下面介绍这两个软件修复操作系统引导扇区的方法。

1．使用 Format 软件修复

如果硬盘中没有重要的数据，可以使用 FORMAT 命令进行修复。即用 FORMAT 命令将分区直接格式化即可。但如果硬盘中有重要的数据，则不能使用 FORMAT 命令进行修复。

2．使用 Winhex 软件修复的方法。

硬盘操作系统引导扇区损坏，而且硬盘中有重要的数据的情况，可以使用 Winhex 磁盘工具软件进行修复。

【实验 16-5】使用 Winhex 磁盘工具软件修复 DBR

具体操作步骤如下：

（1）首先关闭电脑，拔掉电源线，打开机箱，将问题硬盘拆卸下来，作为从盘安装到另一台正常工作的电脑中，启动系统，然后运行 Winhex 磁盘软件进行修复，单击"工具"→"打开磁盘"命令，如图 16-41 所示。

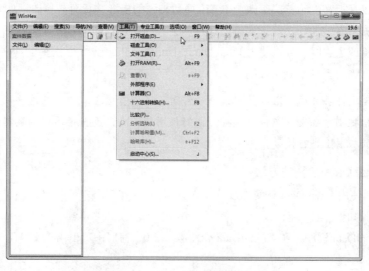

图 16-41　单击"打开磁盘"命令

（2）在弹出的"选择磁盘"对话框中，选择问题磁盘，然后单击"确定"按钮。

（3）在 Winhex 窗口中，单击右侧倒立的三角形按钮，在弹出的快捷菜单中选择问题分区子菜单中的"引导扇区（模板）"命令，恢复问题分区的 DBR，如图 16-42 所示，恢复后即可使用。

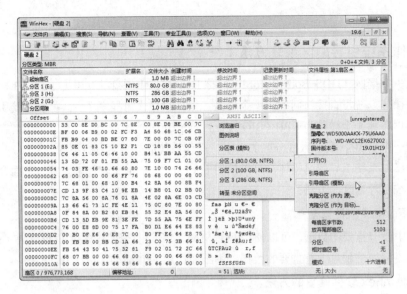

图 16-42　恢复问题分区的 DBR

16.3.3　文件被误删的恢复方法

文件误删除通常是由于种种原因把文件直接删除（按住【Shift】键删除）或删除文件后清空回收站而造成的数据丢失。这是一种比较常见的数据丢失的情况。

对于这种数据丢失情况，在数据恢复前不要再向该分区或者磁盘写入信息（保存新资料），如果向该分区或磁盘写入信息可能将误删除的数据覆盖，而造成无法恢复。

文件删除仅仅是把文件的首字节改为 E5H，而数据区的内容并没有被修改，因此比较容易恢复。用户可以使用数据恢复软件轻松地把误删除或意外丢失的文件找回来。

在文件误删除或丢失时，可以使用 Final Data、Undelete Plus 等数据恢复工具进行恢复。下面介绍几种常用的数据恢复工具恢复文件的方法。

注意： 在发现文件丢失后，准备使用恢复软件时，不能直接在本机安装这些恢复工具，因为软件的安装可能恰恰把刚才丢失的文件覆盖掉。最好使用能够从光盘直接运行的数据恢复软件，或者把硬盘挂接在别的机器上进行恢复。

1. 使用 Final Data 恢复的方法。

【实验 16-6】使用 Final Data 恢复 QQ 联系人数据

具体操作步骤如下：

（1）启动 FinalData 程序，在"FinalData 企业版 V3.0"窗口中，单击"文件"→"打开"命令，如图 16-43 所示。

（2）在弹出的如图 16-44 所示的"选择驱动器"对话框中，选择要扫描的分区，然后单击"确定"按钮。

（3）在弹出的如图 16-45 所示的"选择要搜索的簇范围"对话框中，分别在"起始"和"结束"文本框中进行设置。

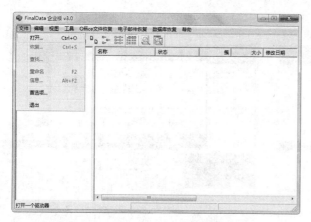

图 16-43　单击"文件"→"打开"命令

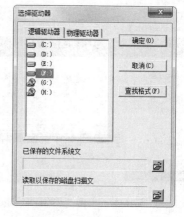

图 16-44　选择要扫描的分区

（4）单击"确定"按钮，程序开始扫描指定簇，这个过程需要几分钟的时间。

（5）扫描完成后，在右侧窗口中显示可恢复文件，选择需要恢复的文件（QQ 联系人），右击并在弹出的快捷菜单中选择"恢复"命令，如图 16-46 所示。

图 16-45　"选择要搜索的簇范围"对话框

图 16-46　选择"恢复"命令

（6）在弹出的对话框中，设置恢复文件的保存路径。

（7）单击"保存"按钮，系统开始进行文件恢复，完成后在保存位置即可找到恢复的文件。

2．使用 Undelete Plus 恢复的方法。

Undelete Plus 可以快捷而有效地恢复误删除的文件，包括从回收站中清空的以及从 DOS 窗口中删除的文件等，支持 FAT 12/FAT 16/FAT 32/NTFS/NTFS 5 文件格式。

【实验 16-7】使用 Undelete Plus 恢复 E:盘中误删除的文件

具体操作步骤如下：

（1）双击 Undelete Plus 软件图标，运行 Undelete Plus 程序，选择误删除文件所在分区，这里选择"E:"，然后单击"Scan Files"按钮，如图 16-47 所示。

（2）扫描过程中会显示扫描进度，扫描结束后出现如图 16-48 所示的提示对话框，提示用户找到已删除的文件数量。

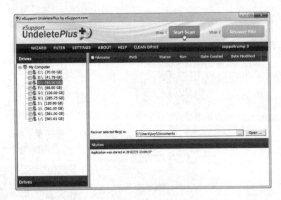 

图 16-47　单击"开始扫描"按钮　　　　　　　图 16-48　搜索结果

（3）单击"Select Your Files"按钮，关闭该提示框，返回主界面。在右侧搜索到的文件中选择需要恢复的文件，可以是一个文件也可以是多个，被选中的文件前面框中有对号标志，如图 16-49 所示。

（4）单击"Recover Files"按钮，如图 16-50 所示，软件将执行还原操作。

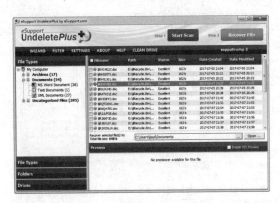 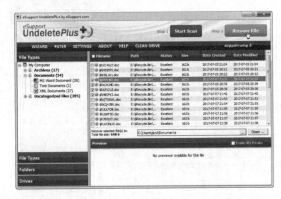

图 16-49　选择需要恢复的文件　　　　　图 16-50　单击"Recover Files"按钮

16.3.4　硬盘被分区或格式化后数据的恢复方法

在给一块硬盘分区、格式化时，并不是将数据从 DATA 区直接删除，而是利用分区软件重新建立了硬盘分区表，利用格式化软件重新建立了 FAT 表。所以当硬盘被分区或格式化后，理论上是可以恢复的。当出现硬盘被分区或格式化操作，造成数据丢失时，不能再对硬盘做任何操作，特别是写操作，否则将导致硬盘中的数据无法恢复。

在实际操作中，重新分区并快速格式化（Format 不要加 U 参数）、快速低级格式化等，都不会把数据从物理扇区的数据区中实际抹去。重新分区和快速格式化只不过是重新构造新的分区表和扇区信息，都不会影响原来的数据在扇区中的物理存在，直到有新的数据去覆盖它们为止。而快速低级格式化，是用 DM 等磁盘软件快速重写盘面、磁头、柱面、扇区等初始化信息，仍然不会把数据从原来的扇区中抹去。因此可以使用数据恢复软件轻松地把误分区或误格式化后丢失的数据找回来。

在硬盘被误分区或误格式化后，可以使用 Easy Recovery 或 Data Explore 数据恢复大师等数据恢复工具进行恢复。下面分别介绍使用 Easy Recovery 和 Data Explore 数据恢复大师恢复数据的方法。

1．使用 Easy Recovery 恢复的方法

Easy Recovery 由 ONTRACK 公司开发的数据恢复软件，它是威力非常强大的硬盘数据恢复工具，能够帮助用户恢复丢失的数据以及重建文件系统。其功能包括磁盘诊断、数据恢复、文件修复、E-mail 修复等全部 4 大类共 19 个项目的各种数据文件修复和磁盘诊断方案。

【实验 16-8】使用 Easy Recovery 恢复格式化后重要文件

如果对硬盘分区进行格式化操作后，发现里面还有重要的文件，则可以使用 EasyRecovery 来进行恢复，具体步骤如下：

（1）启动 EasyRecovery，单击左侧的"数据恢复"按钮，然后在右侧的功能区中单击"格式化恢复"按钮，如图 16-51 所示。

（2）在弹出的"目的地警告"对话框中，单击"确定"按钮。

（3）在弹出的对话框中，选择被格式化的分区和先前的文件系统，然后单击"下一步"按钮，如图 16-52 所示。

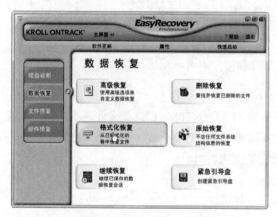
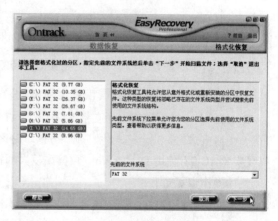

图 16-51　单击"格式化恢复"按钮　　　　　　　图 16-52　选择文件系统

（4）程序开始扫描文件，这个过程需要几分钟的时间。扫描完成后显示该分区在格式化前的所有文件，其中左侧为根目录下的文件夹，右侧为根目录下的文件。

（5）选择要恢复的文件或文件夹，如图 16-53 所示，然后单击"下一步"按钮。

（6）在"恢复至本地驱动器"后面的文本框中，输入恢复文件的路径，如图 16-54 所示。

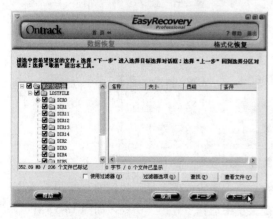
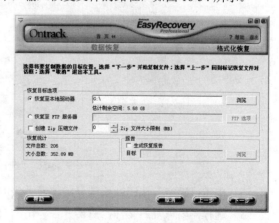

图 16-53　选择文件或文件夹　　　　　　　　　图 16-54　输入恢复文件的路径

（7）单击"下一步"按钮，程序开始进行恢复，恢复完成后显示详细信息，如图 16-55 所示，单击"完成"按钮即可。

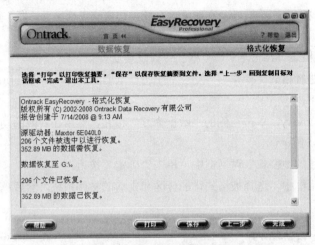

图 16-55　格式化恢复详细信息

注意：这里的恢复路径不能与误删除文件的原路径相同，否则将无法进行恢复。

2．使用 DataExplore 数据恢复大师恢复的方法

Data Explore 数据恢复大师支持 FAT 12、FAT 16、FAT 32、NTFS、EXT 2 文件系统，能找出被删除、快速格式化、完全格式化、删除分区、分区表被破坏或者 Ghost 破坏后磁盘里的文件。

【实验 16-9】使用 DataExplore 数据恢复大师找回丢失的数据

具体操作步骤如下：

（1）运行 Data Explore 数据恢复大师，在弹出的"选择数据"对话框中，选择"重新分区的恢复/丢失（删除）分区的恢复/分区提示格式化的恢复"选项，然后选择"HD0"硬盘，如图 16-56 所示。

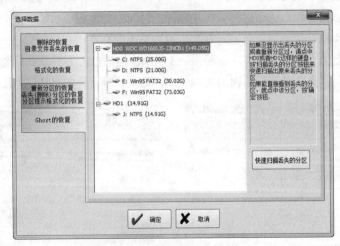

图 16-56　"选择数据"对话框

（2）单击"确定"按钮，系统开始搜索丢失的数据，搜索完成后，显示找到的数据。

（3）选择需要恢复的文件，右击并在弹出的快捷菜单中选择"导出"命令，如图 16-57 所示。

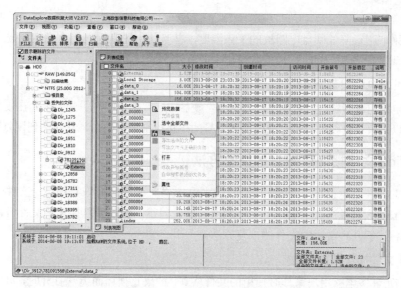

图 16-57　选择"导出"命令

（4）在弹出的"浏览文件夹"对话框中，选择保存的位置，然后单击"确定"按钮即可。

16.3.5　硬盘物理结构损坏后数据的恢复方法

硬盘物理结构损坏是指由于固件损坏、磁头损坏、电路板烧坏、扇区物理性损坏等引起的数据无法读取。硬盘物理结构损坏一般会出现 CMOS 不认硬盘、硬盘有异响、硬盘数据读取困难、硬盘有时能够读取数据有时不能读取数据等类似的不稳定故障，这时需要对硬盘进行维修，或更换电路板，或开盘维修，或更换盘片等需要特殊环境和特殊工具的维修。

由于硬盘物理结构损坏引起的数据丢失的原因较复杂，因此恢复数据时需要根据不同的故障原因进行恢复，具体恢复方法如下。

1．在 BIOS 中无法检测硬盘

此故障的表现为硬盘一加电就"吭吭"响，接入主机后，在 BIOS 中无法检测硬盘，即使使用 DM 等软件也找不到硬盘。造成这种故障的原因一般是硬盘电路板上的寻道电机的控制电路出现故障，造成硬盘在自检初始化时，无法正常准确定位，因此系统不能找到硬盘。

出现这种故障的硬盘的盘面是好的，数据没有被损坏，只是硬盘无法正常寻道。所以此故障数据丢失可以采取寻找同型号的硬盘更换硬盘的电路板，然后将把损坏硬盘中的数据安全地读出的方法进行恢复。

2．硬盘读取数据困难

硬盘读写数据异常一般是硬盘的寻道电机的轴承使用时间比较久后缺油阻力增大，转动不灵活，造成磁臂寻道出现问题，移动不畅所致。此时，可以采取适当提高硬盘工作环境温度，将数据顺利读出的方法来恢复数据。

3．硬盘读取数据异常

此类故障是因为电路板元器件老化，发热量过大，造成芯片工作不稳定。一般故障现象为刚开机时硬盘能够正常读取数据，可是使用几十分钟或一两个小时后，硬盘突然异响，系统提示找不到

硬盘，造成系统死机。

用户可以采取强行降低硬盘电路板的工作温度，并且使用脱脂棉蘸无水酒精对硬盘电路板上发热量最大的芯片进行降温，同时将数据备份出来的方法来恢复数据。

4．硬盘供电电路出现问题

硬盘供电电路出现问题，只是加电没有反应，硬盘中的数据并没有丢失。因此在硬盘供电电路出现问题时，可以采取修复硬盘电路板或更换同型号的电路板来维修硬盘，从而达到恢复数据的目的。

16.3.6　Office 文档损坏后数据的恢复方法

一般损坏的文件不能正常打开常常是因为文件头被意外破坏。而恢复损坏的文件需要了解文件结构，对于一般的人来说深入了解一个文件的结构比较困难，所以恢复损坏的文件常常使用一些工具软件。下面将讲解几种常用的文件的恢复方法。

1．Word 文件损坏数据恢复

Word 文档是许多电脑用户写作时使用的文件格式，如果它损坏而无法打开时，可以采用一些方法修复损坏文档，恢复受损文档中的文字。

方法一：使用转换文档格式方法修复

将 Word 文档转换为另一种格式，然后再将其转换回 Word 文档格式。这是最简单和最彻底的文档恢复方法，具体步骤如下：

（1）在 Word 中打开损坏的文档，单击"文件"→"另存为"命令，打开"另存为"对话框。

（2）在"保存类型"下拉列表中选择"RTF 格式（*.rtf）"选项，如图 16-58 所示，然后单击"保存"按钮。

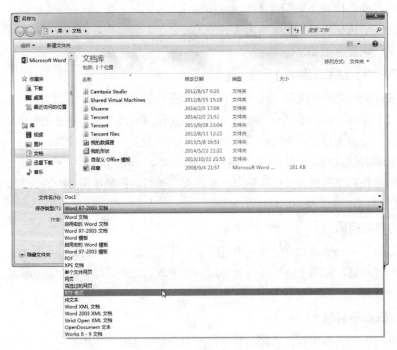

图 16-58　"另存为"对话框

（3）关闭文档，然后重新打开 RTF 格式文件，单击"文件"→"另存为"命令，打开"另存为"对话框。

（4）在"保存类型"下拉列表中选择"Word 文档（*.doc）"选项，然后单击"保存"按钮。

（5）关闭文档，然后重新打开刚创建的 DOC 格式文件。

提示：Word 文档与 RTF 的互相转化将保留文档的格式。如果这种转换没有纠正文件损坏，则可以尝试与其他文字处理格式的互相转换。如果使用这些格式均无法解决本问题，可将文档转换为纯文本格式，再转换回 Word 格式。由于纯文本格式的比较简单，这种方法有可能更正损坏处，但是文档的所有格式设置都将丢失。

方法二：采用专用修复功能恢复

"打开并修复"是 Word 2002/2003/2007/2010/2013/2016 具有的功能，如果使用转换文档格式方法后仍不能打开受损坏文档，当 Word 文件损坏后可以尝试这种方法，具体步骤如下：

（1）首先启动 Word 2013，单击"文件"→"打开"命令，打开"打开"对话框。

（2）在"打开"对话框中，选中已损坏的乱码文档或无法打开的 Word 文档，然后单击"打开"按钮旁边的小三角形，从下拉菜单中选择"打开并修复"命令，如图 16-59 所示。

图 16-59　选择"打开并修复"命令

（3）查看 Word 文档能否正常打开和显示，如果显示正常，那么只需要将该文档另存为一个新的义档即可。

（4）如果仍然不行，则单击"文件"→"选项"命令，在弹出的"word 选项"对话框中，选择"高级"选项卡，选中"打开时确认文件格式转换"复选框，如图 16-60 所示，单击"确定"按钮。

（5）单击"文件"→"打开"命令，在弹出的"打开"对话框中，选择"文件类型"下拉列表中的"从任意文件还原文本"选项，然后找到已经损坏无法打开的 Word 文档，单击"打开"按钮即可，如图 16-61 所示。

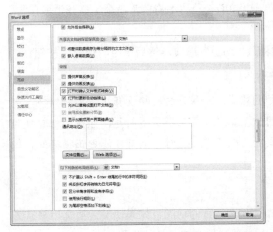

图16-60 选中"打开时确认文件格式转换"复选框　　　图16-61 选择"从任意文件还原文本"选项

　　注意：选择"从任意文件还原文本"选项只能够提取损坏文档中的文本信息，非文本信息将全部丢失。

　　方法三：使用专业修复软件OfficeFIX恢复

　　如果使用Office自带的"打开并修复"功能无法修复时，可以使用专业的修复软件来修复损坏的Office文档。

　　OfficeFIX是一个Microsoft Office的专业修复工具，它可以修复损坏的Excel、Word和Access文档。下面以修复Word文档为例进行介绍，其他文档的修复与此类似，用户可以参照来理解。

　　【实验16-10】 使用OfficeFIX恢复Word文档

　　具体操作步骤如下：

　　（1）下载安装完成后，单击"开始"→"所有程序"→"Cimaware OfficeFIX 6"命令，打开"Cimaware OfficeFIX 6.122"对话框，如图16-62所示，其中有4个按钮，分别对应着Access、Word、Excel、Outlook文档的修复。

　　（2）单击WordFIX按钮，在弹出的如图16-63所示的对话框中，单击Select file按钮。

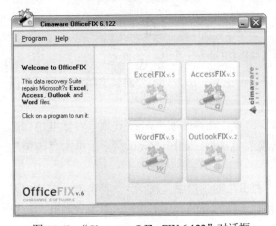

图16-62 "Cimaware OfficeFIX 6.122"对话框　　　图16-63 单击Select file按钮

（3）在弹出的对话框中，选择要修复的 Word 文档，然后单击"打开"按钮，如图 16-64 所示。

（4）返回"WordFIX 5.71[Quick recovery]"对话框，单击 Recover 按钮，如图 16-65 所示。

图 16-64　单击"打开"按钮

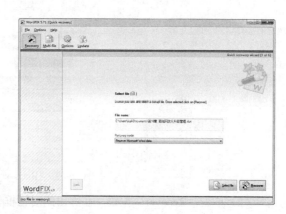

图 16-65　单击"Recover"按钮

（5）单击 Recover 按钮后，在弹出的对话框中单击 OK 按钮，关闭程序，开始修复损坏的文档，在修复完成后出现的对话框中，单击 Go to Save 按钮，如图 16-66 所示。

（6）在弹出的对话框中，单击 Save 按钮，将修复后的文档另存，如图 16-67 所示。

（7）在弹出的对话框中提示用户文件成功保存，单击右下角的 Open 按钮就可以成功打开以前损坏的 Word 文档了。

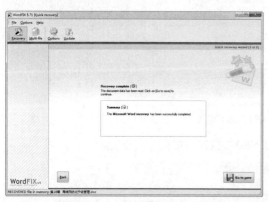

图 16-66　单击"Go to Save"按钮

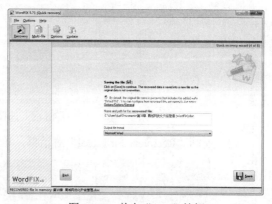

图 16-67　单击"Save"按钮

2. Excel 文件损坏数据恢复

当 Excel 文档损坏且无法手动修复时，用户可以用 Excel Recovery 来打开 Excel 文档并对其进行修复。Excel Recovery 是一款用于查看并修复损坏的 Excel 文档的实用工具。

【实验 16-11】使用 Excel Recovery 修复 Excel 文档

具体操作步骤如下：

（1）下载安装完成后，单击"开始"→"所有程序"→Recovery for Excel→Recovery for Excel 命令，打开"Recovery for Excel"对话框，如图 16-68 所示。

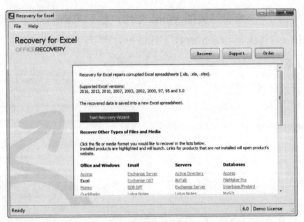

图 16-68　"Recovery for Excel"对话框

（2）单击"Recover"按钮，在弹出的对话框中，选择损坏的 Excel 文档，如图 16-69 所示，单击"打开"按钮。

图 16-69　选择损坏的 Excel 文档

（3）返回"Recovery for Excel"对话框，单击"Next"按钮，如图 16-70 所示。

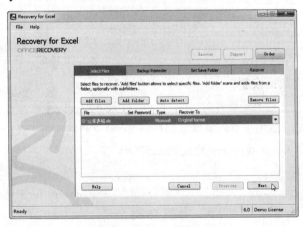

图 16-70　单击"Next"按钮

（4）在弹出的对话框中，单击"Next"按钮，会弹出的如图 16-71 所示的对话框，单击"Start"按钮，修复软件将对损坏的 Excel 文档进行修复。

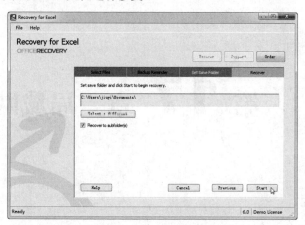

图 16-71　单击"Start"按钮

第**17**章 局域网远程管理

远程管理指的是在本地计算机上通过远程控制软件发送指令给远程的计算机，从而操纵远程计算机使之完成一系列工作。

用户通过远程控制软件可以很方便地实现对局域网中计算机的管理和维护工作，从而减轻工作量。

17.1 远程控制简介

远程控制必须通过网络才能进行。一般而言，位于本地的计算机是操纵指令的发出端，称为控制端（即由控制者使用），非本地的被控计算机则通常叫做被控制端（即由被控制者使用）。这里所说的"远程"并不等同于远距离，控制端和被控制端可以是位于同一局域网的同一房间中，也可以是连入 Internet 的处在任何位置的两台或多台计算机。

17.1.1 远程控制技术的原理

远程控制软件一般分两个部分：一部分是客户端程序（Client），另一部分是服务器端程序（Server），通常在使用前需要将客户端程序安装到控制端的计算机上，将服务器端程序安装到被控制端的计算机上。它的控制过程一般是先在控制端计算机上执行客户端程序，像一个普通的客户一样向被控制端计算机中的服务器端程序发出信号，建立一个特殊的远程服务，然后通过这个远程服务，使用各种远程控制功能发送远程控制命令，控制被控制端计算机中的各种应用程序运行。这种远程控制方式为基于远程服务的远程控制（图 17-1 所示为网络拓扑图）。

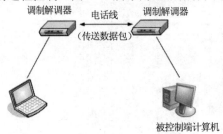

图 17-1　基于调制解调器的远程控制

远程控制软件在两台计算机之间建立起一条数据交换的通道，从而使得控制端可以向被控制端发送指令，操纵被控制端完成某些特定的工作。此时，控制端只是负责发送指令和显示远程计算机执行程序的结果，而运行程序所需的系统资源均由被控制端计算机负责。

为了使用的方便，某些远程控制软件使用了 Web 技术，控制端可通过 IE 浏览器运行位于被控制端中的服务器端程序来实现远程控制。

通过远程控制软件，网络管理员可以进行多种远程操作，如：察看被控制端计算机屏幕、窗口；访问被控制端计算机的磁盘、文件夹及文件，并可对其进行管理或共享其中的资源；运行或关闭被控制端计算机中的应用程序；查看被控制端计算机的进程表、激活、中止程序进程；记录并提取被控制端计算机的键盘操作；对被控制端计算机进行关闭、注销或重启等操作；修改被控制端计算机的 Windows 注册表；操纵与被控制端计算机相接的打印机、扫描仪等外部设备；通过被控制端计算机捕获音频、视频信号等。

基于远程服务的远程控制最适合的模式是一对多，即利用远程控制软件，用户可以使用一台计算机控制多台计算机，这就使得用户不必为办公室的每一台计算机都安装一个调制解调器，而只需要利用办公室局域网的优势就可以轻松实现远程多点控制了（图 17-2 所示为网络拓扑图）。在进行一台计算机对多台远端计算机进行控制时，用户发现远程控制软件似乎更像一个局域网的网络管理员，而提供远程控制的远程终端服务就像极了办公室局域网的延伸。这种一对多的连接方式在节省了调制解调器的同时，还使得网络的接入更加安全可靠，网络管理员也更易于管理局域网上的每一台计算机。

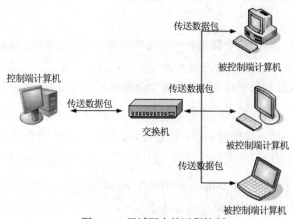

图 17-2　局域网内的远程控制

17.1.2　远程控制技术的应用

远程控制在众多的领域里有着非常广泛的应用，如远程培训与教学、远程办公、对计算机及网络的远程管理与维护、远程监控。

1. 远程培训与教学

远程控制可以用于对远程的用户和员工进行培训，通过远程控制技术操纵对方的计算机，向对方进行操作演示，这样可以节省培训费用提高培训的效率。远程控制技术也大量的使用在教学网络当中，软件方案的多媒体网络就是远程控制技术与多媒体技术结合的产物。

2．远程办公

远程控制还可让用户在任何地点连接自己的工作计算机，使用其中的数据与应用程序，访问网络资源、使用与其连接的打印机等外设。它还可用于公司同事之间互相协同，完成一项共同的工作。

这种远程的办公方式不仅大大缓解了城市交通状况，减少了环境污染，还免去了人们上下班路上奔波的辛劳，更可以提高企业员工的工作效率和工作兴趣。

3．远程管理与维护

对于计算机行业的售后服务人员来说，通过远程控制来为客户提供软件维护、升级、故障排除等服务，无疑可节省大笔的服务经费。对于网络管理人员来说，远程控制可用来管理、维护单位网络中的大量服务器和计算机，可大大提高工作效率。

4．远程监控

企业的管理者可通过远程控制软件来查看员工的屏幕，以保证员工能够在上班时间集中精力投身于工作，杜绝在上班时间聊天、上网、玩游戏的现象。甚至还可通过记录员工的键盘操作，来防止企业的商业和技术机密被不正当使用。

家长也可通过远程控制对子女的计算机进行监控，防止子女无节制玩游戏或接触不良信息。

17.2　远 程 桌 面

远程控制并不神秘，Windows 7/10 系统中就提供了多种简单的远程控制手段，如远程协助、远程桌面等。

注意：远程协助是 Windows 附带提供的一种简单的远程控制的方法。远程协助中被协助方的计算机将暂时受协助方（在远程协助程序中被称为专家）的控制，专家可以在被控计算机当中进行系统维护、安装软件、处理计算机中的某些问题或者向被协助者演示某些操作。

利用远程桌面，用户可以在远离办公室的地方通过网络对计算机进行远程控制，即使主机处在无人状况，"远程桌面"仍然可以顺利进行。通过这种方式，远程的用户可以使用计算机中的数据、应用程序和网络资源，它也可以让用户的同事访问用户的计算机桌面，以便于进行协同工作。

提示："远程桌面"方式必须在 Windows 7/10 或 Windows Server 2008/2008 R2 中才能进行，而且功能相对简单。要在其他的操作系统中进行远程控制，或者需要远程控制提供更为强大的功能，就需要使用其他的第三方远程控制软件。

17.2.1　启用远程桌面功能

要使用远程桌面，需要如下条件：
- 能够连接到局域网或 Internet 的远程计算机。
- 能够通过网络连接、调制解调器或者虚拟专用网（VPN）连接访问局域网的第二台计算机（家庭计算机）。该计算机必须安装"远程桌面连接"程序。
- 适当的用户账户和权限。

在使用远程桌面之前，用户需要先启用远程桌面功能。下面通过具体实例来介绍启用远程桌面功能的方法。

【实验 17-1】启用 Windows 7 系统远程桌面功能

（1）选择"计算机"图标，单击鼠标右键，在弹出的菜单中选择"属性"命令，打开"系统"窗口，单击"远程设置"超链接，如图 17-3 所示。

（2）在弹出的"系统属性"对话框中，单击"远程"选项卡，并选中"远程桌面"区域中的"允许远程连接到此计算机"单选按钮，同时取消选中"仅允许运行使用网络级别身份验证的远程桌面的计算机连接（建议）"复选框，如图 17-4 所示。

（3）单击"确定"按钮，关闭"系统属性"对话框。

图 17-3 单击"远程设置"超链接

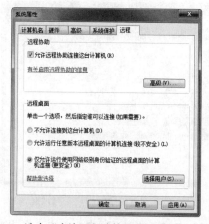

图 17-4 选中"允许远程连接到此计算机"单选按钮

【实验 17-2】启用 Windows 10 系统远程桌面功能

具体操作步骤如下：

（1）在 Windows 10 操作系统中，右击桌面右下角图标并在弹出的菜单中选择"系统"命令，打开"系统"窗口，单击"远程设置"超链接，如图 17-5 所示。

（2）弹出"系统属性"对话框，单击"远程"选项卡，并选中"远程桌面"区域中的"允许远程连接到此计算机"单选按钮，同时取消选中"仅允许运行使用网络级别身份验证的远程桌面的计算机连接（建议）"复选框，如图 17-6 所示。

（3）单击"确定"按钮，关闭"系统属性"对话框，至此，远程桌面功能开启。

图 17-5 单击"远程设置"超链接

图 17-6 设置远程桌面

17.2.2 添加远程桌面用户

使用远程桌面之前，用户还需要添加远程桌面用户，同时添加的远程桌面用户必须有权登录本地计算机。下面通过具体实例来介绍添加远程桌面用户的方法。

【实验 17-3】添加 Windows 7 系统远程桌面用户

（1）在 Windows 7 操作系统的"系统属性"窗口中，选择"远程"选项卡，单击远程桌面区域中的"选择用户"按钮，打开"远程桌面用户"对话框，如图 17-7 所示。

（2）单击"添加"按钮，弹出如图 17-8 所示的"选择用户"对话框，然后单击"高级"按钮。

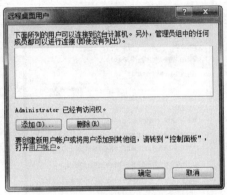

图 17-7 "远程桌面用户"对话框

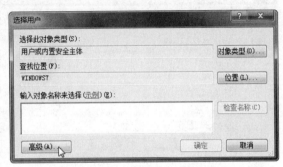

图 17-8 "选择用户"对话框

（3）在展开的对话框中，单击"立即查找"按钮，在列出的用户列表框中选择用户，然后单击"确定"按钮，如图 17-9 所示。

注意： 在用户列表框中选择的用户，必须是系统已启用的用户账户，否则将无法使用该用户账户连接远程桌面。

（4）单击"确定"按钮后，返回"远程桌面用户"对话框，显示已经添加的远程用户，如图 17-10 所示，单击"确定"按钮关闭该对话框，添加远程桌面用户完成。

图 17-9 添加用户

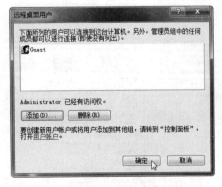

图 17-10 添加完成

【实验 17-4】添加 Windows 10 系统远程桌面用户

具体操作步骤如下：

（1）在 Windows 10 操作系统的"系统属性"窗口中，选择"远程"选项卡，单击远程桌面区域中的"选择用户"按钮，打开"远程桌面用户"对话框，如图 17-11 所示。

（2）单击"添加"按钮，弹出如图 17-12 所示的"选择用户"对话框，然后单击"高级"按钮。

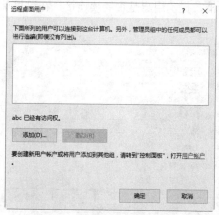

图 17-11　"远程桌面用户"对话框

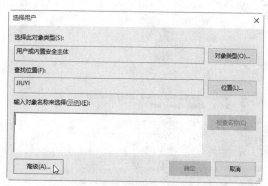

图 17-12　"选择用户"对话框

（3）在展开的对话框中，单击"立即查找"按钮，在列出的用户列表框中选择用户，然后单击"确定"按钮，如图 17-13 所示。

（4）单击"确定"按钮后，返回"远程桌面用户"对话框，显示已经添加的远程用户，如图 17-14 所示，单击"确定"按钮关闭该对话框，添加远程桌面用户完成。

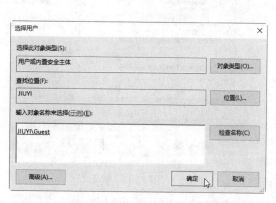

图 17-13　单击"确定"按钮

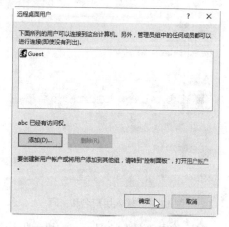

图 17-14　添加远程桌面完成

17.2.3　使用远程桌面

启用远程桌面功能并设置好远程桌面用户后，用户就可以使用远程桌面了。使用远程桌面之前，用户需要检查是否已接入局域网中。

【实验 17-5】在 Windows 10 系统中远程连接 Windows 7 系统桌面

具体操作步骤如下：

（1）在 Windows 10 操作系统中，按键盘上的"WIN+R"组合快捷键打开运行对话框，然后输入"mstsc"命令，如图 17-15 所示，单击，打开"远程桌面连接"对话框。

（2）在"远程桌面连接"对话框中，单击"显示选项"按钮，在"计算机"下拉列表框中，输入远程计算机的名称或 IP 地址，如图 17-16 所示。

（3）单击"连接"按钮，弹出如图 17-17 所示的对话框，输入远程计算机的用户名和密码。

（4）单击"确定"按钮，弹出如图 17-18 所示的对话框，提示用户是否继续连接，在这里单击"是"按钮。

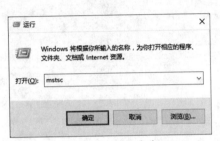

图 17-15 输入命令

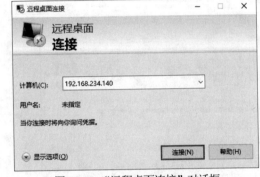

图 17-16 "远程桌面连接"对话框

图 17-17 输入用户名和密码

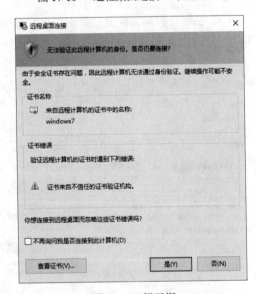

图 17-18 提示框

（5）单击"是"按钮后，如果远程计算机 Windows 7 系统中是以其他用户账户登录时，则会出现如图 17-19 所示的提示框，提示用户是否继续连接到此计算机，单击"是"按钮。

（6）单击"是"按钮后，在远程计算机 Windows 7 中桌面会出现如图 17-20 所示的提示框，提示用户是否允许其他用户连接到此计算机，单击"确定"按钮。

（7）Windows 10 操作系统将开始登录到远程计算机的 Windows 7，登录成功后在"远程桌面连接"窗口将显示远程计算机的桌面，如图 17-21 所示。

图 17-19　登录提示对话框

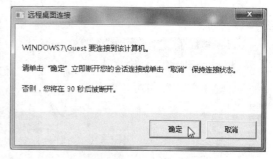

图 17-20　允许连接

图 17-21　"远程桌面连接"窗口

【实验 17-6】在 Windows 7 系统中远程连接 Windows 10 系统桌面

具体操作步骤如下：

（1）在 Windows 7 操作系统中，单击"开始"→"所有程序"→"附件"→"远程桌面连接"命令，打开"远程桌面连接"对话框。

（2）在"远程桌面连接"对话框中的"计算机"下拉列表框中，输入远程计算机的名称或 IP 地址，如图 17-22 所示。

（3）单击"连接"按钮，弹出如图 17-23 所示的对话框，输入远程计算机的用户名和密码。

图 17-22　"远程桌面连接"对话框

图 17-23　输入用户名和密码

（4）单击"确定"按钮，弹出如图 17-24 所示的对话框，提示用户是否继续连接，在这里单击"是"按钮。

（5）单击"是"按钮后，如果远程计算机 Windows 10 中是以其他用户账户登录时，则会出现如图 17-25 所示的提示框，提示用户是否继续连接到此计算机，单击"是"按钮。

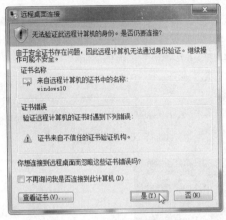

图 17-24　询问是否继续连接

图 17-25　确定连接到此计算机

（6）单击"是"按钮后，在远程计算机 Windows 10 中桌面会出现如图 17-26 所示的提示框，提示用户是否允许其他用户连接到此计算机，单击"确定"按钮。

（7）Windows 7 操作系统将开始登录到远程计算机的 Windows 10，登录成功后在"远程桌面连接"窗口将显示远程计算机的桌面，如图 17-27 所示。

图 17-26　提示框

图 17-27　"远程桌面连接"窗口

17.2.4　断开或注销远程桌面

用户如果不需要使用远程桌面，可以断开或注销远程桌面。

【实验 17-7】断开或注销 Windows 7 系统远程桌面

具体操作步骤如下：

（1）在"远程桌面连接"窗口中，选择桌面左下角的图标，单击鼠标左键并在弹出的菜单中选择"注销"→"断开连接"命令，如图 17-28 所示，即可断开远程桌面。

（2）在"远程桌面连接"窗口中，选择桌面左下角的图标，单击鼠标左键并在弹出的菜单中选择"注销"命令，如图 17-29 所示，即可注销远程桌面。

图 17-28　选择"注销"→"断开连接"命令　　　　　图 17-29　选择"注销"命令

【实验 17-8】断开或注销 Windows 10 系统远程桌面

具体操作步骤如下：

（1）在"远程桌面连接"窗口中，选择桌面左下角的图标，右击并在弹出的菜单中选择"关机或注销"→"断开连接"命令，如图 17-30 所示，即可断开远程桌面。

（2）在"远程桌面连接"窗口中，选择桌面左下角的图标，右击并在弹出的菜单中选择"关机或注销"→"注销"命令，如图 17-31 所示，即可注销远程桌面。

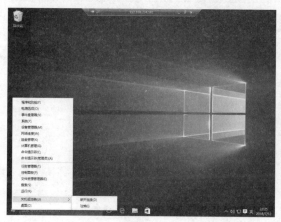

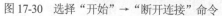

图 17-30　选择"开始"→"断开连接"命令　　　　　图 17-31　选择"开始"→"注销"命令

17.3　远程控制软件 PcAnywhere

PcAnywhere 是由赛门铁克（Symantec）公司出品的远程控制软件，它功能强大，几乎支持所有的网络连接方式与网络协议。使用 PcAnywhere 软件，网络管理人员可以轻松地实现在本地计算机上控制远程计算机，使得两地的计算机可以协同工作。在实现远程控制的同时，PcAnywhere 还拥有更为完善的安全策略与密码验证机制，从而保证了远程被控制端计算机的安全。

17.3.1　控制端的设置

设置控制端的操作是在控制端计算机上进行的，其操作如下：

（1）在控制端的"Symantec pcAnywhere"窗口中，单击"远程控制"链接，如图 17-32 所示。

（2）在弹出的"连接向导-连接方法"对话框中，选择连接方法，然后单击"下一步"按钮，如图 17-33 所示。

（3）在弹出的"连接向导-目标地址"对话框中，输入被控端计算机的 IP 地址，如图 17-34 所示。

（4）单击"下一步"按钮，弹出如图 17-35 所示的"连接向导-连接名称"对话框，在其中输入连接名称。

（5）单击"下一步"按钮，在弹出的"连接向导-摘要"对话框中，单击"完成"按钮，完成远程控制连接的设置。

图 17-32　单击"远程控制"链接

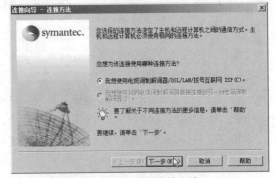

图 17-33　选择连接方法

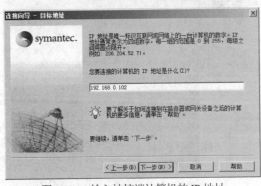

图 17-34　输入被控端计算机的 IP 地址

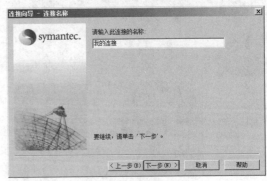

图 17-35　输入连接名称

17.3.2　被控端的设置

设置被控制端的操作是在被控制端计算机上进行的，其操作如下：

（1）在被控制端计算机上，启动 Symantec pcAnywhere，打开 Symantec pcAnywhere 窗口，如图 17-36 所示，单击"主机"链接。

（2）在弹出的"连接向导-连接方法"对话框中，选择连接方法，然后单击"下一步"按钮。

图 17-36　单击"主机"链接

（3）在弹出的"连接向导-连接模式"对话框中，选中"等待有人呼叫我"单选按钮，如图 17-37
所示。

（4）单击"下一步"按钮，在弹出的"连接向导-验证类型"对话框中，选中"我想创建一个用户
名和密码"单选按钮，如图 17-38 所示。

图 17-37　选中"等待有人呼叫我"复选框

图 17-38　设置验证类型

（5）单击"下一步"按钮，在弹出的"连接向导-用户名和密码"对话框中，输入用户名和密码，
如图 17-39 所示。

（6）单击"下一步"按钮，在弹出的"连接向导-连接名称"对话框中，输入连接名称，如 jiuyi02，
如图 17-40 所示。

图 17-39　设置用户名和密码

图 17-40　输入连接名称

（7）单击"下一步"按钮，在弹出的"连接向导-摘要"对话框中，单击"完成"按钮，返回到"Symantec pcAnywhere"窗口。

（8）单击"查看"区域中的"转到高级视图"链接，在"pcAnywhere 管理器"区域中，选择"主机"选项，在右侧的窗口中选择前面创建的主机，如 jiuyi02，右击并在弹出的快捷菜单中选择"属性"命令，如图 17-41 所示。

（9）在弹出的"主机 属性：jiuyi02"对话框中，选择"设置"选项卡，在"主机启动"区域中，选中"随 Windows 一起启动"复选框，如图 17-42 所示。

图 17-41　选择"属性"命令

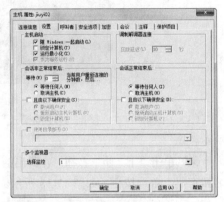
图 17-42　"设置"选项卡

（10）单击"确定"按钮，关闭该对话框，重新启动计算机即可。

17.3.3　控制远程计算机

设置好控制端和被控制端后，用户就可以进行控制远程计算机的操作。

【实验 17-9】在 Windows Server 2008 R2 系统中利用 Symantec pcAnywhere 控制 IP 地址为 192.168.0.102 的远程计算机

（1）在 Windows Server 2008 R2 控制端计算机上，双击 PCAQuickConnect 快捷图标，在弹出的 PCAQuickConnect 对话框中，输入远程计算机的 IP 地址，如图 17-43 所示。

（2）单击"连接"按钮，弹出如图 17-44 所示的对话框，输入用户名和密码。

图 17-43　输入远程计算机的 IP 地址

图 17-44　输入用户名和密码

（3）单击"确定"按钮，弹出一个显示被控制端桌面的窗口，如图 17-45 所示，用鼠标点击窗口中的桌面，此时就可以像使用本地计算机一样操纵远程计算机了。

（4）通过窗口左侧的命令，还可以进行文件传输、语音对话、屏幕捕获、重启被控制端等操作。

（5）如果要停止远程控制的操作，可单击窗口左侧的"结束会话"命令来结束控制。

图 17-45　被控端计算机桌面

第**18**章　局域网优化升级管理

组建企业局域网并加以应用只是完成网络应用的一部分，如何更好地利用现有网络，使整个局域网的性能发挥到最大程度才是网络管理人员更关心的问题。

随着局域网相关技术和产品的更新换代，一些以前组建的局域网无论从结构或功能上看都已经无法满足人们目前对局域网功能的要求，于是对局域网进行升级就势在必行了。

18.1　优　化　布　线

布线在局域网的设计和施工中居于非常重要的地位，虽然布线系统只占局域网总投资的20%左右，但却决定着大约80%的网络性能的发挥。局域网的布线必须合理并适当化。

合理就是指在设计布线方案的时候，充分考虑布线现场环境、需要连接的设备、采用的网络拓扑结构等，在硬件连接上不出问题。适当优化就是在有多种布线方案可供选择的时候，尽量采用能够充分发挥局域网性能的方案。

18.1.1　正确连接网络

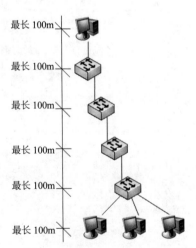

网络连接时，必须遵守"5-4-3"规则，此规则要求在一个局域网中最多只能有 5 个网段，用 4 个中继器连接，5 个网段中只能有 3 个网段可以含有用户连接。

"5-4-3"规则仅适用于共享式访问以太主干网。交换式以太主干网不受"5-4-3"规则的限制，因为每台交换器有缓存，可以暂时储存数据，所有的节点能同时访问交换式以太局域网。

另外，对于网线的连接长度也要注意。目前市面上普遍使用的是 5 类和超 5 类非屏蔽双绞线，这两类双绞线的标准通信长度是 100m。

这 100m 是指从终端设备到其第一级集线器，或级联集线器之间的网线长度，如图 18-1 所示。

图 18-1　正确连接网络

18.1.2　网络布线的注意事项

网络布线不仅要考虑网线及其设备的连接方法，而且还要注意周围的环境，因为环境因素也可能降低网络的通信能力。合理分析周围的环境不仅仅是为了提升网络的性能，而且有利于网络使用的安全。网络布线根据布线位置又分为架空式布线和埋入式布线。下面分别介绍这两种布线方式布线时应注意的问题。

1．架空式布线时应注意的问题

在吊顶或天花板内进行架空式布线时，应当注意以下问题：

（1）加固桥架支撑

当线槽或桥架在水平敷设时，支持加固的间距一般为 1.5～2 m。垂直敷设时，应在建筑上予以加固，间距一般宜小于 2 m。间距大小应视线槽和桥架的规格尺寸和敷设线缆的数量决定，线槽或桥架的规格较大、线缆敷设数量较多，支承加固的间距应当相应缩小，相反，则支承加固的间距可以放大。金属桥架或线槽由于本身重量较大，所以，在接头处、转弯处、距端头 0.5 m 处以及中间每隔 1.5 m 等地方，均应设置支承构件或悬吊架。

（2）留有余量

电缆布放时应留有余量，在交接间或设备间内电缆预留长度一般为 3～6 m，在工作区处应预留 0.3～0.6 m。

（3）绑扎固定

电缆在桥架或开放式线槽内敷设时，应当采取稳妥的固定绑扎措施，使电缆布置牢靠美观。在水平桥架内敷设，应当在电缆的首端、尾端、转弯处及每间隔 3～5 m 处进行固定；在垂直槽敷设时，应当每间隔 1.5 m 将线缆固定绑扎在线槽内的支架上。电缆在封闭式的线槽内敷设时，要求线槽内缆线应当平齐顺直，排列有序，相互不重叠、不交叉，缆线不能高出槽道，以免影响线槽盖盖合。

在缆线进出线槽的部位或转弯处应绑扎固定。在桥架或线槽内的缆线绑扎固定时，应当根据缆线的类型、缆径、缆线芯数分束绑扎，以示区别，也便于维护检查。

（4）保持安全间距

在智能化建筑中，除了双绞线电缆以外，还会有其他的管线系统，如电力、给水、污水、暖气等管线。为了避免上述管线对双绞线电缆可能造成的危害，应当与之保持安全距离。

（5）避免损伤线缆

为了保护缆线本身不受损伤，在缆线敷设时，布放缆线的牵引力不宜过大，一般应小于缆线允许张力的 80%。在牵引过程中，牵引速度宜慢不宜快，更不能猛拉紧拽。当缆线拽不动时应当及时查明原因，排除障碍后再继续牵引，必要时可将缆线拉回重新牵引，为了防止缆线被拖、蹭、刮、磨等损伤，应均匀设置吊挂或支撑缆线的支点，吊挂或支持的支承物间距不应大于 1.5 m。另外，在缆线进出天花板处也应增设保护措施和支承装置。缆线不应有扭绞、打圈等可能影响缆线本身质量的现象出现。双绞线的最小曲率以电缆直径 40 mm 为界，小于 40 mm 时为电缆外径的 15 倍，大于 40 mm 时为电缆外径的 20 倍。

2．埋入式布线时应当注意的问题

当在地板或墙壁内进行埋入式布线时，应当注意以下问题：

（1）管槽尺寸不宜太大

预埋暗敷的管路宜采用对缝钢管或具有阻燃性能的 PVC 管，且直径不能太大，否则对土建设计和施工都有影响。根据我国建筑结构的情况，一般要求预埋在墙壁内的暗管内径不超过 50 mm，预埋在楼板中的暗管内径不超过 25 mm，金属线槽的截面高度不超过 25 mm。

（2）设置暗线箱

预埋管线应尽可能采用直线管道，最大限度地避免采用弯曲管道。当直线管道超过 30 m 后仍需延长时，应当设置暗线箱，以便于敷设时牵引电缆。如不得不采用弯曲管道时，要求每隔 15 m 即设置一个暗线箱。金属线槽的直线埋设长度一般不超过 6 m。当超过该距离或需要交叉、转弯时，则应当设置拉线盒。

（3）转弯角度不宜过小

当不得不采用弯曲管道时，要求转弯角应当大于 90°，并且要求整个路由的拐弯小于 2 个，更不能出现"S"形弯或"U"形弯。另外，转弯半径也不宜过小，通常情况下曲率半径不应小于管路外径的 6 倍。

（4）预放索引绳

暗敷管路内壁应当光滑，绝对不允许有障碍物。为了保护缆线，管口应当加设绝缘套管，管端伸出的长度应为 25 mm～50 mm。要求在管路内预放牵引绳或拉绳，以便于线缆的敷设施工。管路的两端还应设有标志，内容包括序号、长度以及房间号等，以免发生错误等。

（5）管槽留有余

在管槽中敷设电缆时，应当留有一定的余量，以便于布线施工，并避免电缆受到挤压，使双绞线电缆的扭绞状态不发生变化，保证电缆的电气性能。通常情况下，直线管道的管径利用率（电缆的外径/管道的内径）应为 50%～60%，弯道应为 40%～50%；截面积利用率（暗管内电缆的总截面积/暗管管径的内截面积）应为 30%～50%，预埋金属线槽的截面积利用率不应超过 40%。

18.2　实行分网段管理

在局域网客户机中一般只安装一块网卡。当服务器上只安装一块网卡时，所有用户与服务器之间的通信全部集中在这块网卡上，负担很重，而且存在安全隐患，当该网卡出现故障后将会使整个网络瘫痪。

Windows Server 2008 R2 等操作系统中提供了多网卡管理的功能，可以在一台服务器中安装多块网卡，每一块网卡连接一组用户，实现对用户的分段管理，在减小每块网卡吞吐量的同时增加系统的安全性和稳定性。

18.2.1　网络分段简介

网络分段的目的是将单个冲突域分成两个或多个小的冲突域，从而尽可能地减少用户之间的冲突，提高网络的通信能力。在分段后，一个网段形成一个新的冲突域。

在局域网中可以使用多种方法进行分段，图 18-2 所示的网络中通过中心交换机可以将用户划分在 4 个网段内（但是当用户与服务器之间直接通信时，这种分段也就失去了存在的意义），这种分段也被称为物理分段。另外，还可以通过带有虚拟局域网（VLAN）功能的交换机或网卡对用户进行分段，这被称为逻辑分段。

逻辑分段的优点是配置方便，但具有 VLAN 功能的交换机或网卡的价格比较高。在中小型局域网中非常经济、可行的一种办法是通过多块网卡进行。当在服务器中安装了多块网卡后，每一块网卡连接一组用户，形成一个网段，如图 18-3 所示。

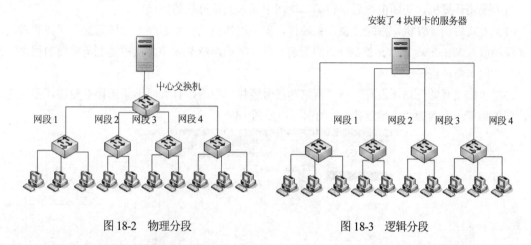

安装了 4 块网卡的服务器

图 18-2　物理分段　　　　　图 18-3　逻辑分段

18.2.2　网络分段的注意事项

在网络分段时，用户需要注意服务器网卡的安装和网络协议的安装。下面分别介绍这种服务器网卡安装和网络协议安装的注意事项。

1．服务器网卡的安装

服务器网卡的安装是不是多多益善呢？如果单纯以服务器提供的插槽来决定安装的网卡数量，是错误的。因为要实现不同网段用户之间的通信，就要靠操作系统内置的路由功能来完成。目前局域网中常见的 Windows 操作系统一般只支持 4 块网卡之间的路由连接，如果安装的网卡数超过 4 个，多余的网卡将不具有路由传输功能，也就是说与该网卡所连接的用户将无法与另外 4 块网卡连接的用户进行通信。所以建议用户在一台服务器中安装的网卡数不要超过 4 块。

2．网络协议的安装

当在服务器中通过多块网卡对用户进行了分段管理后，每一个网段将形成一个冲突域，该网段中的广播信息只会在本网段内传播，而不会影响其他网段中用户的正常通信。

另外，网段与网段之间可以通过操作系统内置的路由功能来通信，所以不同网段之间用户的通信就像位于同一网段内一样。但是，有一点值得用户注意：在安装网络协议时，如果只安装 NetBEUI 协议，由于它不具有路由功能，使用 NetBEUI 协议的信息将不能通过路由传输到其他网段。

18.2.3　在 Windows Server 2008 R2 中分段管理

Windows Server 2008 R2 支持即插即用，所以在 Windows Server 2008 R2 中安装多块网卡非常方便。当在计算机中插入一块网卡后打开计算机时，系统会识别出新硬件的类型，并自动安装驱动程序。因为 Windows Server 2008 R2 提供了目前大多数硬件的驱动程序，在安装这些硬件时，系统将不再要求用户插入硬件的驱动程序光盘。

在一台已经安装了 1 块网卡的 Windows Server 2008 R2 服务器中，如果要安装第二块网卡可过以下步骤进行。

【**实验 18-1**】在 Windows Server 2008 R2 服务器中安装第二块网卡

具体操作步骤如下：

（1）关闭计算机，切断电源后，将第二块网卡插入到计算机的插槽中。

（2）重新启动计算机，系统"发现新硬件，安装所需要的驱动程序"的信息提示，并要求用户在光驱中放入 Windows Server 2008 R2 的安装光盘，之后系统从安装光盘中复制所需要的程序，结束第二块网卡驱动程序的安装。

（3）单击"开始"→"设置"→"网络和拨号连接"命令，打开"网络连接"窗口，在该窗口中，新增加了一个名为"本地连接 2"的图标，如图 18-4 所示。

图 18-4 "网络连接"窗口

（4）选择"网络连接"窗口中的"本地连接 2"图标，右击并在弹出的快捷菜单中选择"属性"命令，打开"本地连接 2 属性"对话框，如图 18-5 所示。

（5）在"本地连接 2 属性"对话框中，选择"Internet 协议（TCP/IP）"，单击"属性"按钮，打开"Internet 协议（TCP/IP）属性"对话框，如图 18-6 所示，设置第二块网卡的 IP 地址。如果该服务器使用的是静态 IP 地址，可以选择"使用下面的 IP 地址"单选按钮，并在"IP 地址"和"子网掩码"文本框中输入对应的值。

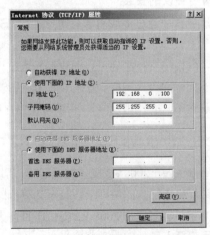

图 18-5 "本地连接 2 属性"对话框　　　图 18-6 "Internet 协议（TCP/IP）属性"对话框

（6）使用同样的方法安装第 3 块或第 4 块网卡，每块网卡的安装和设置一次完成，在设置完成后不需要重新启动计算机。

当在一台服务器中安装了多块网卡后，为了确保它们工作正常，还需要进行两个方面的测试：即测试每块网卡的连通性和测试不同网段之间的通信能力。

1．测试每块网卡的连通性

为了每块网卡都能正常工作，可以在客户机上用 Ping 命令分别 Ping 每一块网卡的 IP 地址。例如要测试与第一块网卡的连通性时，可以在客户机的 DOS 提示符下输入"Ping 192.168.1.1"命令（第一块网卡绑定的 IP 地址是 192.168.1.1），如果连接正常，将出现如图 18-7 所示的结果；如果出现 Request timed out 的提示信息，则表示连接错误，这时就需要对网络连接线路和网卡参数进行检查。

图 18-7　连接正常

2．测试不同网段之间的通信能力

测试方法非常简单，当位于不同网段中的两个用户登录服务器后，只要能够在其中每一台计算机的"网络"中看到另一台计算机的名称，并能够互访对方的资源，就说明这两个网段的用户之间能够进行通信，如图 18-8 所示。否则，需要检查网络的有关配置，并确定每一块网卡都绑定了 TCP/IP、IPX/SPX 通信协议。

图 18-8　"网络"窗口

18.3 优化和调整系统

调速和优化的目的是为了减少系统的瓶颈，设法提高系统的运行效率。本节主要介绍对内存、CPU、磁盘系统和网络接口进行优化的方法。

18.3.1 优化内存

内存是操作系统的重要资源，不仅操作系统的运行离不开它，各类应用软件也必须在调入内存后才能运行。从应用的角度来看，系统内存的不足可能是引发各种系统问题的最常见原因。

因此，内存在整个系统中的作用显得尤为重要。优化内存主要有以下几方面：

1. 合理使用内存

虽然增加内存可以解决一些问题，但这并不能解决问题的全部。首先要对系统的内存需求有一个清楚的了解，然后仔细查看哪些程序在占用内存，并删除一些对本系统无用的功能。例如，用户可以删除不必要的协议和服务，以便让出更多的内存供应用程序使，同时也为网络和处理器的工作减少了许多负担。

另外，还应合理地分配各类应用服务，最好不要将 DHCP、WINS、DNS 等多种服务集中在一台服务器上，以免服务器内存不足。建议用户建立专用服务器，例如 DHCP 服务器、DNS 服务器等，将一些服务移植到另外的服务器中，对内存的点用进行分流。

2. 适当增加内存

当通过监视和分析，发现系统存在内存不足现象时，就需要增加内存。一般可以通过以下的方法来确定增加内存的容量：首先，查看服务器上分页文件（Pagefile.sys）的大小，如 1 024MB；接下来打开性能监视器，选择报表方式，添加 Page file（分页文件）对象下的"%Usage"（使用率）计数器，并测试其值，如 10.015；最后计算"%Usage×"分页文件的大小，即 1 024×10.015%≥103MB，所以还需要增加 103MB 的物理内存。

3. 升级内存

除了增加内存的容量来进行升级之外，也可以考虑对内存本身进行升级，如换用运算速度更快的内存等。从实际情况出发，在升级内存前需要考虑以下几点：

- 对内存升级要考虑网络未来的升级，例如网络规模扩大，用户数量增加等。内存升级要提前做好预留量。
- 在一台计算机中最好安装相同运算速度的内存条，以免因为实际速度低的内存拖累系统速度。在内存升级时，在主板能够支持的范围内尽量用更快速度的内存换掉原有的内存。
- 在升级内存的同时，也要适当考虑硬盘的升级。Windows Server 2008 R2 中的内存与硬盘之间的联系非常紧密，尤其是虚拟内存的实现要靠位于硬盘上的分页文件（Pagefile.sys）来完成，硬盘性能直接影响着内存的工作。所以，在升级内存时，硬盘的性能也要综合考虑。

18.3.2　优化 CPU

优化 CPU 主要有以下几种方法：

1．选用大缓存的 CPU

目前使用的 CPU 一般都具有两种缓冲储存器（简称为"缓存"），主要用来保存处理器最近使用过的信息。处理器与缓存之间的访问速度远比对存储在 RAM 中信息的访问速度快。按照处理器结构的不同，二级缓存（L2）通常称为外部缓存，它的容量一般在 512KB 到几 MB 之间。

L2 缓存基本用来实现从物埋内存到处理器的信息交换，是前往 L1 缓存途中的中间站，信息只有到达 L1 缓存才能供处理器直接使用。一级（L1）缓存直接与 CPU 之间交换数据，L1 缓存的数据存取时间为处理器的一个时钟同期，而二级缓存则需要两个时钟周期。在服务器上使用的 CPU 一般要求有较大的 L1 缓冲和 L2 缓冲。

2．使用多处理器系统

Windows Server 2008 R2 的特点是可以同时支持多个 CPU，并且形成对称多处理器（SMP）系统。对称多处理器的特点是一个应用程序可以由多个处理器同时处理，相对于一个处理器（CPU）一次执行一条指令，其加快了处理速度。

Windows Server 2008 R2 可同时支持多处理操作，所以当现有的 CPU 不能满足应用需求时，可增加 CPU 的个数。在升级到多处理器系统时，最好使用相同频率的 CPU，以免速度较慢的 CPU 成为系统的瓶颈。

3．监视并及时调整 CPU 活动

对 CPU 活动的监视是指通过性能监视器等应用程序，对服务器中 CPU 的使用情况进行实时监控，以及时了解 CPU 的利用率，发现有哪些应用程序在占用 CPU 的资源，以便采取相应的措施让 CPU 尽可能地发挥它的性能。

18.3.3　优化磁盘系统

在 Windows Server 2008 R2 中，用户可以通过多种方式对磁盘系统进行必要的调整，从而优化磁盘的性能。在中小型局域网中，可以通过以下几种方法进行优化：

1．使用 NTFS 文件系统

Windows Server 2008 R2 的磁盘分区支持 FAT 16、FAT 32 和 NTFS 三种文件系统。三种文件系统相比，NTFS 文件系统的性能最优，而 FAT 16 文件系统最差，FAT 32 则居于两者之间。

注意：Windows Server 2008 R2 只能安装在 NTFS 文件系统中。

在 Windows Serve 2008 R2 中，可以使用 Convert 命令将 FAT 32 格式转换成 NTFS 格式。

【实验 18-2】在 Windows Server 2008 R2 系统中将 FAT 32 转换为 NTFS 文件系统

（1）打开"管理员：命令提示符"窗口中，在命令行提示符下输入"Convert F:/FS:ntfs"命令，如图 18-9 所示。

（2）按【Enter】键后，系统将把 F 盘转换成 NTFS 格式，如图 18-10 所示。

图 18-9　输入 Convert F:/FS:ntfs 命令

图 18-10　转换成 NTFS 格式

2．尽量使用 SCSI 硬盘

目前计算机上所使用的硬盘主有 IDE 和 SCSI 两种类型。其中 IDE 硬盘广泛地应用于个人计算机。SCSI 是接口小型计算机系统接口（Small Computer System Interface）的简称，它的设计要求是传输速度快、支持多进程和并行操作。早期的 SCSI 硬盘只用于小型机以上的高档计算机上，现在大量的中低端服务器都已开始使用 SCSI 硬盘。

服务器不同于单机，它对数据的吞吐能力和安全性等方面有非常严格的要求。而 PC 中普遍使用的 IDE 硬盘无论从速度、可靠性、稳定性和容量上都无法与 SCSI 硬盘相提并论，所以建议用户在服务器上使用 SCSI 硬盘。

18.3.4　优化网络接口

对网络接口进行调整和优化，可以提高网络的传输速度。优化网络主要有以下几个方面：

1．对网卡的调整和优化

对于一些用户来说，网卡只不过是将计算机接入网络的连接设备，只要能够完成与网络的连接就可以了。实际上网卡所承担的任务非常繁重，它要从网上接收数据包，确认其是否属于本地计算机。接收到的信息要送往处理器进行处理，并尽可能保证信息的传输速度。

选择服务器网卡时，最关键的一个问题就是数据吞吐能力，在服务器硬件系统允许的情况下，应尽可能选择高速网卡，如 100Mbit/s 或 1 000Mbit/s 的网卡；另外，市面上有一类专门为服务器设计的网卡，这类网卡可最大限度地降低对服务器 CPU 的占用率，优化了服务器的性能。

2．调整网卡驱动程序

对于网卡驱动程序，用户无法进行控制，但是用户可以对它进行科学的配置或升级。如果驱动程序错误或版本过低，计算机虽然多数情况下是可以启动的，但是它的性能很差，甚至可能出现死机等现象。

在 Windows Serve 2008 R2 中虽然提供了目前大部分网卡的驱动程序，但建议用户在安装网卡驱动程序时选用网卡自带的驱动程序盘安装。因为在 Windows Serve 2008 R2 中只提供了网卡芯片的简化程序，所以只要网卡的芯片相同，系统就认为是同一种网卡。

3．取消不需要的服务功能

Windows Serve 2008 R2 为扩大其应用范围提供了大量的服务功能，这些应用服务一般可根据需要选择，如 WINS、DNS、DHCP 等，但是，有些用户并不真正了解网络的工作特点，就给服务器加入了大量的服务组件，这严重影响了网络的性能。因为这些辅助的功能在操作系统启动时一般都会自动加载，不但占用了系统的内存资源，还有可能对网络的正常通信产生干扰。

4．合理配置网络协议

在系统中一定要避免安装不必要的网络协议。如果在选择网络协议时没有选择，把 TCP/IP、NetBEUI 和 IPX/SPX 等协议全部安装进行，多余的协议安装所带来的后果不仅仅是内存的浪费，而且还会干扰网络的正常操作。

5．调整协议绑定顺序

协议和网卡都以某种形式相互关联的，这种关联关系被称为绑定。当某个协议被绑定在一个网卡上时（每块网卡在通信时必须至少绑定一个协议），它就可以利用该网卡来执行相应类型的传输。如果有多个协议被绑定在同一块网卡上，则一般将第一个协议视为隐含协议。

所以，如果使用 TCP/IP 协议进行 Internet 连接的机会要比使用 NetBEUI 协议进行本地连接的机会多，属性则应该把 TCP/IP 协议放置在绑定顺序的最前面。调整协议绑定顺序的方法非常简单，只需要在本地连接属性对话框中选定要移动的协议，按住鼠标左键不放进行拖动，拖到需要的位置后松开鼠标左键即可。

18.4　局域网硬件设备的升级

本节主要从局域网硬件设备入手，分别介绍局域网从 100MB 升级到 1 000MB 共享和从 1 000MB 共享升级到 1 000MB 交换的操作。

18.4.1　从 100MB 到 1 000MB 共享的升级

遭遇网络性能瓶颈，急需升级的是原来使用双绞线的星型 100Mbit/s 以太网，下面以 100Mbit/s 局域网为例，介绍从 100Mbit/s 到 1000Mbit/s 共享的升级操作。

1．1 000Mbit/s 共享局域网的优势

相对于 100Mbit/s 局域网而言，1 000Mbit/s 共享局域网具有以下 4 大优势：

（1）网络带宽高

1 000Mbit/s 共享式局域网的带宽是普通 100Mbit/s 局域网的 10 倍，这对于那些需要网络的高带宽传送数据进行通信的用户，其诱惑力不言而喻。

（2）相关设备成熟

目前市场上的 1 000Mbit/s 局域网产品已经相当成熟，如 1 000Mbit/s 网卡、1 000Mbit/s 集线器、1000Mbit/s 交换机等，很好地保持了对原来 100Mbit/s 产品的兼容性；而且由于众多厂商参与竞争，目前价格已经非常低廉，这就让 100Mbit/s 局域网用户在升级到 1 000Mbit/s 局域网时有了更多的选择和更好的升级方案。

（3）可以平滑过渡

由于 1 000Mbit/s 局域网使用了与 100Mbit/s 局域网相同的帧（Frame，指通信中的一个数据块）格式和工作方式，保证了网络的平滑过渡，只需要将网卡、集线器或交换机等升级到 1 000Mbit/s，就可以获得 1 000Mbit/s 的带宽，而且原来的 100Mbit/s 工作站如果确实需要，仍可以在升级后的局域网中运行。

（4）提升局域网整体性能

目前局域网内的工作站配置都提高了，具有较高的数据处理能力，而 100Mbit/s 局域网的瓶颈效应就凸现出来：高性能工作站之间的低效率联接导致整个局域网的效能降低。因此，从目前中小局域网的现状来说，100Mbit/s 已严重影响了其性能的发挥，1 000Mbit/s 是较理想的带宽，可以提升局域网的整体性能。

2．小型 100Mbit/s 局域网的升级

所谓小型 100Mbit/s 局域网，是指局域网中只有一台 100Mbit/s 集线器或交换机，采用星型网络结构，工作站采用 100Mbit/s 网卡，通过集线器或交换机联接（局域网中可以设立专用服务器，也可以采用没有服务器的对等网结构），如图 18-11 所示。一般的家庭、办公室和网吧局域网采用这种结构的居多，它的升级也因此具有普遍意义。

如果原来局域网中所有的工作站的主板都具备 PCI 插槽，只需将网卡更换成 PCI 接口的 1 000Mbit/s 或 100/1 000Mbit/s 自适应网卡，集线器更换为 1 000Mbit/s 或 100/1 000Mbit/s 自适应集线器，在集线器和网卡之间使用 5 类或 5 类以上的 UTP 双绞线即可，升级后的局域网结构如图 18-12 所示。

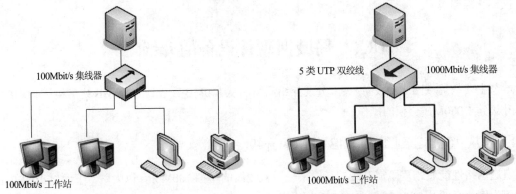

图 18-11　升级前的 100Mbit/s 局域网　　　图 18-12　升级后的 1000Mbit/s 局域网

3．中型 100Mbit/s 局域网的升级

所谓中型 100Mbit/s 局域网是指一个局域网中拥有多台集线器，所联接的工作站在几十台或百余台左右，如图 18-13 所示，这类局域网的常见升级方法一般有以下两种：

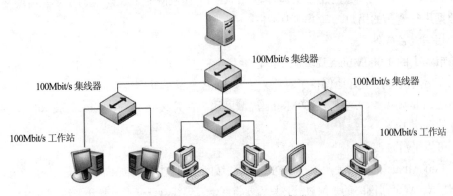

图 18-13　中型 100Mbit/s 局域网

（1）使用可堆叠集线器

升级时，网线全部使用 5 类 UTP 双绞线（保证 1 000Mbit/s 的联接速度），在局域网服务器和具备 PCI 插槽的工作站安装 1 000Mbit/s 或 100/1 000Mbit/s 自适应网卡；集线器更换为 100/1 000Mbit/s 自适应可堆叠式集线器，用于联接所有工作站，如图 18-14 所示的结构。

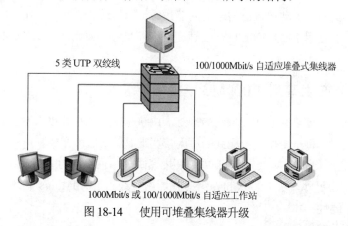

图 18-14　使用可堆叠集线器升级

（2）部分升级

对于某些局域网来说，使用可堆叠式集线器对 100Mbit/s 局域网进行升级并不是最优化方案，因为联接工作站到可堆叠式集线器之间的最大距离只有 100m，如果局域网的实际联接范围超过 100m 时就不能通过一台可堆叠式的集线器来升级。这时，可在局域网中心位置使用 100/1 000Mbit/s 自适应集线器，原来联接工作站的下级 100Mbit/s 集线器照样使用，其他工作站使用 1000Mbit/s 或 100/1 000Mbit/s 自适应网卡，直接联接到中心集线器，升级后的局域网结构如图 18-15 所示。

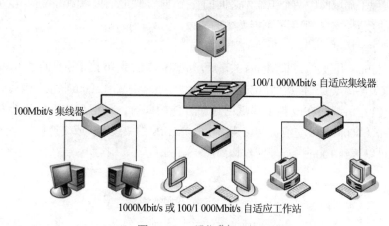

图 18-15　部分升级后的局域网

4．升级注意事项

（1）使用 5 类 UTP 双绞线

对于原来使用双绞线的 100Mbit/s 局域网来说，在升级到 1 000Mbit/s 共享局域网时要不要重新布线呢？如果原来的 100Mbit/s 局域网使用了 5 类 UTP，那么在升级到 1 000Mbit/s 共享时就不需要进行重新布线。

（2）使用 1 000Mbit/s 网卡和集线器

当 100Mbit/s 局域网升级到 1 000Mbit/s 时，原来的网卡和集线器必须更换成 1 000Mbit/s。目前，市面上具有 1 000Mbit/s 速度的网卡有两种：一种是 1 000Mbit/s 单模式网卡，仅提供 1 000Mbit/s 的联接速度；另一种是 100/1 000Mbit/s 自适应网卡，它使用以太网中的"自动协商（Auto-Negotiation）"模式，使得集线器或网卡自动把自己的速度调节到另一端的最高速度下工作，即保持线路两端以最快的速度运行。因此，使用 100/1 000Mbit/s 自适应网卡和集线器要比使用 1 000Mbit/s 单模式网卡好，它能更好地适应环境。

18.4.2 从 100MB 共享到 1 000MB 交换的升级

局域网带宽利用率低是共享式局域网的痼疾，1 000Mbit/s 共享式以太网也是如此，尤其当局域网中的工作站增加时，每个工作站分配到的可用带宽难以满足通信需要。1 000Mbit/s 交换局域网解决了这个问题，它所提供的交换功能可以克服共享式局域网所存在的不足，使每个工作站独享 1 000Mbit/s 的带宽。另外，从 1 000Mbit/s 共享局域网升级到 1 000Mbit/s 交换局域网也非常方便。

1．升级的必要性

（1）提高数据传输性能

在 100Mbit/s 局域网和 1 000Mbit/s 局域网中使用的数据帧大小都为 64～1 518 字节。1 000Mbit/s 的局域网对于大文件的传送比较有优势，因为采用 1 518B 的帧减少了数据传送时的分段操作，从而减少了传送每单位字节数据所带来的系统开销，提高了数据的通信效率。但是，在 1 000Mbit/s 共享式局域网中，多个工作站网络带宽由于冲突而产生频繁的数据发送现象，使数据通道变得更拥挤，效率反而降低。

升级到 1 000Mbit/s 交换局域网后，一方面可以像 1 000Mbit/s 共享式局域网一样使用 1 518B 的大帧；另一方面又实现了局域网中两个工作站之间的直接通信，使他们可以独占带宽，以 1 000Mbit/s 的速度实现点对点的数据传输，避免了可能发生的冲突，为数据传输提供了一个非常理想的环境。

（2）克服连接距离的限制

当局域网从 100Mbit/s 升级到 1 000Mbit/s 共享后，虽然换来的是 10 倍于原来的速率，但是在使用双绞线时局域网的有效连接范围只能达到 205m，是原来 100Mbit/s 局域网 500m 联接范围的一半还不到。

1 000Mbit/s 交换式局域网在改善了局域网通信性能的同时，还把局域网的连接距离增大到 400m，可以通过一个 1 000Mbit/s 交换机连接两个 1 000Mbit/s 的集线器（或交换机），交换机与集线器之间的连接距离可以达到 100m，局域网结构如图 18-16 所示。

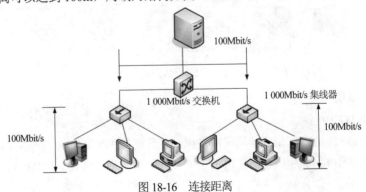

图 18-16　连接距离

（3）为大中型局域网做准备

1 000Mbit/s 交换机的应用为大中型局域网的扩展奠定了基础：多个 1 000Mbit/s 交换机之间可以通过光纤连接，使局域网的连接范围达到 2 000m 以上，构成以光纤和交换机为骨干的局域网结构。

例如在一幢大楼内，每一楼层可使用一个工作组交换机（即直接与下一级集线器相连接的交换机），每一楼层的工作站接入位于该层的 1 000Mbit/s 或 100Mbit/s 集线器，集线器接入工作组交换机，位于不同楼层的工作组交换机通过光纤接入骨干交换机，连接结构如图 18-17 所示。

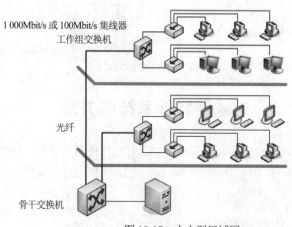

图 18-17　大中型局域网

由于从骨干交换机到工作组交换机之间用光纤连接后可以达到 2 000m 的连接距离，因此该局域网可以覆盖整个大楼以及相邻的几幢大楼，具有很高的性能。

2. 升级方法

从 1 000Mbit/s 共享到 1 000Mbit/s 交换的升级方法比较简单，只需要在共享式 1 000Mbit/s 局域网的基础之上，将原来的集线器更换成交换机，网卡和网线照常使用，如图 18-18 所示。

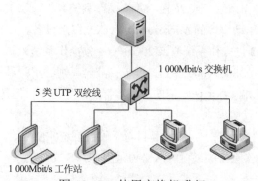

图 18-18　使用交换机升级

如果升级前局域网中的计算机数量较多，所有计算机通过 1 000Mbit/s 或 100/1 000Mbit/s 自适应可堆叠式集线器连接时，只需要新增一台 1 000Mbit/s 或 100/1 000Mbit/s 交换机，把每一个集线器（可堆叠式集线器取消堆叠后将成为多个独立的集线器）直接接入交换机即可，其他的局域网结构可以保持不变，升级过程如图 18-19 所示。

这种升级方法的另一个好处是：1 000Mbit/s 或 100/1 000Mbit/s 自适应交换机到 1 000Mbit/s 集线器之间的距离可以增大到 100m，所以当 1 000Mbit/s 共享升级到 1 000Mbit/s 交换后，可以增加局域网的有效传输距离。

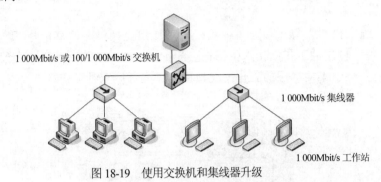

图 18-19　使用交换机和集线器升级

18.5　局域网软件系统的升级

随着操作系统的不断更新，用户有必要对局域网中已有的软件系统进行一些更新。本节分别介绍从 Windows 7/8 升级到 Windows 10 和从 Windows Server 2008 R2 升级到 Windows Server 2012 的方法。

18.5.1　从 Windows 7/8 升级到 Windows 10

Windows 10 是美国微软公司研发的新一代跨平台及设备应用的操作系统。Windows 10 共有家庭版、专业版、企业版、教育版、移动版、移动企业版和物联网核心版 7 个版本。

1. Windows 10 的软硬件要求

按照微软官方的建议配置，Windows 10 操作系统的硬件需求主要有以下几个方面：

- 处理器：1GHz 的 32 位或者 64 位处理器。
- 内存：1GB（32 位操作系统）或 2GB（64 位操作系统）。
- 显卡：带有 WDDM 驱动程序的 Microsoft DirectX 9 图形设备。
- 硬盘空间：16GB（32 位操作系统）或 20GB（64 位操作系统）。
- 显示器：分辨率至少在 800×600 像素，低于该分辨率则法正常显示部分功能。

其实这些要求并不算很高，甚至两年前的老机器都能满足需求。但是这仅仅是 Windows 10 入驻的最低配置标准。

Windows 10 操作系统的软件需求，主要是指对于硬盘系统的要求。

- 安装 Windows 10 操作系统的硬盘分区必须采用 NTFS 文件格式，否则安装过程中会出现错误提示而无法正常安装。
- 由于 Windows 10 操作系统对于硬盘可用空间的要求比较高，因此用于安装 Windows 10 系统的硬盘必须确保至少有 16GB 的可用空间，最好能够提供 50GB 可用空间的分区供系统安装使用。

2．升级对应版本

由于微软已经不支持 Windows XP 的更新服务，所以无法在 Windows XP 基础上升级到 Windows 10。同时，在 Windows 7/8 基础上升级到 Windows 10，不同的版本升级后所对应的版本也是不同的，具体如表 18-1 所示。

表 18-1　升级前后对应版本

升级之前的版本	升级之后的版本
Windows 7 简易版	Windows 10 家庭版
Windows 7 家庭普通版	
Windows 7 家庭高级版	
Windows 8.1 家庭普通版	
Windows 7 专业版	Windows 10 专业版
Windows 7 旗舰版	
Windows　8.1 专业版	
Windows 8.1 专业教育版	

3．在线升级

在 Windows 7/8 基础上，用户可以采取在线升级的方式升级到 Windows 10。在浏览器中输入 https://www.microsoft.com/zh-cn/software-download/windows10，单击"立即下载工具"超链接，如图 18-20 所示，下载升级工具，下载完成后运行该升级工具，如图 18-21 所示，根据 Windows 10 安装程序提示进行操作即可。

图 18-20　单击"立即下载工具"超链接

图 18-21　"Windows 10 安装程序"窗口

4．使用安装介质升级

除了使用 Windows 10 在线升级工具外，用户还可以使用含有 Windows 10 安装程序的 U 盘或光盘来升级，在 Windows 7/8 中使用虚拟光驱加载 Windows 10 镜像文件，或者直接把刻录好的安装光盘放入光驱中，双击 setup.exe 文件激活安装界面，接着选择"升级"即可以升级安装，如图 18-22 所示。

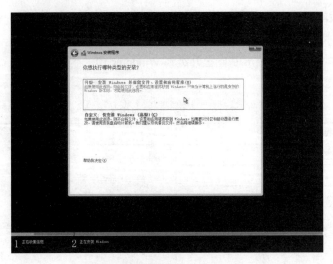

图 18-22　升级安装 Windows 10

18.5.2　从 Windows Server 2008 R2 升级到 Windows Server 2012

系统的升级可以通过两个途径来实现，一个是全新安装，一个是在原系统基础上升级安装，所在运行安装程序前，需要确定是全新安装还是升级安装。"升级"是用 Windows Server 2012 家族系列产品中的某个产品替换 Windows Server 2008 R2。与升级相比，全新安装意味着完全删除以前的操作系统，或者将 Windows Server 2012 系列中的某个产品安装在以前没有操作系统的磁盘或磁盘分区上。

选择升级还是全新安装要看自己系统原来的配置是否繁杂。如果原来的系统只是一些简单的 Internet 服务可以选择全新安装，因为这样安装的进程比较简单，随后的配置工作量也小。如果用户的系统包含活动目录等一些配置数据较多的功能，则应该选择升级安装，通过一定的操作使得重要的配置平稳地过渡到 Windows Server 2012 中去。

1．Windows Server 2012 系统的软/硬件要求

虽然 Windows Server 2012 在搭建环境和其他特征上与 Windows Server 2008 R2 很相似，但还是有些地方需要特别注意的，尤其是对于硬件配置的要求方面，如显示设备、网络适配器、光驱等，均要保证与 Windows Server 2012 系统相兼容。如表 18-2 中列出的是一些最初开始安装时的配置建议。

表 18-2　Windows Server 2012 系统安装配置建议

需　　求	建　议　事　项
处理器	1.4GHz
内存	512MB
硬盘	32GB
CPU	基于 X64；包含至强 E3–1240 v2
光驱	DVD–ROM
显示器	Super VGA（800×600）或者更高级的显示器
键盘鼠标	Microsoft Mouse 或者其他可以支持的设备

除上述一般的配置要求外，不同版本的 Windows Server 2012 操作系统对计算机硬件配置的要求也不一样，如表 18-3 中列出的是各个版本的基本系统需求。

表 18-3　Windows Server 2012 各版本配置建议

需　　　求	标　准　版	企　业　版	数据中心版	基　础　版
CPU 推荐速率	至强 E5-2620	至强 E3-1270 v2	至强 E5-2690	至强 E3-1240 v2
内存推荐容量	64~256GB	32GB	256GB	16~32GB
所需硬盘空间	480GR	240GB	480GB	128GB
显示器	支持 800×600 或更高分辨率			

提示：其中基础版本（Foundation）只供给原始设备制造商（OEM），并不会像用户提供；企业版本（Essentials）适合中小企业使用，最大用户数为 25 个；标准版本（Standard）与数据中心版（Datacenter）本没有用户数量限制，主要区别在虚拟化环境实例数量方面。

2．升级前的注意事项

在升级 Windows Server 2012 之前做好包括检查日志错误、备份文件、断开网络、断开非必要的硬件连接等准备工作，是确保系统能够顺利安装的重要条件，不可以忽视。此外，由于 Windows Server 2012 对硬盘空间要求比较大，所以对于系统分区的大小设置也是非常重要的，一般至少需要 10GB 容量，而为了保证系统更好运行以及为安装更新或是给安装其他软件做准备，这里建议设置 40GB 或者更大容量。

● 切断与硬件设备的连接

为了避免安装程序在自动检测与计算机连接的外部设备时出现问题，应该在运行安装程序之前确保计算机与打印机、扫描仪、不间断电源（UPS）等非必要的外设保持断开状态。

● 断开网络连接

网络中可能会有病毒在传播，因此，如果不是通过网络安装操作系统，在安装之前应拔下网线，以免新安装的系统又被感染上病毒。

● 检查硬件和软件兼容性

将 Windows Server 2008 R2 升级到 Windows Server 2012 时，执行的第一个过程是检查计算机硬件和软件的兼容性。因此，为了保证应用程序的兼容性，可以使用"Microsoft 应用程序兼容性工具包"进行检测，安装程序在继续执行前将显示一个报告。使用该报告以及 Relnotes.htm（位于安装光盘的\Docs 文件夹）中的信息来确定在升级前是否需要更新硬件、驱动程序或软件。

● 检查系统日志寻找错误

如果在计算机中已安装其他操作系统，建议使用"事件查看器"查看系统日志，找出可能在升级期间引发问题的最新错误或重复发生的错误。

● 备份数据

为了避免丢失重要数据，建议在升级前备份有用的数据，包括含有配置信息的所有内容，以及所有的用户和相关数据。建议将文件备份到各种不同的媒体，而尽量不要保存在本地计算机的磁盘中。

● 加载驱动程序

由于服务器中往往装有 RAID 卡等设备，而这些设备可能无法被 Windows 系统所识别，因此，必须在安装之前就加载相应的驱动程序。大多数品牌服务器出厂时就已经配备了引导光盘，用来加载各种驱动程序并引导安装 Windows Server 2008 R2。因此,建议使用引导光盘安装。如果没有引导光盘,那么,安装操作系统之前可以只加载 RAID 控制器的驱动程序,否则无法安装操作系统。至于其他设备的驱动程序,可以在系统安装完成后再安装。

- 不同版本的升级原则

不同版本的 Windows Server 2008 R2 可以升级到不同版本的 Windows Server 2012,具体如表 18-4 所示。

表 18-4　Windows Server 2008 R2 升级原则

当前操作系统版本	可以升级到的 Windows Server 2012 版本
Windows Server 2008 R2 Foundatin	Windows Server 2012 Foundation
Windows Server 2008 R2 标准版	Windows Server 2012 标准版
Windows Server 2008 R2 企业版	Windows Server 2012 企业版
Windows Server 2008 R2 数据中心版	Windows Server 2012 数据中心版

3. 升级到 Windows Server 2012

在 Windows Server 2008 R2 操作系统,将 Windows Server 2012 安装光盘放入光驱并自动运行,会显示"安装 Windows"界面,单击"现在安装"按钮,即可启动安装向导,当进行至如图 18-23 所示的"您想进行何种类型的安装"界面时,单击"升级"按钮即可升级到 Windows Server 2012。

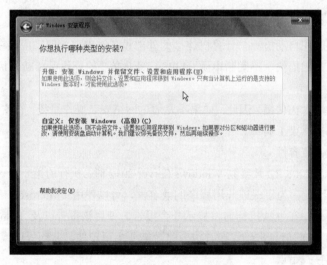

图 18-23　单击"升级"按钮

第 **19** 章　局域网故障诊断

在企业局域网运行过程中，不可避免地会出现因为这样或那样的原因而产生各种各样不同类型的故障，这些故障和问题如果不及时解决，将会影响局域网的正常运行，严重时还会导致网络的瘫痪。

19.1　局域网故障的分类

根据故障的性质不同，网络故障可分为物理故障与逻辑故障；根据故障对象的不同，网络故障可分为线路故障、路由故障、主机故障；按照引起故障的不同原因，网络故障可划分为连通性故障、网络协议故障、配置故障和安全故障等。

1. 按照网络故障的不同性质划分

网络故障按照不同性质，可分为物理故障和逻辑故障两类。

（1）网络物理故障

网络物理故障指的是因设备或线路损坏、插头松动、线路受到严重电磁干扰等情况产生的网络故障。例如，网络管理员发现网络某条线路突然中断，首先用 Ping 或 Fping 检查线路在网管中心这边是否连通。Ping 一般一次只能检测到一端到另一端的连通性，而不能一次检测一端到多端的连通性，但 Fping 一次就可以 Ping 多个 IP 地址，比如 C 类的整个网段地址等。

如果网络管理员发现经常有人依次扫描本地局域网的大量 IP 地址，这不一定就是有黑客攻击，因为 Fping 也可以做到。如果连续几次 Ping 都出现 Request time out 信息，则表明网络不通。这时应去检查端口插头是否松动，或者网络插头是否误接。这种情况经常是没有搞清楚网络插头规范或者没有弄清网络拓扑规划的情况下导致的。

另一种情况，例如两个路由器 Router 直接连接接口不正确，这时应该将一台路由器的出口连接另一台路由器的入口，或者这台路由器的入口连接另一路由器的出口。当然，集线器 Hub、交换机、多路复用器也必须连接正确，否则也会导致网络中断。还有一些网络连接故障很隐蔽，要诊断这种故障没有什么特别好的工具，而这一般只有依靠经验丰富的网络管理员了。

（2）网络逻辑故障

网络逻辑故障中最常见的就是网络设备的配置错误，导致网络异常或故障。配置错误可能是路由器端口参数设定有误，或路由器路由配置错误以至于路由循环或找不到远端地址，或者是路由掩码设置错误等。例如，同样是网络中的线路故障，该线路没有流量，但又可以 Ping 通线路的两端端口，这时就很有可能是路由配置错误了。遇到这种情况，通常用"路由跟踪程序"（就是 Traceroute），它和 Ping 类似，最大的区别在于 Traceroute 是把端到端的线路按线路所经过的路由器分成多段，然后以每段返回响应与延迟来检测。如果发现在 Traceroute 的结果中某一段之后，两个 IP 地址循环出现，这时，一般就是线路远端把端口路由又指向了线路的近端，导致 IP 包在该线路上来回反复传递。不用担心，Traceroute 可以检测到哪个路由器之前能正常响应，到哪个路由器就不能正常响应了。这时只需更改远端路由器端口配置，就能恢复线路正常了。

逻辑故障的另一类就是一些重要进程或端口关闭，以及系统的负载过高。例如同样是线路中断，没有流量，用 Ping 发现线路端口不通，检查发现该端口处于 Down 的状态，这就说明该端口已经关闭，因此导致故障。这时只需重新启动该端口，就可以恢复线路的连通了。

还有一种常见情况是路由器的负载过高，表现为路由器 CPU 温度太高、CPU 利用率太高，以及内存剩余太少等，如果因此影响网络服务质量，最直接也是最好的办法就是——更换路由器，当然换个好点的。

2．按照故障的不同对象划分

网络故障根据故障的不同对象也可以划分为：线路故障、路由故障、主机故障。

（1）线路故障

线路故障最常见的情况就是线路不通，诊断这种情况首先检查该线路上流量是否还存在，然后用 Ping 检查线路远端的路由器端口能否响应，用 Traceroute 检查路由器配置是否正确，找出问题逐个解决。

（2）路由器故障

事实上，线路故障中很多情况都涉及路由器，因此也可以把一些线路故障归结为路由器故障。检测这种故障，需要利用 MIB 变量浏览器，用它收集路由器的路由表、端口流量数据、计费数据、路由器 CPU 的温度、负载以及路由器的内存余量等数据，通常情况下网络管理系统有专门的管理进程不断地检测路由器的关键数据，并及时给出报警。

提示：路由器 CPU 温度过高十分危险，因为这可能导致路由器的烧毁；而路由器 CPU 利用率过高和路由器内存余量太小都将直接影响到网络服务的质量。解决这种故障，只有对路由器进行升级、扩大内存等，或者重新规划网络拓扑结构。

（3）主机故障

主机故障常见的现象就是主机的配置不当。像主机配置的 IP 地址与其他主机冲突，或 IP 地址根本就不在子网范围内，由此导致主机无法连通。主机的另一故障就是安全故障，比如，主机没有控制其上的 Finger、RPC、Rlogin 等多余服务。而攻击者可以通过这些多余进程的正常服务或 Bug 攻击该主机，甚至得到 Administrator 的权限等。

提示：不要轻易共享本机硬盘，因为这将导致恶意攻击者非法利用该主机的资源。发现主机故障一般比较困难，特别是别人的恶意攻击。一般可以通过监视主机的流量、或扫描主机端口和服务来防止可能的漏洞。最后提醒大家不要忘了安装防火墙，因为这是最简便也是最安全的办法。

3．按照引起故障的原因划分

根据引起故障的原因，可以将局域网故障分为四类：连通性故障、网络协议故障、配置故障和安全故障。

（1）连通性故障

出现连通性故障，通常可以表现出以下一些故障现象：

- 工作站无法登录服务器；
- 连入 Internet 的局域网中的计算机无法访问 Internet；
- 工作站无法通过"网络"看到或者访问局域网中的其他计算机；
- 工作站无法使用网络共享资源以及共享打印机；
- 在未感染病毒、未受到攻击情况下，局域网中的部分或全部工作站运行速度异常缓慢。

通常上述现象主要由以下几种原因引起：

- 网卡未安装，或未安装正确，或与其他设备有冲突；
- 网卡本身出现物理故障；
- 没有安装或正确安装相应的网络协议；
- 网线、跳线或插座等连通性设备没有正确安装，或者出现故障；
- 集线器没有打开电源，或者出现物理故障，或者相应的通信端口出现故障；
- 路由器没有打开电源，或者出现物理故障，或者相应的通信端口出现故障；
- 交换机没有打开电源，或者出现物理故障，或者相应的通信端口出现故障；
- UPS 电源出现故障。

（2）网络协议故障

如果局域网中使用的网络协议出现故障，则会呈现出以下一些故障现象：

- 网络中的工作站无法登录服务器；
- 工作站无法通过网络看到局域网中的其他计算机；
- 工作站可以在"网络"中能看到其他计算机，但无法访问；
- 工作站在"网络"中找不到任何计算机，也无法访问共享资源；
- 连入 Internet 的局域网中的计算机无法访问 Internet；
- 局域网中出现工作站重名。

产生网络协议故障的原因主要有以下几种：

- 网卡没有安装或者安装错误；
- 没有安装所需网络协议（组建局域网首先需要安装 TCP/IP 协议，如果要实现局域网通信，还需安装 NetBEUI 协议）；
- 相应的网络协议配置不正确（例如，要安装 TCP/IP 协议会涉及 4 个参数的设置，也就是 IP地址、子网掩码、DNS 域名解析服务以及网关，任何一个设置都必须完全正确）；
- 在组建局域网时或维护过程中人为修改，造成 1 个或多个计算机重名。

（3）配置故障

这里主要指的是系统、工具软件中的配置内容。在组建局域网的过程中将涉及名目繁多的各种配置，如系统相应参数的配置（共享资源的访问权限、用户维护、管理的权限等）、使用工具软件的配置（代理服务器的设置、局域网通信工具的配置等）。切不可由于系统、工具软件的配置简单易行，就轻率为之。配置不当，小则导致某些资源无法使用，大则导致整个网络瘫痪。因此，系统、软件配置问题需要引起用户的足够重视。当系统或工具软件配置出现问题时，通常会表现出以下一些故障现象：

- 某些工作站无法和其他部位工作站实现通信；
- 工作站无法访问任何其他设备；
- 只能 Ping 通本机；
- 当局域网连入 Internet 时，用 Ping 命令检测正常，但无法上网浏览。

（4）安全故障

安全故障通常表现为感染病毒、黑客入侵、安全漏洞等几个方面。当局域网连入 Internet 时，出现安全故障的几率大大提高，当然也不排除在局域网内部的"交叉感染"，甚至恶意攻击。

19.2 故障诊断的步骤

局域网故障的诊断应从故障现象出发，确定网络故障范围，查找问题的根源，排除网络故障，快速恢复局域网的正常运行。

建议用户在排除故障时，随时记录各种故障现象以及相应的测试、排除方法，久而久之，就会积累下解决网络故障的"一笔宝贵财富"。

19.2.1 分析故障现象

故障现象是网络故障的表象体现，不同的故障原因一般会产生不同的故障现象。在发生局域网故障时，需要操作人员对故障现象进行详细的描述，同时最好能够亲自操作一下，以便仔细分析所出现的问题，检查一下在故障发生之前是否对局域网的配置进行了改动，操作人员所执行的一些与网络无关的操作也有可能导致网络故障的产生。

19.2.2 定位故障范围

由于一些本质不同的故障其现象却非常相似，因此仅通过表面现象，往往无法非常准确地将故障归类、定位。

一旦确认局域网出现故障，应立即收集所有可用的信息并进行分析。对所有可能导致错误的原因逐一进行测试，将故障的范围缩小到一个网段或节点。在测试时，不能根据一次的结果就断定问题的所在，而不再继续进行测试。因为故障存在的原因可能不只一处，尽量使用所有的可能方法，并对所有的可能性进行测试，然后做出分析报告，剔除非故障因素，缩小故障发生的范围。另外，在故障的诊断过程中，一定要采用科学的诊断方法，以便于提高工作效率，尽快排除故障。在定位故障时，应遵循"先硬后软"的原则，即先确定硬件是否有故障，再考虑软件方面。

19.2.3 隔离故障

如果故障影响整个网段，那么就通过减少可能的故障源来隔离故障，例如，将可能的故障源仅与一个节点相连，除两个节点外，断开其他所有节点。如果这两个节点能正常通信，再增加其他节点。如果这两个节点不能通信，就要对物理层的有关部分，如双绞线的接头、双绞线的本身、集线器、网卡等进行检查。

如果故障能被隔离至一个节点，可以更换网卡，重新安装相应的驱动程序，或是用一条新的双绞线与网络相连。如果网络的连接没有问题，那么检查一下是否只是某一个应用程序有问题，使用相同的驱动器或文件系统运行其他应用程序，与其他节点比较配置情况，试用该应用程序。如果只是一名用户出现使用问题，检查涉及该节点的网络安全系统。检查是否对网络的安全系统进行了改变以致影响该用户。

19.2.4　排除故障

经过反复的测试，确定故障源后，识别故障的类型还是比较容易的。对于网络硬件设备来说，最方便、快速的措施就是进行更换，对于损坏部分的维修可以之后再进行。

对于软件故障来说，有两种方法可以解决：第一种是重新安装有问题的软件，删除可能有问题的文件，并且要确保拥有全部所需的文件；第二种是对软件进行重新设置，如果问题是单一用户的问题，通过最简单的方法是整个删除该用户，然后从头开始，或是重复必要的步骤，使该用户重新获得原来有问题的应用。相对于无目标地进行检查，采用逻辑有序地执行这些步骤，重新配置系统可以更快地解决问题。

19.3　网络测试工具

用户诊断和排除局域网故障时，就像医生一样除了"望闻问切"之外，还需要借助有关工具进行故障的诊断。这些工具，既有软件工具，也有系统命令，功能各异，各有所长。

19.3.1　IP 测试工具 Ping

Ping 是 Windows 7/8/10/2008/2012/2016 中集成的一个专用于 TCP/IP 协议网络中的测试工具，Ping 命令是用于查看网络上的主机是否在工作，它是通过向该主机发送 ICMP ECHO_REQUEST 包进行测试而达到目的的。一般只要是使用 TCP/IP 协议的网络，当发生计算机之间无法访问或网络工作不稳定时，都可以试用 Ping 命令来确定问题的所在。

提示： ICMP（Internet Control Message Protocol，Internet 控制消息协议）是 TCP/IP 协议簇的一个子协议，用于在 IP 主机、路由器之间传递控制消息，ICMP ECHO_REQUEST 是指 ICMP 回响请求。

Ping 命令把 ICMP ECHO_REQUEST 包发送给指定的计算机，如果 Ping 成功了，则 TCP/IP 把 ICMP ECHO_REQUEST 包发送回来，其返回的结果表示是否能到达主机，向主机发送一个返回数据包需要多长时间。使用 Ping 可以确定 TCP/IP 配置是否正确以及本地计算机与远程计算机是否正在通信。

1．Ping 命令的格式

Ping 命令格式：

Ping 目的地址　[-t] [-a] [-n Count] [-1 Size] [-f] [-i TTL] [-v TOS] [-r Count] [-s Count] [{-j HostList | -k HostList}] [-w Timeout] [-R] [-S SrcAddr] [-4] [-6]

用户可以通过在 MS-DOS 提示符下运行 Ping 或 "Ping/？" 命令来查看 Ping 命令的格式及参数，如图 19-1 所示。其中目的地址是指被测试计算机的 IP 地址或计算机名称。各种选项的含义如下表 19-1 所示。

图 19-1　Ping 命令的格式及选项

表 19-1　Ping 命令选项及含义

选 项 名 称	含　　义
-t	指定在中断前 Ping 可以向目的地持续发送回响请求信息。要中断并显示统计信息，请按【Ctrl+Break】组合键。要中断并退出则按【Ctrl+C】组合键
-a	指定对目的地 IP 地址进行反向名称解析。如果解析成功，Ping 将显示相应的主机名
-n Count（计数）	指定发送回响请求消息的次数。默认值是 4
-1 Size（长度）	指定发送的回响请求消息中"数据"字段的长度（以字节为单位）。默认值为 32。Size 的最大值是 65 527
-f	指定发送的"回响请求"中其 IP 头中的"不分段"标记被设置为 1（只适用于 IPv4）。"回响请求"消息不能在到目标的途中被路由器分段。该参数可用于解决"路径最大传输单位（PMTU）"的疑难
-i TTL	指定回响请求消息的 IP 数据头中的 TTL 段值。其默认值是主机的默认 TTL（生存时间：TTL 是 IP 协议包中的一个值，它告诉网络路由器包在网络中的时间是否太长而应被丢弃）值。TTL 的最大值为 225
-v TOS	指定发送的"回响请求"消息中的 IP 标头中的"服务类型（TOS）"字段值（只适用于 IPv4）。默认值为 0。TOS 的值是 0 ~ 255 的十进制数
-r Count	指定 IP 标头中的"记录路由"选项用于记录由"回响请求"消息和相应的"回响回复"消息使用的路径（只适用于 IPv4）。路径中的每个跃点都使用"记录路由"选项中的一项。如果可能，可以指定一个等于或大于来源和目的地之间跃点数的 Count。Count 的最小值必须为 1，最大值为 9
-s Count	指定 IP 数据头中的"Internet 时间戳"选项用于记录每个跃点的回响请求消息和相应的回响应答消息的到达时间。Count 的最小值是 1，最大值是 4。对于链接本地目标地址是必需的
-j HostList（目录）	指定"回响请求"消息对于 HostList 中指定的中间目标集在 IP 标头中使用"稀疏来源路由"选项（只适用于 IPv4）。使用稀疏来源路由时，相邻的中间目标可以由一个或多个路由器分隔开。HostList 中的地址或名称的最大数为 9，HostList 是一系列由空格分开的 IP 地址（带点的十进制符号）

选 项 名 称	含　义
-k HostList	指定"回响请求"消息对于 HostList 中指定的中间目标集在 IP 标头中使用"严格来源路由"选项（只适用于 IPv4）。使用严格来源路由时，下一个中间目的地必须是直接可达的（必须是路由器接口上的邻居）。HostList 中的地址或名称的最大数为 9，HostList 是一系列由空格分开的 IP 地址（带点的十进制符号）
-w Timeout（超时）	指定等待回响应答消息响应的时间（以微秒计），该回响应答消息响应接收到的指定回响请求消息。如果在超时时间内未接收到回响应答消息，将会显示"请求超时"的错误消息。默认的超时时间为 40 000（4s）
-R	指定应跟踪往返路径（只适用于 IPv6）
-S SrcAddr（源地址）	指定要使用的源地址（只适用于 IPv6）
-4	指定将 IPv4 用于 Ping。不需要用该参数识别带有 IPv4 地址的目标主机，仅需要它按名称识别主机
-6	指定将 IPv6 用于 Ping。不需要用该参数识别带有 IPv6 地址的目标主机，仅需要它按名称识别主机

2．Ping 命令的应用

在局域网的维护中，经常使用 Ping 命令来测试一下网络是否通畅。使用 Ping 命令检查局域网上计算机的工作状态的前提条件是：局域网中计算机必须已经安装了 TCP/IP 协议，并且每台计算机已经配置了固定的 IP 地址。

【实验 19-1】使用 Ping 127.0.0.1 命令测试网卡

在使用 Ping 命令进行故障诊断时，可以通过使用"Ping 127.0.0.1"命令测试网卡。

具体操作步骤如下：

（1）在命令行提示符下，输入"Ping 127.0.0.1"。

（2）按【Enter】键，如果客户机上网卡正常，则会以 DOS 屏幕方式显示类似"来自 127.0.0.1 的回复：字节=32 时间<1ms TTL=64"信息，如图 19-2 所示。

（3）如果网卡有故障，则会显示"请求超时"信息，如图 19-3 所示。

图 19-2　网卡正常

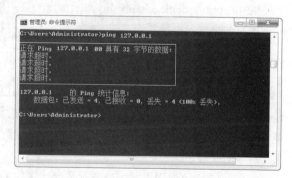

图 19-3　网卡有故障

提示： 在执行 Ping 127.0.0.1 时，计算机将模拟远程操作的方式来测试本机，如果不通，则极有可能是 TCP/IP 协议安装不正常。此时可删除 TCP/IP 协议，重新启动计算机，之后再重新安装 TCP/IP 协议，或者网络适配器安装有问题，删除后重新添加。

- Ping 本机 IP 地址：如果不通，则说明在相应端口上的协议绑定有问题，查看网络设置，可能是网络协议绑定不正确。
- Ping 其他主机 IP 地址：如果前两种方式都能 Ping 通，而不能 Ping 通其他主机的 IP 地址，那么说明其他主机的网络设置有问题，或者网络连接有问题，可以检查其他主机的网络设置，检查物理连接是否有问题。

出现错误提示的情况时，就要仔细分析一下网络故障出现的原因和可能有问题的网上节点了，可以从以下几个方面来着手检查。

- 网卡是否安装正确，IP 地址是否被其他用户占用；
- 检查本机和被测试的计算机的网卡及交换机（集线器）显示灯是否为亮，来判断是否已经连入整个网络中；
- 是否已经安装了 TCP/IP 协议，TCP/IP 协议的配置是否正常；
- 检查网卡的 I/O 地址、IRQ 值和 DMA 值，是否与其他设备发生冲突；
- 如果还是无法解决，建议用户重新安装和配置 TCP/IP 协议。

提示：如果网络未连接成功，除了出现 Request Time out 错误提示信息外，还有可能出现 Unknown hostname（未知用户名）、Network unreachable（网络没有连通）、No answer（没有响应）和 Destination specified is invalid（指定目标地址无效）等错误提示信息。

Unknown hostname 表示主机名无法识别。通常情况下，这条信息出现在使用了"Ping 主机名 [命令参数]"之后，如果当前测试的远程主机名字不能被命令服务器转换成相应的 IP 地址（名称服务器有故障，主机名输入有误，当系统与该远程主机之间的通信线路故障等），就会给出这条提示信息。

Network unreachable 表示网络不能到达。如果返回这条错误信息，表明本地系统没有到达远程系统的路由。这时，可以检查局域网路由器的配置，如果没有路由器（软件或硬件），可进行添加。

No answer 表示当前所 Ping 的远程系统没有响应。返回这条错误信息可能是由于远程系统接受不到本地发给局域网中心路由的任何分组报文，如中心路由工作异常、网络配置不正确、本地系统工作异常、通信线路工作异常等。

Destination specified is invalid 表示指定的目的地址无效，返回这条错误信息可能是由于当前所 Ping 的目的地址已经被取消，或者输入目的地址时出现错误等。

19.3.2　网络协议统计工具 Netstat

Netstat 命令是运行于 Windows 7/8/10/2008/2012/2016 的 DOS 提示符下的工具,利用该工具可以显示有关统计信息和当前 TCP/IP 网络连接的情况,用户或网络管理人员可以得到非常详尽的统计结果。当网络中没有安装特殊的网管软件,但要对整个网络的使用状况作个详细地了解时,就是 Netstat 大显身手的时候了。

Netstat 命令可以用来获得当前系统网络连接的信息（使用端口和在使用的协议等），收到和发出的数据，被连接的远程系统的端口等。

1．Netstat 命令的格式

Netstat 命令的格式：

Netstat　[-a][-e][-n][-o][-s][-p proto][-r][interval]

命令提示符界面如图 19-4 所示。

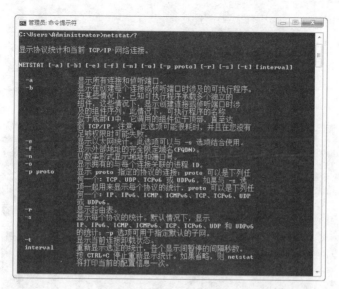

图 19-4　Netstat 命令的格式

Netstat 命令的选项含义如下表 19-2 所示。

表 19-2　Netstat 命令参数及含义

选项名称	含　义
–a	显示所有连接和侦听端口
–b	显示在创建每个连接或侦听端口时涉及的可执行程序
–e	显示以太网统计，该选项可以与"–s"选项结合使用
–f	显示外部地址的完全限定域名<FQDN>
–n	以数字形式显示地址和端口号
–o	显示拥有的与每个连接关联的进程 ID
–p proto	显示 Proto 指定的协议的连接；Proto 可以是下列任何一个：TCP、UDP、TCPv6 或 UDPv6
r	显示路由表
–s	显示每个协议的统计
–t	显示当前连接卸载状态
Interval	重新显示选定的统计，各个显示间暂停的间隔秒数。按【Ctrl+C】组合键停止重新显示统计

2. Netstat 命令的应用

从以上各选项的含义，可以看出 Netstat 工具至少有以下方面的应用。

- 显示本地计算机与远程计算机的连接状态，包括 TCP、IP、UDP、ICMP 协议的使用情况，了解本地计算机开放的端口情况。
- 检查网络接口是否已正确安装，如果在用 Netstat 命令后仍不能显示某些网络接口的信息，则说明这个网络接口没有正确连接，需要重新查找原因。
- 通过加入"-r"选项查询与本机相连的路由器分配情况。

还可以检查一些常见的木马等黑客程序。

【**实验 19-2**】使用 Netstat 命令统计当前连接情况

具体操作步骤如下:

（1）在命令行提示符下，输入"netstat –a"，按【Enter】键，显示当前使用的协议和端口，如图 19-5 所示。

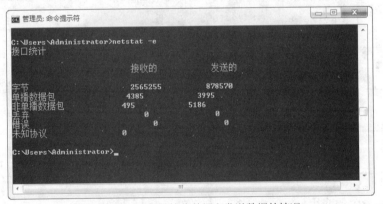

图 19-5　显示当前使用的协议和端口

（2）在命令行提示符下，输入"netstat –e"，按【Enter】键，显示当前接收数据和发送数据的情况，如图 19-6 所示。

图 19-6　显示当前接收数据和发送数据的情况

19.3.3　网络协议统计工具 Nbtstat

Nbtstat 命令用于查看当前基于 NetBIOS 的 TCP 连接状态，通过该工具可以获得远程或本地计算机的组名和计算机名。网管人员通过在自己上网的计算机上使用 Nbtstat 命令，可以获取另一台上网主机的网卡地址。

Nbtstat 命令的格式：

Nbtstat ［-a RemoteName］［-A IPAddress］［-c］［-n］［-r］［-R］［-R R］［-s］［-S］［interval］

命令提示符界面如图 19-7 所示。

图 19-7　Nbtstat 命令的格式

各种选项及其含义如下表 19-3 所示。

表 19-3　Nbtstat 命令选项及含义

选 项 名 称	含　　义
-a	RemoteName（远程主机计算机名）：列出指定名称的远程机器的名称表
-A	IPAddress（用点分隔的十进制表示的 IP 地址）：列出指定 IP 地址的远程机器的名称表
-c	列出远程计算机名称及其 IP 地址的 NBT 缓存
-n	列出本地 NetBIOS 名称
-r	列出通过广播和经由 WINS 解析的名称
-R	清除和重新加载远程缓存名称表
-R R	将名称释放包发送到 WINS，然后启动刷新
-S	列出具有目标 IP 地址的会话表
-s	列出将目标 IP 地址转换成计算机 NETBIOS 名称的会话表
Interval	重新显示选定的统计、每次显示之间暂停的间隔秒数。按【Ctrl+C】停止重新显示统计

在 Nbtstat 命令时，要特别注意这个工具中的一些参数是区分大小写的。

19.3.4　网络跟踪工具 Tracert

Tracert 是一个用于数据包跟踪的网络工具，运行在 DOS 提示符下，它可以跟踪数据包到达目的主机经过哪些中间节点。一般可用于广域网故障的诊断，检测网络连接在哪里中断。

Tracert 命令的格式：

tracert [-d] [-h maximum_hops] [-j host-list] [-w timeout] [-R] [-S srcaddr] [-4] [-6] target_name

命令提示符界面如图 19-8 所示。

各种选项的含义如表 19-4 所示。

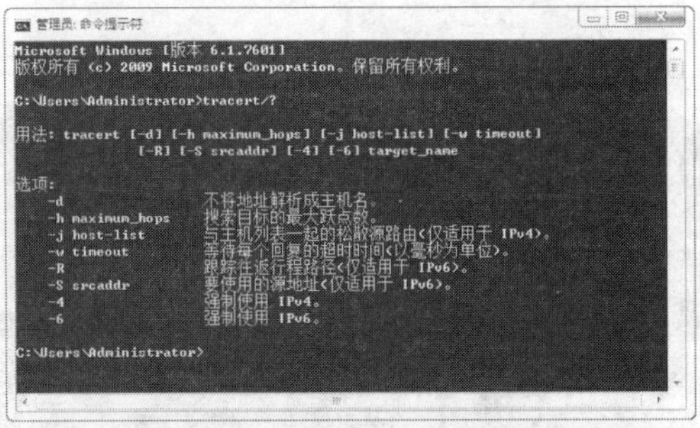

图 19-8　Tracert 命令的格式

表 19-4　Tracert 命令选项及含义

选 项 名 称	含　　　义
–d	不将地址解析成主机名
–h Maximum_Hops	搜索目标的最大跃点数
–j Host–List	与主机列表一起的松散源路由（仅适用于 IPv4）
–w Timeout	等待每个回复的超时时间(以毫秒为单位)
–R	跟踪往返行程路径(仅适用于 IPv6)
–S srcaddr	要使用的源地址(仅适用于 IPv6)
–4	强制使用 IPv4
–6	强制使用 IPv6

19.3.5　测试 TCP/IP 配置工具 Ipconfig

利用 Ipconfig 工具可以查看和修改网络中的 TCP/IP 协议的有关配置，如 IP 地址、网关、子网掩码等。

Ipconfig 命令的格式：

ipconfig [/allcompartments] [/?|/all|/renew [adapter]|/release[adapter]|/renew6[adapter]|/release6[adapter] |/flushdns|/displaydns|/registerdns|/showclassid adapter|/setclassid adapter [classid]|/showclassid6 adapter |/setclassid6 adapter [classid]]

命令提示符界面如图 19-9 所示。

图 19-9　Ipconfig 命令的格式

各种选项的含义如下表 19-5 所示：

表 19-5　Tracert 命令选项及含义

选 项 名 称	含 义
all	显示与 TCP/IP 协议相关的所有细节信息，其中包括测试的主机名、IP 地址、子网掩码、节点类型、是否启用 IP 路由、网卡的物理地址、默认网关等
renew adapter	更新适配器的通信配置情况，所有测试重新开始
release adapter	释放适配器的通信配置情况

【实验 19-3】使用 Ipconfig 命令测试当前计算机的所有信息

具体操作步骤如下：

（1）在命令行提示符下，输入 Ipconfig 命令，按【Enter】键，显示已经配置的接口的 IP 地址、子网掩码和缺省网关值，如图 19-10 所示。

图 19-10　显示已经配置的接口信息

（2）在 DOS 提示符下，输入 Ipconfig/all 命令，按【Enter】键，显示本地计算机的主机信息、DNS 信息、物理地址信息、DHCP 服务器信息等，如图 19-11 所示。

图 19-11　显示本地计算机的所有信息

19.3.6 获取网卡地址列表工具 Getmac

Getmac 用于返回计算机中所有网卡的媒体访问控制（MAC）地址以及每个地址的网络协议列表，既可以从本地返回，也可以通过网络返回。

Getmac 命令的格式：

getmac [/s computer [/u domainuser [/p password]] [/fo {table|list|csv}] [/nh] [/v]

命令提示符界面如图 19-12 所示。

图 19-12　getmac 命令的格式

19.3.7 使用网络测试仪

网络万用仪（英文名称 NetTool），是网络故障现场测试的利器。NetTool 是 Fluke 公司生产的一款集电缆、网络及 PC 配置测试功能为一体的手持式网络测试仪，如图 19-13 所示。

NetTool 网络万用仪分为标准型和在线型。标准型网络万用仪只能工作在单端模式下（即只可同时测试一个网络端口），用此模式可快速验证网络接口或网络设备是否处于工作状态中，确定其速率及双工配置，确定传送帧的完好性，并检查网络的连接状况。如果用户在购买标准型网络万用仪后再购买一个附件，便可将标准型网络万用仪升级为在线型网络万用表。在线型网络万用仪可同时测试两个端口，用户可以将网络万用仪串接到一个物理链路中，从而测试出该链路的网络流量。在线型网络万用仪同时也具备标准型网络万用仪的所有功能。

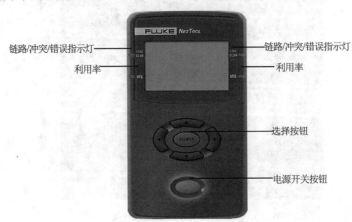

图 19-13　NetTool 网络万用仪

NetTool 网络万用仪的基本功能如下：

- 迅速验证和诊断 PC 和网络的连通性问题；
- 迅速判定插口的类型：以太网、电话、令牌环或者是没有开通的插口；
- 解决复杂的 PC 至网络连通设置问题，例如 IP 地址、默认网关、Email 和 Web 服务器；
- 迅速显示 PC 所使用的网络关键设备，例如服务器、路由器和打印机；
- 检查连接脉冲、网络速度、通信方式（半双工或全双工）、电平以及接收线对；
- 可以连续记录所发现的 PC 和网络问题，例如地址相关的问题、Email 和 Web 问题；
- 同时监测全双工网络的运行健康问题（发送的帧、利用率、广播、错误和碰撞）；
- 对 PC 和网络通信的每个帧进行计数；
- 显示 PC 和网络之间不匹配的问题，识别那些浪费网络带宽的不需要的协议；
- 测试的电缆能力，用户无需另外携带单独的电缆测试仪。

NetTool 的使用是十分方便快捷的。当 NetTool 探测到链路信号时，它会在网络中寻找设备，然后显示这些设备。用户可依照图标以及图标下方的菜单浏览。

NetTool 有两组菜单可协助排除故障：顶端区域（Top area）和主菜单（Main menu），如图 19-14 所示。

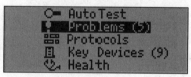

图 19-14　顶端区域和主菜单

1．测试以太网接口

NetTool 可以测试以太网接口是否开通、是什么设备（集线器、交换机等）以及速率和双工特性、电平和极性。同进，显示网段 ID，以便选取正确的网络接通 PC（若有多个插口）。

【实验 19-4】使用网络万用仪测试以太网接口

具体操作步骤如下：

（1）首先打开 NetTool 的电源开关，把电缆的一端插入插座的接口，另一端接在 NetTool 的 RJ-45 接口上，如图 19-15 所示。

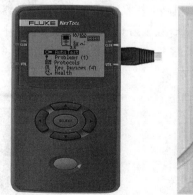

图 19-15　一端插入插座的接口，一端插入 NetTool 的 RJ-45 接口

（2）在连接后，NetTool 会自动发现以太网的连接并提供所需的信息，如：检查工作的链路，检查正确的速度、全/半双工、极性以及接收电平，检验帧的正确与否，查看关键网络设备等，如图 19-16 所示。

另外，当 NetTool 上的 LINK 灯显示为绿色时，表示网络上有链路脉冲；如果黄灯或红灯闪烁，表示网络上有冲突或故障发生；当 UTIL（利用率）为显示为红色时，表示网络流量过大。

查看如图 19-13 所示的 NetTool 显示屏，可知道如下情况：

- NetTool 的另一端是一个 10/100Mpbit/s 的集线器或交换机；
- 该链路电平不足，但极性正常；
- 接收线对为 3 和 6；
- 该端口上存在 1 个问题（Problems）；
- 在网络上有 4 个关键设备。

（3）按向下按钮，出现一个 Network 信息屏幕，如图 19-17 所示。

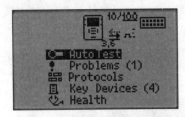

图 19-16　自动发现并测试以太网连接

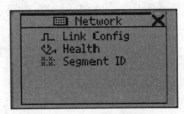

图 19-17　Network 信息屏幕

（4）按 Select 按钮，选择 Link Config（连接设定）选项，然后再按向下按钮，进入 Link Config 屏幕，如图 19-18 所示。

连接配置（Link Config）屏幕提供了以下重要的连接信息：

- 接收线对[Receive（Re）Pair]
- 设计速率（Advertised Speed）
- 实际速率（Actual Speed）
- 电平（Level）
- 极性（Polarity）
- 设计双工（Advertised Duplex）
- 实际双工（Actual Duplex）

在如图 19-16 所示的屏幕中，表明所测链路的接收线对是 3、6，设计速率是 10/100Mbit/s，实际速率是 100Mbit/s，电平和极性均正常，设计双工为半工，实际双工也为半工。

（5）检测完后按向上按钮回到 Network 屏幕，然后选择其中的 Health（健康）一项，按 Select 按钮进入 Health（健康）屏幕，如图 19-19 所示。

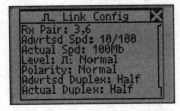

图 19-18　Link Config 屏幕

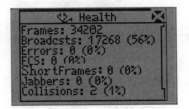

图 19-19　Health（健康）屏幕

"健康测试"可以对网络流量进行快速汇总，并显示网络上的总帧数、错误、广播及冲突。网络端健康状况（Health）测试功能可用来检查网络端发出去的帧的完好性，并可隔离与网络相关的问题。

健康状况（Health）显示有两种：一种显示自最后一次自动测试（Auto Test）之后的情况（如图 19-17 所示），另一种显示现在正在进行的情况。换言之，从与设备相关的菜单中看到的统计资料是累积的，而用户从主菜单中看到的统计资料只是指定设备目前情况的一幅"快照"。

网络端健康状况（Health）测试可以为用户提供以下信息：

- 帧（Frames）
- 广播（Broadcasts）
- 错误（Errors）
- 帧检测序列 FCS（Frame Check Sum）
- 短帧（Short Frames）
- 长帧（Jabbers）
- 碰撞（Collisions）

（6）健康测试完成后，按向上按钮可回到 Network 屏幕，然后选择其中的 Segment ID（网段 ID）选项，进入 Segment ID 屏幕。

该屏幕显示了 NetTool 在测试端口上发现的 IP 及 IPX 网络，这些信息可以帮助用户设置 PC 和网段 ID，也可以帮助用户验证是否连接到正确的物理网络的网段上。

2. 测试网络配置

使用在线型的 NetTool，可以直接验证计算机的网络配置是否正确。

【实验 19-5】使用在线型网络万用仪测试网络配置

具体操作步骤如下：

（1）把一台计算机和另一台计算机（或者是集线器和一台计算机）通过 NetTool 连接起来，然后打开 NetTool 的电源，NetTool 首先会检测左边的 RJ-45 接口，如图 19-20 所示。

在本实例中，NetTool 检测到左边的 RJ-45 接口上连接了一个 10Mbit/s 的设备，因为没有发现多个 MAC 地址，NetTool 暂时把这视为一台计算机，如图 19-21 所示。然后再检测右边的 RJ-45 接口。

图 19-20　检测左边的 RJ-45 接口

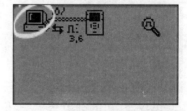

图 19-21　检测右边的 RJ-45 接口

（2）等右边的 RJ-45 接口上的设备检测完后，会出现如图 19-22 所示的屏幕。

屏幕中各选项的含义如下：

- Auto Test（自动测试）
- Problems（问题）
- Protocols（协议）

图 19-22　检测完毕

- Key Devices（关键设备）
- Health（健康）

在本实例中，NetTool 检测到右边的 RJ-45 接口上连接了一台计算机，计算机的网卡为 10/100Mbit/s 的全双工网卡，且目前为 10Mbit/s，两个设备均从 3、6 上接收数据。

如检测到多个 MAC 地址，左边的设备就会变成集线器；如检查到集线器，但集线器上未连接任何计算机，则无法确认半双工或全双工状态。

（3）单击 Select 按钮或者单击图 19-22 所示的屏幕上的计算机图标，出现如图 19-23 所示的 Station（工作站）屏幕。

（4）利用向上或向下按钮选择 Link Config（连接配置）项，然后按下 Select 按钮，进入 Link Config 屏幕，如图 19-24 所示。

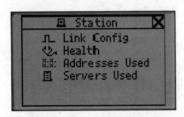

图 19-23　工作站测试主菜单

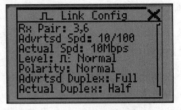

图 19-24　显示工作站连接配置信息

（5）选择 Health（健康）项，然后按下 Select 按钮，进入 Health 屏幕，如图 19-25 所示。

（6）选择 Addresses Used，然后按下 Select 按钮，进入 Addresses Used 屏幕，如图 19-26 所示。

在本实例中：

- IP 为 010.196.195.048
- IPX 网络号为 10
- IPX 站点地址为 00 10 4b 5f 16 35
- MAC 地址为 00 10 4b 5f 16 35
- NetTool 还识别出网卡的制造商为 3Com 公司。

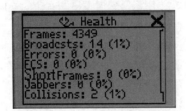

图 19-25　工作站健康状况

图 19-26　所用地址测试结果

（7）选择 Servers Used 选项，然后按 Select 按钮，进入 Servers Used 屏幕，在该屏幕上会显示出网络中正在使用的服务器列表，如图 19-27 所示。

在本实例中：

- DNS 服务器的 IP 地址为 010.196.195.014，子网掩码为 255.255.255.0，服务器使用 3Com 公司生产的网卡，网卡地址为 00 a0 24 08 ad la；

图 19-27　所用服务器测试结果

- POP 服务器的 IP 地址为 010.196.195.005；
- HTTP（Web）服务器的名字为 DOGBERTCOS，IP 地址为 010.196.195.011，子网掩码为 255.255.255.0，IPX 网络号为 10，站点地址为 00 10 5a ab fc 25，网卡地址为 00 10 5a ab fc 25。

在本实例中，NetTool 总共检测到 5 个错误，如图 19-28 所示屏幕中的 Problems 项。

（8）选择 Problems 选项，进入 Problems Log（问题记录）屏幕，如图 19-29 所示。用户可以根据 Problems Log 屏幕中的提示解决网络中出现的问题。

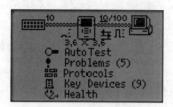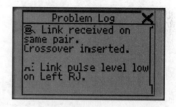

图 19-28　检测到 5 个错误　　　　　　　　　图 19-29　错误记录显示

第 **20** 章　局域网典型故障排除

在进行中小型企业网组建、应用与管理过程中，或多或少会现一些故障。本章从众多纷繁复杂的局域网故障中，精选了一些典型的故障，根据发生故障的两大类原因，即硬件故障和软件故障，分别介绍了排除局域网故障的方法，同时还介绍了最新的无线局域网故障的排除方法。

20.1　局域网硬件故障排除

下面介绍一些典型局域网硬件故障的处理方法来说明如何处理局域网硬件故障。

【实验 20-1】如何禁止更改 IP 地址

在平时上机时，某些用户会把 IP 地址改得乱七八糟，经常导致计算机无法上网。现在想禁止用户更改 IP 地址，不知能不能实现？所有的计算机中安装的都是 Windows 7 操作系统。

（1）只要将每台计算机的 IP 地址和网卡的 MAC 地址进行绑定即可。例如要捆绑 IP 地址 "192.168.10.59" 与 MAC 地址为 "00-50-ff-6c-08-75"，单击 "开始" → "所有程序" → "附件" → "命令提示符" 命令，在打开的管理员：命令提示符窗口，然后输入以下命令：

捆绑：arp -s 192.168.10.59　00-50-ff-6c-08-75

解除捆绑：arp -d 192.168.10.59。

（2）另外，如果是在 Windows Server 2003/2008/2012 的域环境中，则可以使用组策略限制用户修改 IP 地址，并启用 DHCP 动态分配 IP 地址。

【实验 20-2】网卡不能绑定 "旧" IP 地址

公司有一台服务器，使用的操作系统是 Windows Server 2008 R2，原来装有一块联想 530TX 的 PCI 网卡，绑定 IP 地址为 192.168.0.1。后来由于对服务器进行维护，将网卡换了一个插槽，而在开机后系统却将旧网卡识别为一个新的网卡，再去绑定原来的 IP 地址时，系统提示 IP 地址已经分配给了另一个网络适配器。怎样才能让网卡绑定 "旧" IP 地址呢？

这是因为 Windows Server 2008 R2 认为不同 PCI 插槽中的网卡就是不同的网卡，而不管它们实际上是不是同一块网卡。

（1）在 "控制面板" 窗口中，双击 "添加/删除硬件" 图标，当弹出选择一个硬件任务的对话框时，选中 "卸载/拔掉设备" 单选按钮，当出现计算机上已安装的设备列表的对话框时，选择 "显示隐藏设备"。这时在原来的网卡名称处又多了一个新的网卡名称，这个新名称对应的就是"旧"的网卡驱动，选择它，单击"下一步"按钮卸载即可。完成之后，就可以将网卡绑定旧的 IP 地址了。

（2）也可以通过修改注册表，让非正常卸载的网卡释放捆绑的固定 IP 地址。打开注册表，找到：HKEY_LOCAL_MACHINE\SYSTEM\ControlSet00\Services\Tcpip\Parameters\Interfaces 项，该子项中有几个并列项，查看哪个项中包含旧网卡的型号及其 TCP/IP 设置，删除这个子项就可以给新网卡设置相同的 IP 地址了。

提示：如果在 Windows 7/8/10 下，网卡设备有变化，最好先从设备管理器中卸载掉网卡，避免再次安装网卡时出现问题。

【实验 20-3】网线破损导致"网络风暴"

某公司的网络中心负责同一城市各家分公司间信息的交换，实现各分公司间的资源共享。各分公司都通过光纤专线经路由器用 TCP/IP 协议与主机连接。网络中心的以太网分为两个网段：192.168.1.x 和 192.168.2.x（以下简称网段 1 和网段 2）。其中有用于处理各分公司信息的生产机及开发机各一台，另有两台与各分公司进行远程通信的路由器。另外还有一些用于开发和监控的计算机。网段 2 中有多台计算机，进行客户端的开发调试。开发机和一台计算机同时连在两个网段上。某天，网管员发现各分公司的数据传输不正常，而且是采用 TCP/IP 协议与中心连接的分公司的数据不正常。隔一段时间就发现这些分公司的数据通信全都不能进行，这是怎么回事？

由故障现象基本上可以判断是通信问题所造成。因为无论是在网段 1 还是在网段 2 上，计算机与生产机的连接都出现了时断时续的现象；而与生产机直接相连（不通过以太网）的主控制台与主机的连接则没有问题。

经过仔细检查发现双绞线中间有一段出现了破损，重新更换一条新的双绞线后，故障消失，一切恢复正常。原来当网线出现了破损后，信号不能正常传输并产生错误信号，以至网段内充满错误信号，造成正常信号不能顺利传输，导致网络通信的时断时续。

在以太网中，尤其是以集线器连接的共享以太网中，网络中任何一点产生的问题，都可能造成整个网络的不正常以至瘫痪。

【实验 20-4】使用 10/100Mbit/s 自适应网卡能够接入宽带，但是访问网络速度很慢

在企业中使用普通的 10/100Mbit/s 自适应网卡共享接入宽带，安装过程都十分正常，而且各种软件设置和硬件设置都与宽带的要求相符合，理论上应该得到 10Mbit/s 的网络接入带宽。但测试发现某些客户机实际接入宽带网的速度非常慢，而且还经常在网络数据传输的过程中提示错误，并且伴随着严重的数据丢失。

经分析认为，既然网络能够连通，说明网络配置时所使用的协议是正确的，现在主要的问题则集中到硬件设备上，接下来应该检查网络线路。由于企业的布线是统一完成的，可以调查一下其他客户机是否也出现同样问题。如果是，则说明该条线路出现问题；如果不是，则可以再检查一下接线头到主机周围是否存在干扰源。因为荧光灯、电子启动器、电梯、变压器、无线电发射设备、开关电源、电磁感应炉等都会对线路造成相当大的干扰，如果存在这些设备，建议将其移开。

如果没有干扰源，就需要检查网卡的接触是否良好，有时接触不良会引起上述问题，有时可能是网卡的质量不好所致。如果是 10/100Mbit/s 自适应网卡，那可以通过手工调节网卡速率为 10Mbit/s，或者更换网卡的方法来检查。

【实验 20-5】如何从网卡指示灯来快速判断网络故障

从网卡指示灯来快速判断网络故障：

自适应网卡红灯代表 Link/Act（连通/工作），连通时红灯长亮，传输数据时闪烁；绿灯代表 FDX（全双工），即全双工状态时亮，半双工工作状态时熄灭。如果网卡和一个半双工网络设备连接，由于其自适应功能，绿灯就会长期熄灭。

【实验 20-6】因线路遭受物理破坏而出现线路中断

计算机 Ping 本机地址成功，Ping 外部地址不通，使用测线仪对网络线路进行测量，发现部分用于传输数据的主要芯线不通。

采用网络测线仪对双绞线两端接头进行测试，必要时可让两端双绞线脱离配线架或水晶头直接进行测量确诊，以免因连接问题造成误诊，确诊后即可沿网络路由对故障点进行人工查找。如果有专用网络测试仪就可直接查到断点处与测量点间的距离，从而更准确地定位故障点。对线路断开的处理，通常可将双绞线、铜芯一一对应缠绕连接后，加以焊接并进行外皮的密封处理，也可将断点的所有芯线断开，分别压制进入水晶头后用对接模块进行直接连接。如果无法查找断点或无法焊接，在保证断开芯线不多于 4 根的情况下，也可在两端将完好芯线线序优先调整为 1、2、3、6，以确保信号有效传输。在条件许可的情况下，也可用新双绞线重新进行布设。

【实验 20-7】交换机 IP 地址与服务器 IP 地址冲突

某公司局域网内的客户机均使用 Windows 7 操作系统，某天在客户端开机后，登录 NT 域时能够顺利通过验证，而在浏览器地址栏中输入"http://192.168.0.1"，试图浏览局域网 Web 服务器网页时，却要求输入用户名和密码（开始设定的 Web 服务是允许匿名访问的），而且验证域也变了，无论是输入合法的用户口令、超级用户口令还是 Web 站点管理者口令，均无法通过验证。但是使用命令"Ping 192.168.0.1"却能顺利得到应答。

查看服务器事件日志，发现有一条消息："系统检测到网络中 IP 地址 192.168.0.1 与网络硬件地址 00:90:04:E2:28:78 有冲突，本机接口已经禁用，网络操作随时有中断的可能"。该信息说明网络上某台硬件设备的 IP 地址与服务器的 IP 地址有冲突。

经仔细检查发现，路由器 IP 地址与局域网 Web 服务器 IP 地址有冲突，将交换机的 IP 地址更改后，故障立即排除。

【实验 20-8】更接交换机后计算机互 ping，丢包怎么办？

可采用以下方法进行排查：

（1）更换质量好的网线进行测试；

（2）交换机不接其他设备，只接两台计算机进行测试；

（3）网络中可能存在 ARP 欺骗，做好 IP 和 MAC 的双向绑定。

（4）如果交换机是可管理型的，关闭交换机所有端口的流控，如果交换机是不可管理的，关闭前端路由器或者服务器的流控。

（5）内网可能存在大量的广播包，如果交换机有广播抑制功能，可以将该功能开启测试。

（6）可以尝试更换一个交换机进行测试。

20.2　局域网软件故障排除

下面以介绍一些典型局域网软件故障的处理方法来说明如何处理局域网软件故障。

【实验 20-9】Windows 7/10 桌面上没有"网络"图标

启动计算机后，在 Windows 7/10 桌面上找不到"网络"图标，不知道该如何添加？

按照下面的方法进行操作：

（1）在 Windows 7 系统中，在桌面空白处单击鼠标右键，在弹出的快捷菜单中选择"人性化"命令，打开"个性化"窗口。单击"更加桌面图标"选项，在弹出的"桌面图标设置"对话框中，选中"图络"复选框，最后单击"确定"按钮即可。

（2）在 Windows 10 系统中，在桌面空白处右击，在弹出的快捷菜单中选择"人性化"命令，打开"人性化"窗口。选择"主题"选项，在右侧的窗格中选择"桌面图标设置"选项，打开"桌面图标设置"对话框。在"桌面图标"选项区域中选中"网络"复选框，单击"确定"按钮即可。

【实验 20-10】如何删除隐藏共享

用 Net Share 命令来删除隐藏共享，但是机器重启后这个共享又会自动出现，怎么办？

可以通过修改注册表来实现目的，其操作如下：

（1）在服务器中，将 HKEY_LOCAL_MACHINE\SYSTEM\CurrentControlSet\Services\lanman server\parameters 键中 AutoShareServer 子键的键值改为 0 即可。

（2）在工作站中，将 HKEY_LOCAL_MACHINE\SYSTEM\CurrentControlSet\Services\lanmanserver\parameters 键中 AutoShareServer 子键的键值改为 0 即可。

修改注册表后需要重启 Server 服务或重新启动机器。这些键值在默认情况下在主机上是不存在的，需要自己手动添加。

【实验 20-11】为什么路由器的广域网口能正确获得外网的 IP 地址，但局域网内的计算机无法打开网页？

能正确获取到外网地址，说明路由器和前端接入商的连接正常。

（1）请先检查路由器是否开启了 IP 过滤功能，不正确的 IP 过滤设置会导致局域网计算机无法上网。

（2）其次请检查计算机 TCP/IP 属性的设置，计算机本身是否配置或者获取到正确的 IP 地址和网关，是否已经配置正确的 DNS 服务器。

【实验 20-12】为什么部分网站无法打开？

由于部分网站可以打开，可判断路由器处于正常工作状态，和外网的连接也正常。这种情况极有可能是设置或自动获取了不正确的 DNS 服务器所致，比如获取了外地而不是当地 ISP 提供的 DNS 服务器地址，导致对某些网站的域名解析不能成功，因此不能访问这些网站。

另外一种可能性是 MTU 的问题，在路由器管理界面中，单击"网络参数"→"WAN 口设置"（PPPOE 在"WAN 口设置"→"高级设置选项"中）选项，将 MTU 由 1 500（PPPOE 模式下为 1 492）修改为 1 400 后查看使用情况如何。

【实验 20-13】可以访问其他计算机，其他计算机却无法访问本计算机

在局域网中一台计算机可以访问网络中的其他计算机，但是其他计算机无法访问此计算机，访

问时提示"登录失败，用户账户限制"等。

根据故障现象分析，造成此故障的原因可能是 Guest 用户账户禁用引起的。此故障的维修步骤如下：

（1）在故障计算机中，检查 Guest 用户账户是否禁用。在"控制面板"窗口中，双击"用户账户"，打开"用户账户"窗口，发现 Guest 用户账户已停用。

（2）单击"Guest 用户账户"，在弹出的窗口中，单击"启用来宾账户"按钮，重新启动计算机，发现 A 计算机和 B 计算机能相互访问，故障排除。

【实验 20-14】QQ 能登录但打不开网页

在上网过程中会发现 QQ 可以正常登录，但是网页却无法打开，在 IE 中总是显示"该页无法显示"找不到服务器的故障。

根据故障现象分析，因为 QQ 可以正常登录，那么基本上可以排除网络的连接问题。网页无法打开，很可能是用户的 DNS 服务地址设置有问题。

此故障的维修步骤如下：

（1）单击"开始"→"设置"→"网络连接"→"本地连接"命令，打开"本地连接属性"对话框。

（2）选择"Internet 协议（TCP/IP）"选项，单击"属性"按钮，在弹出的"Internet 协议（TCP/IP）属性"对话框中，选中"使用下面的 IP 地址"单选按钮，并设置 IP 地址、子网掩码和默认网关；选中"使用下面的 DNS 服务器地址"单选按钮，并设置 DNS 服务器地址。

（3）单击"确定"按钮，打开网页测试，发现故障排除。

20.3 无线局域网典型故障排除

【实验 20-15】为何无法登录无线路由器设置页面？

要配置无线路由器，先要登录到其设置页面，结果发现无法登录，如何解决？

可以采用以下方法进行排查：

（1）确认登录管理界面的方法和输入正确。

打开 IE 浏览器，在地址栏中输入无线路由器的 IP 地址，并按【Enter】键。如果仍然不能打开，请进行下一步排查。

（2）检查并确认设备连接是否正确。

确认完毕，打开浏览器在地址栏输入 192.168.1.1，并按【Enter】键，尝试登录路由器管理界面。如果不能打开，则继续下一步操作。

（3）检查并确认计算机网络参数设置正确。

计算机均设置为默认自动获取 IP 地址即可。设置完毕，尝试登录路由器管理界面 192.168.1.1。如果不能打开，继续下一步操作。

（4）将无线路由器恢复出厂设置。

设备通电状态下，按住 Reset 键 5 秒左右，如图 20-1 所示，SYS 指示灯快速闪烁三次即可松手，复位成功。恢复出厂设置之后，尝试登录路由器管理界面 192.168.1.1。如果不能打开，则继续下一步操作。

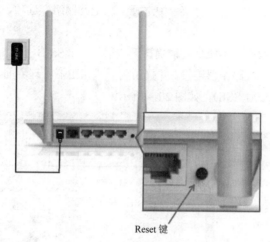

图 20-1　按住 Reset 键

（5）检查并确认浏览器设置正确。

更换网页浏览器或计算机，尝试登录路由器设置页面，如果没有其他浏览器及计算机，请检查浏览器是否设置了错误代理信息。

设置完毕，尝试登录无线路由器管理界面。如果不能打开，继续下一步操作。

（6）确认计算机 ARP 信息正确。

将无线路由器 LAN 口上其他计算机全部拔掉，只保留一台计算机，并清除计算机的 ARP 缓存信息。

● Windows 10 系统

右击"开始"图标，在弹出的列表框中选择"运行"命令，在弹出的"运行"对话框中输入"cmd"，单击"确定"按钮，在弹出的 DOS 界面中输入命令"arp － d"，并按回车键即可。

● Windows 7 系统

单击"开始"→"所有程序"→"附件"→"命令行提示符"命令，在弹出的管理员：命令提示符窗口中输入命令"arp － d"，并按【Enter】键即可，如图 20-2 所示。

图 20-2　输入"arp－d"命令

【实验 20-16】笔记本电脑无线网卡搜索到信号，却无法连接，怎么办？

使用 Windows 8/10 系统的计算机连接无线网络时，如果出现搜索到信号却连接不成功的问题，可按以下方法排查：

（1）删除配置文件

如果无线设备一直显示正在连接中或正在获取 IP 地址，但是始终无法连接成功。可尝试删除计算机上保存的无线配置文件，同时确保路由器的 DHCP 功能是开启的。

单击计算机右下角无线信号的图标，打开显示的网络列表中，找到无线路由器的信号，选择无线路由器信号，右击并在弹出的快捷菜单中选择"忘记此网络"选项，如图 20-3 所示。

（2）确认无线名称

连接错误的信号会导致连接不成功，请确认无线信号名（SSID 号）。

使用网线将计算机与无线路由器连接，并登录到无线路由器管理界面，选择"无线设置"→"基本设置"选项，查看无线信号 SSID，如图 20-4 所示。

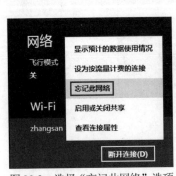

图 20-3　选择"忘记此网络"选项

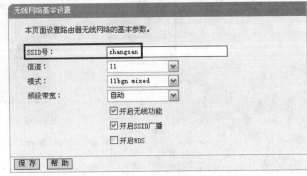

图 20-4　查看 SSID 号

确认信号名后，重新搜索无线信号，确认搜索到无线信号为自己无线路由器的信号，再次尝试连接。

（3）确认无线网络密码

输入错误的无线密码也会导致连接不成功，请确认无线密码。

使用网线将计算机与无线路由器连接，并登录到无线路由器管理界面，选择"无线设置"→"无线安全设置"选项，查看并确认无线密码，如图 20-5 所示。

（4）关闭无线 MAC 地址过滤

无线路由器上开启了无线 MAC 地址过滤，规则设置不当也会引起无线连接不成功，建议暂不启用该功能。

使用网线将计算机与无线路由器连接，并登录到无线路由器管理界面，选择"无线设置"→"无线 MAC 地址过滤"选项，关闭无线 MAC 地址过滤功能，如图 20-6 所示。

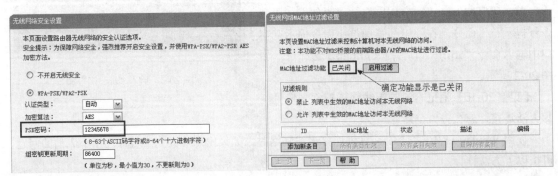

图 20-5　确认无线网络密码　　　　　图 20-6　关闭无线 MAC 地址过滤

（5）取消无线加密

使用网线将计算机与无线路由器连接，并登录到无线路由器管理界面，选择"无线设置"→"无线安全设置"选项，选中"不开启无线安全"单选按钮，如图 20-7 所示，然后单击"保存"按钮。重启无线路由器完成后，使用 Windows 8/10 笔记本电脑再尝试能否连接上无线路由器。

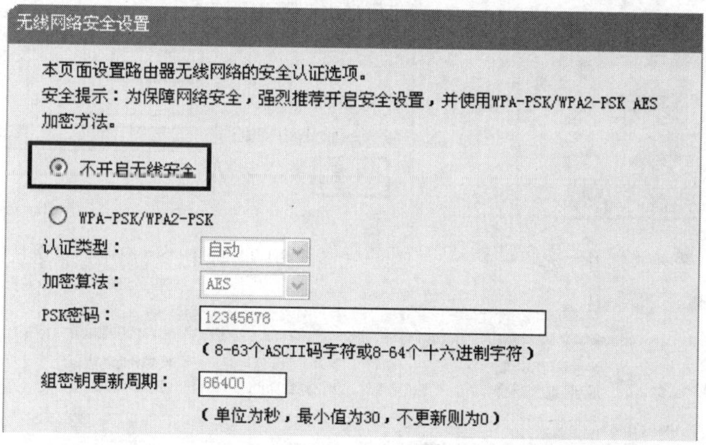

图 20-7　取消无线加密

（6）确认已连无线终端数量

连接路由器的无线终端数量是有上限的，如果当前连接了较多的无线终端（已经达到最大值），其他无线终端则无法连接路由器的无线信号。

建议断开其他无线终端，减少路由器的已连终端数量，再尝试无线连接。

【实验 20-17】WAN 口有 IP 地址却不能上网，怎么办？

设置好无线路由器并 PPPoE 拨号后，WAN 口状态已经显示获取到 IP 地址，但是无法上网。该问题可能和线路连接、网卡设置、无线路由器防火墙设置等原因相关，下面介绍该问题的详细排查思路。

（1）检查计算机网络参数设置。计算机 IP 地址需要设置为自动获取 IP 地址，如果计算机 IP 地址已经是自动获取 IP 地址，如果获取到的参数不正确，则将网卡先禁用然后再启用，如图 20-8 所示。

注意：如果无线路由器 DHCP 服务器是处于关闭状态，需要在计算机中手动配置 IP 地址，请填写正确的网关。

（2）检查路由器上网控制

无线路由器的家长控制、上网控制（部分路由器为防火墙设置）功能可以限制内网计算机的上网权限，请根据实际需求设置该功能，非必要情况下，可不启用该功能。

- 关闭家长控制

登录路由器管理界面，打开"家长控制"设置页面，选中"不启用"单选按钮，然后单击"保存"按钮，如图 20-9 所示。

- 关闭上网控制

登录路由器管理界面，选择"安全设置"→"上网控制"选项，取消选中"开启上网控制"复选框，如图 20-10 所示，然后单击"保存"按钮。

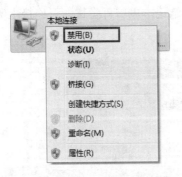

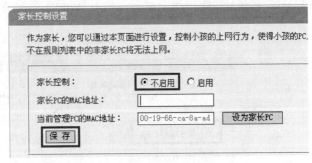

图 20-8 选择"禁用"选项　　　　　　图 20-9 选中"不启用"单选按钮

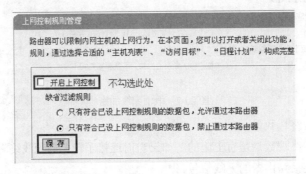

图 20-10 取消选中"开启上网控制"复选框

（3）检查浏览器设置

打开 IE 浏览器，单击"工具"→"Internet 选项"命令，打开"Internet 选项"对话框，选择"连接"选项卡，选中"从不进行拨号连接"单选按钮，如图 20-11 所示。

单击"局域网设置"按钮，打开"局域网（LAN）设置"对话框，取消选中"自动检则设置"复选框、"使用自动配置脚本"复选框、"为 LAN 使用代理服务器（这些设置不用于拨号或 VPN 连接）"复选框，如图 20-12 所示。

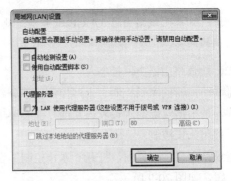

图 20-11 选中"从不进行拨号连接"单选按钮　　图 20-12 "局域网（LAN）设置"对话框

（4）更换浏览器或计算机

更换浏览器（使用 Firefox、Chrome 或其他浏览器）后再尝试，如果仍然不能上网，尝试更换计算机进行对比测试。

（5）线路故障问题

计算机直接连接宽带进行拨号，如果拨号成功同样上不了网，请联系宽带运营商解决线路问题。

【实验 20-18】Windows 8/10 笔记本电脑搜索不到无线路由器信号，怎么办？

如果使用环境中，出现 Windows 8/10 操作系统的笔记本计算机无法搜索到无线路由器的信号，可按以下方法排查：

（1）检查计算机设置

• 开启无线开关

确认笔记本计算机的无线开关是否已经开启。

• 启动无线服务

确认笔记本计算机的无线服务器是否已经启动。在"服务"窗口中，选择 WLAN AutoConfig 选项，右击并在弹出的对话框中，选中"启动类型"为"自动"，确认服务状态为已启用，如图 20-13 所示。

图 20-13　选中"启动类型"为"自动"

（2）检查路由器设置

检查路由器是否设置了中文的 SSID 或 SSID 中包含特殊字符，建议修改 SSID 为字母、数字的任意组合，信道推荐在 1～11 的范围内，同时，确认无线功能及 SSID 广播是开启状态。

（3）检查无线信号强度和频段

信号强度：避免计算机无线网卡与无线路由器之间有太多的障碍物。尝试调整天线的方位以及终端的距离。无线干扰：将微波炉、无线鼠标键盘等关闭，避免无线干扰。如果搜索的是双频路由器的 5GHz 频段无线网络，请确保计算机无线网卡支持 5GHz 无线频段。

（4）更换无线终端测试

尝试更换其他无线终端对比测试，或者使用该计算机连接其他无线路由器。

【实验 20-19】使用无线路由器后，感觉网络比较慢怎么办？

正常来说无线路由器转发速度非常快，对网速基本没有什么影响。但是仍然有用户反映在接上无线路由器之后，感觉计算机的上网速度变慢了，却又找不到问题的症结所在，而无法解决。下面就介绍下遇到此问题的一般处理方法：

（1）确认网速慢的具体现象

将无线路由器下其他计算机断开（有线和无线客户端），确保无线路由器下只有线连接一台计算机，在该计算机上通过迅雷、BT 等软件下载热门资源或者通过当地的运营商官方测速网站以及官方测速软件进行网速测试。

一般情况下不接路由器时测试出来的网速会接近您申请的带宽值，如果与申请的带宽值有较大差距，则可以咨询当地宽带运营商解决。

如果测试出来的网速接近您申请的带宽值，一般说明网速是没有问题的。接上路由器之后，如果测试出来的网速明显低于您申请的带宽数值，请进行下一步操作。

（2）检查路由器上的设置

检查无线路由器是否开启了 IP 带宽控制功能，如果有，请关闭该功能，再次确认下载速度。

（3）检查计算机的设置

检查测速计算机是否开启了 P2P 软件或其隐藏进程，比较典型的软件有 PPS、PPTV、BT、迅雷等视频或下载软件，这些软件即使没有进行任何下载操作，也会不断在后台下载以及上传数据，从而影响网速。

确认没有软件进程向外高速上传之后，再次测试网速，如果接近您申请的带宽值，说明网速是没有问题的，如果测试出来的网速明显低于您申请的带宽数值，请进行下一步操作。

（4）确认无线路由器没有被蹭网

打开无线路由器的管理界面（默认一般是 192.168.1.1），单击"无线设置"→"无线主机状态"选项，查看是否有其他非法的无线终端连接到此无线路由器，如图 20-14 所示。

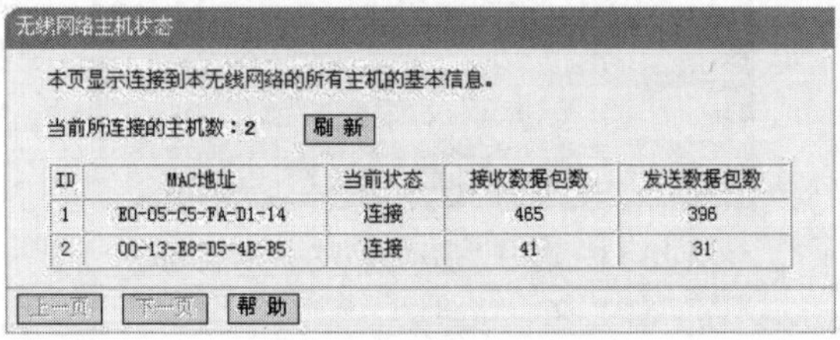

图 20-14　查看无线网络主机状态

如果有，则单击"无线设置"→"无线安全设置"选项，如未设置无线安全，请立即开启无线安全，推荐 WPA-PSK/WPA2-PSK 安全类型，如图 20-15 所示，若已经开启了无线安全，请修改 PSK 密码。

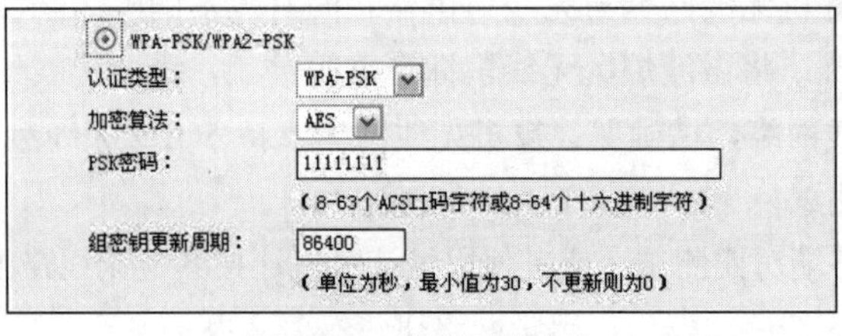

图 20-15　设置无线安全

确认没有被"蹭网"之后，再次测试网速，如果接近您申请的带宽值，说明网速是没有问题的，如果测试出来的网速明显低于您申请的带宽数值，请进行下一步操作。

（5）线路问题

在某些线路环境中，由于网线过长、网线质量差、网线线序不标准或者路由器端口的适配性问题也可能会导致使用路由器后下载速度受到影响，请尝试更换路由器 WAN 口的网线。

（6）无线干扰导致无线网速慢

使用无线路由器计算机网线连接路由器速度正常，但是无线连接路由器的计算机网速较慢。在做了上述排查之后，导致无线网速较慢的原因很可能是无线干扰。

可尝试如下操作：打开无线路由器的管理界面，单击"无线设置"→"基本设置"选项，如图 20-16 所示，将设备无线信道指定为 1～13 信道的其中之一，保存生效。

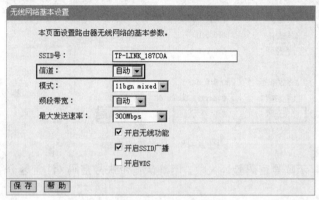

图 20-16　设置信道

确认在无线信号强度很好的情况下，重新测试该无线客户端的网速，如果修改到某无线信道之后测试速率正常，说明应该是环境中的其他无线网络干扰导致网速下降。此时只要指定在此信道即可。

【实验 20-20】WAN 口获取不到 IP 地址，怎么办？

设置好路由器 WAN 口 PPPoE 拨号后，却显示一直处于正在连接状态，无法连接成功。该问题可能和线路连接、用户名密码填写、服务商绑定以及 WAN 口适配性等原因相关，下面提供该问题的详细排查思路。

（1）检查线路连接

宽带线路需要连接在无线路由器的 WAN 口，台式计算机用网线连接无线路由器任意一个 LAN 口，并观察确认指示灯是否正常，如图 20-17 所示。

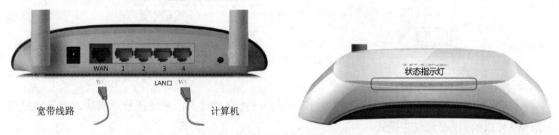

图 20-17　线路连接和指示灯位置

如果线路连接正确，但 WAN 口指示灯不亮，请检查 WAN 口接线是否存在接触不良等情况，请尝试更换连接 WAN 口的网线。

（2）确认上网方式

登录无线路由器管理界面，单击"运行状态"选项卡，查看 WAN 口状态，确认 WAN 口的上网方式为 PPPoE 拨号。如果不正常，请重新按照设置向导设置路由器。

（3）参考拨号失败提示

在无线路由器管理界面中，单击"运行状态"选项卡，查看 WAN 口状态，如果 WAN 口没有获取到 IP 地址，页面会有拨号失败的原因提示，如图 20-18 所示，则单击查看帮助，根据帮助内容提示的解决方法排除故障。

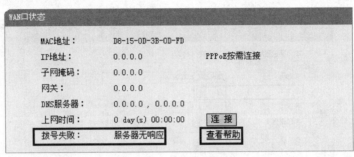

图 20-18　拨号失败提示

拨号失败提示如显示账号密码验证失败，请确认宽带账号密码（注意区分字母大小写），重新按照设置向导设置。

（4）运营商绑定 MAC 地址

将之前单独连接宽带上网的计算机与路由器 LAN 口连接（此处一定要通过有线连接），登录无线路由器的管理界面。

单击"网络参数"→"MAC 地址克隆"选项，在右侧的"MAC 地址克隆"区域中，单击"克隆 MAC 地址"按钮，如图 20-19 所示，当 MAC 地址和当前管理 PC 的 MAC 地址相同后，单击"保存"按钮，然后重新启动无线路由器，观察路由器重启后 WAN 口是否可以成功获取到 IP 地址。

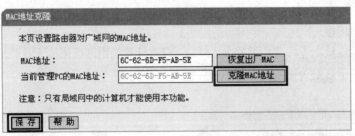

图 20-19　克隆 MAC 地址

（5）线路适配性问题

入户网线由于老化、质量太差或线路太长，导致线路衰减过大，从而拨号不成功。尝试调整路由器 WAN 口的 速率和双工模式。

设置方法：登录无线路由器管理界面，单击"网络参数"→"WAN 口速率模式"选项，模式设置中选择"10 Mbps 半双工"或"10 Mbps 全双工"模式，单击"保存"按钮，如图 20-20 所示。

图 20-20　设置模式

（6）更新无线路由器软件

在无线路由器管理界面，单击"运行状态"选项，在右侧的窗口中查看设备软硬件版本，然后在无线路由器官方网站下载对应硬件版本的最新软件。

【实验 20-21】为什么我的笔记本电脑可以搜索到别人的无线网络信号却搜索不到自己的？

采用下面的步骤进行排查：

（1）首先使用网线连接无线路由器，进入路由器管理界面，确认无线功能是否开启，如图 20-21 所示。（开启时，无线 WLAN 指示灯闪烁）。

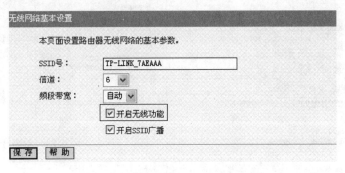

图 20-21　选中"开启无线功能"复选框

（2）修改无线信号的频段，改为 1 到 11 之内的信道，因为有些无线网卡可能不支持 12、13 频段。

（3）调整无线路由器或无线网卡的位置，避开无线网卡在路由器信号盲区的情况。

（4）借用其他无线网卡，看能否搜索到路由器的无线信号，确认是否为路由器故障。

（5）将无线路由器恢复出厂设置后，再重新进行搜索。

【实验 20-22】如何添加无线配置文件？

隐藏路由器的 SSID（无线信号名称）后，电脑需要添加无线配置文件，手动输入路由器的 SSID、无线密码等参数来连接路由器的无线信号。

采用下面的步骤进行排查：

（1）在 Windows 10 系统中，选择桌面右下角无线信号的"网络"图标，单击鼠标右键，在弹出的列表框中选择"网络和共享中心"选项，打开"网络和共享中心"窗口，单击"设置新的连接或网络"超链接，如图 20-22 所示。

（2）在弹出的"设置连接或网络"对话框中，选择"手动连接到无线网络"选项，如图 20-23 所示，单击"下一步"按钮。

图 20-22　单击"设置新的连接或网络"超链接　　　　图 20-23　设置连接或网络

（3）在弹出的对话框中，分别输入网络名和密码，设置安全类型，然后分别选中"自动启动此连接"和"即使网络未进行广播也连接"复选框，如图 20-24 所示，单击"下一步"按钮。

（4）在弹出的对话框中，单击"关闭"按钮即可，如图 20-25 所示。

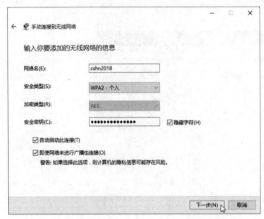

图 20-24　输入无线网络信息　　　　　　　　图 20-25　添加成功

【实验 20-23】如何桥接主路由器？

某企业现有的无线信号在部分区域存在信号盲点的问题，为了更方便地办公，故增加一台无线路由器进行无线桥接，扩大无线覆盖范围。

所有桥接设置均在副路由器上完成，主路由器不需要做设置。采用下面的步骤进行桥接：

（1）在 Windows 7 系统中，连接副路由器，登录路由器管理界面，选择"网络参数"→"LAN 设置"选项，在右侧的窗格中设置与主路由器不同的 IP 地址，如图 20-26 所示，然后单击"保存"按钮。

（2）用刚设置的 IP 地址，登录路由器管理界面，选择"DHCP 服务器"选项，在右侧窗中选中"不启用"单选按钮，如图 20-27 所示，然后单击"保存"按钮。

（3）选择"无线设置"选项下的"基本设置"，在右侧的窗口中，选中"开启 WDS"复选框，如图 20-28 所示。

（4）单击"扫描"按钮，在弹出的"AP"列表中选择主路由器名称，然后单击"连接"超链接，如图 20-29 所示。

图 20-26　设置 IP 地址

图 20-27　选中"不启用"单选按钮

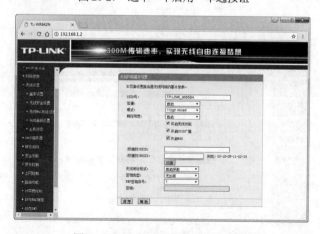

图 20-28　选中"开启 WDS"复选框

（5）在返回的"无线网络基本设备"窗口中，输入主路由器的密钥，然后单击"保存"按钮，如图 20-30 所示。

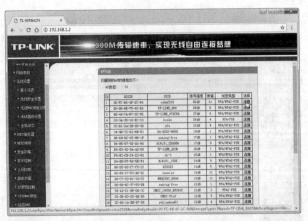

图20-29 单击"连接"超链接

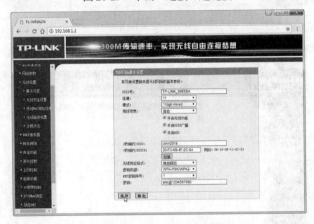

图20-30 输入主路由器密钥

（6）在路由器主界面窗口中，选择"运行状态"选项，在右侧窗中可以看到WDS状态（桥接）已经成功，如图20-31所示，无线桥接设置完成。

图20-31 查看运行状态

提示：若要实现无线漫游，在完成上述设置后，还需要将副路由器的无线信号名称及无线密码设置成与主路由器一样方可。